电子制作400问

刘修文 张建平 徐 玮 编著

科 学 出 版 社

北 京

内 容 简 介

　　本书内容以增长初学者的电子制作技能为线索，以问答的形式，分别介绍电子制作常用工具，常用电子元器件的选用、检测与安装，万用表的使用，手工焊接技术，印制电路板的设计与制作，电子制作的调试以及22个制作实例。

　　全书内容共6章：第1章电子制作的必备知识，第2章常用元器件的选用与检测，第3章手工焊接技术，第4章印制电路板设计与制作，第5章实用动手制作范例，第6章单片机应用制作实例。

　　本书是一本通俗、新颖、实用的科普读物，适合具有初中以上文化水平的电工及广大青少年、电子爱好者阅读；可作为电子技校、职业学校、中等专业学校的电子技术基础教材；也可供中小企业技术人员开发电子产品时作参考。

图书在版编目（CIP）数据

　　电子制作400问/刘修文，张建平，徐玮编著. —北京：科学出版社，2013.7
　　ISBN 978-7-03-037577-3

　　Ⅰ.电… Ⅱ.①刘…②张…③徐… Ⅲ.电子器件-制作-问题

解答 Ⅳ.TN

　　中国版本图书馆CIP数据核字（2013）第110678号

责任编辑：孙力维 杨 凯／责任制作：魏 谨
责任印制：赵德静／封面设计：段淮沱

北京东方科龙图文有限公司 制作
http://www.okbook.com.cn

科学出版社 出版
北京东黄城根北街16号
邮政编码：100717
http://www.sciencep.com

新科印刷有限公司 印刷

科学出版社发行 各地新华书店经销

＊

2013年7月第 一 版　　开本：A5（890×1240）
2013年7月第一次印刷　　印张：12
印数：1—3 500　　　　　字数：350 000

定价：46.00元

（如有印装质量问题，我社负责调换）

前　言

电子制作是广大青少年与电子技术爱好者学习电子技术的重要实践环节，通过电子制作可激发初学者的兴趣，锻炼动手能力，掌握识读电子电路图和手工焊接技能。为了帮助广大初学者尽快地学会和掌握电子制作技能与技巧，作者总结业余制作的经验，以增长技能为重点，主要介绍电子制作的基础知识、基本技能和22个具有实用性、趣味性和新颖性的电子制作实例。内容涉及门铃、报警器、光控、声控、温控、红外线和无线电遥控、音频功率放大、稳压电源、充电器和单片机控制等。希望读者通过这些实例，加深对电子技术原理的理解，为日后从事电子技术的开发应用打好基础。附录中介绍了安全用电基本常识，供初学者在电子制作中参考。

本书以问答的形式，突出电子制作的通俗性、知识性与实用性，在内容选择上既有电子制作基础知识，又有实际操作技能与制作实例介绍。为解决初学者购买制作元器件的困难，书中介绍的实例均有实物套件照片，读者朋友可以很方便买到套件。本书在写作上尽力做到由浅入深，语言通俗，图文并茂。使初次接触电子电路的人，也能动手制成，从中受益。

全书内容共6章：第1章电子制作的必备知识，第2章常用元器件的选用与检测，第3章手工焊接技术，第4章印制电路板设计与制作，第5章实用动手制作范例，第6章单片机应用制作实例。

本书在编写过程中，参考了大量的书刊和有关资料，并引用其中的一些资料。同时得到了杭州晶控电子有限公司和杭州沃福思电子科技有限公司的技术支持和帮助，在此，编者谨向有关书刊和资料的作者以及提供技术资料的单位和技术人员表示诚挚的谢意！

本书由刘修文负责选题策划、全书定位、组稿、统稿及部分编写工作，其中，第5章由张建平编写，第6章由徐玮编写，其余章节由刘修文编写。

　　本书适合于具有初级电子技术的爱好者、青少年学生、企事业单位电子技术人员与产品维修人员阅读，也可作为中等职业学校电子技术应用专业学生的参考书，以及作为城镇工人和农民工上岗时培训教材。

　　由于作者水平有限，内容涉及面广，难免存在一些缺点，殷切希望广大读者指评指正。电子邮箱：xygd802@163.com

作　者
2013年3月

目　录

第 2 章　常用元器件的选用与检测

第4章　印制电路板设计与制作

第6章 单片机应用制作实例

附　录　安全用电基本常识

参考文献

第 1 章
电子制作的
必备知识

1.1　电子制作概述

学习电子制作有哪些好处？

答：电子制作是一个理论电路实践化的过程，是用电子元器件组装成具有特定功能的电子装置。学习电子制作可以培养电子爱好者的学习兴趣。例如制作一个简单音乐门铃，可使读者体会到只要焊接好几个简单的元器件，就能实现按下开关，便可发出音乐声。这对好奇心很强的初学者来说，一定能让其产生学习兴趣，进而去弄清其工作原理。

学习电子制作可提高初学者的识图能力。电子制作时，先要认真研究电路，看懂有关电路图，尤其是对每一个元件的作用要有所了解。初学者只有通过元器件的实物了解电路图上符号的意义。特别是对有极性的元器件，要记住它的极性记号及外形特点，如发光二极管有正负极性，装反了不会发亮。

电子制作是学习电子技术最好的方法。电子技术博大精深，电子制作五花八门，要想学好电子技术，就得在电子制作方面勤动手、多思考。在成功制作一些简易电路的基础上，多制作一些功能不同的电路，尽可能扩大知识面，如电子技术基础、模拟电子电路和数字电子电路，等等。通过从易到难的制作，逐步掌握常用电子元器件的功能作用，电子电路的工作原理。只有这样才能理论联系实际，在电子制作的实践中掌握理论知识，从而真正学会电子技术。

如何学习电子制作？

答：初学者学习电子制作，一般先要挑选好适合自己制作的电路。各种电子书刊中有很多有趣的电子制作电路，对于初学者来说，应是先易后难，循序渐进。先选择一些功能单一、结构简单、元件数量比较少的电路，如音乐贺卡、音乐门铃等电路。当积累了一定的知识，有了经验，就可以进行像声光控节能灯、热释电红外报警器、收音机等方面的制作。

在选好制作的具体电路后，要仔细阅读电路图，争取看懂电路图，了解图中每一个元器件的作用，熟悉电路的工作原理。还应注意搞清楚电路图中导线的连接方法，哪些导线是连接在一起，哪些是没有连接在一起的跨越线。一般在导线连接点上有一个黑圆点的导线是连接在一起，而在导线交叉点上没有黑圆点或是用小弧线连接的为跨越线。

在动手制作前要对照电路原理图，找出所需的元器件。为了保证制成后的装置能长期稳定工作，需要对所有的元器件进行筛选检查。如果在安装之前不对它们进行筛选检查，一旦焊在印刷电路板上，发现电路不能正常工作后再去检查，不仅浪费很多时间和精力，而且拆来拆去很容易损坏元件及印刷电路板。有关电子元器件的选用与检查请参看第2章的详细介绍。

正确连接元器件。电子电路实验制作，实际上就是正确连接元器件，接通相关电路。在制作中哪怕只有某一点连接错误，也会导致实验制作的失败，因此，在动手制作之前还必须知道一些电路的连接方法，如锡丝电焊法和导线铰接法。有关电路的连接方法参看"如何连接元器件？"

最后要仔细检查已制作好的电子装置。对初学者来说，电子制作不一定一次就能成功，总有个反复过程。因此碰到制作的装置不能工作时，要学会查找电路故障。如何在电子制作完成后进行检查？参看"电子制作完成后如何进行检查？"一问。

如何看懂电路图？

答：电子电路图简称电路图，是一种反映电子产品中各元器件的电气连接情况的图纸。它是一种工程语言，可以帮助人们去尽快地熟悉电子设备的构造及工作原理，了解各种元器件的连接以及安装。因此看懂电路图是进行电子制作与电路故障检查的前提，也是广大初学者必须掌握的基本技能。

● 电路图的组成

电路图是由元器件的图形符号、文字符号、连线以及文字标注字符等构成。下面以图1.1所示6W日光应急灯电路图为例，作进一步的说明。

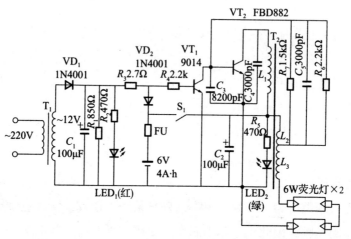

图1.1　6W日光应急灯电路图

（1）图形符号。元器件图形符号是构成电路图的主体。在图1.1中，各种图形符号代表了组成开关电源电路各个元器件。例如，电阻器用小长方形"——▭——"表示，电容器用两道短杠"——||——"表示，电感器用连续的半圆形"∿∿∿"表示等。各个元器件图形符号之间用连线连接起来，就可以反映出6W日光应急灯的电路结构，即构成了6W日光应急灯的电路图。

（2）文字符号。元器件文字符号是构成电路图的重要组成部分。为进一步说明图形符号的性质，在各个元器件的图形符号旁，标注有该元器件的文字符号。例如，在图1.1中，电阻器用文字符号"R"表示，电容器用"C"表示，电感器用"L"表示，变压器用"T"表示，二极管用"VD"表示，三极管用"VT"表示，等等。在一张电路图中，相同的元器件往往会有许多个，这也需要用文字符号将它们加以区别，一般是在该元器件文字符号的后面加上序号。例如，在图1.1中，二极管有2个，则分别以"VD_1、VD_2"表示。

（3）标注性字符。标注性字符用来说明元器件的主要参数或者具体型号，通常标注在图形和文字符号旁。例如，图1.1中，通过标注性字符即可以知道：电阻器R_3的阻值为2.7Ω，R_6的阻值为$2.2k\Omega$；电容器C_1的电容值为$100\mu F$，C_5的电容值为3000pF；二极管VD_1、VD_2的型号均为1N4001；三极管VT_1的型号为9014、VT_2的型号为BD882等。标注性字符还用于电路图中其他需要说明的场合。由此可见，标注性字符是分析电路工作原理，特别是定量地分析研究电路的工作状态所不可缺少的。

图形符号与文字符号是绘制和识读电路图的基础语言，国家有统一的规定，即国家标准，常用元器件图形符号的国家标准编号为GB/T 24340—2008《工业机械电气图用图形符号》，文字符号的国家标准编号为GB/T 7159—1987《电气技术中的文字符号制订通则》。因此，熟悉并牢记国家标准规定的电路图符号，是看懂电路图的基础。初学者在识读电路图时，应能看到一个图形符号就知道其实物是什么，将各种图形符号与元器件实物对号入座。

● 识读电路图的方法

（1）搞清楚电路图的整体功能。电子产品的电路图，是为了完成和实现这个设备的整体功能而设计的，搞清楚电路图的整体功能可在宏观上对该电路有一个基本的认识，这是看图识图的第一步。电路图的整体功能可以从设备名称入手进行分析。例如，图1.1所示6W日光应急灯电路图，其功能是用220V交流电向6V/4A·h蓄电池充电，在停电时由蓄电池逆变成交流电给2×6W荧光灯供电。

（2）判断出电路图的信号流程方向。电路图一般是以所处理的信号流程为顺序、按照一定的习惯规律绘制的。分析电路图总体上也应该按照信号处理流程进行。因此。分析一个电路图时需要明确该图的信号处理流程方向。

根据电路图的整体功能，找出整个电路图的总输入端和总输出端，即可判断出电路图的信号处理流程方向。例如，在图1.1所示6W日光应急灯电路图中，220V交流电为输入端，2×6W荧光灯为输出端。

（3）化整为零，画出方框图。以主要元器件为核心，将电路图分解为若干个单元电路，并画出方框图。掌握了电路图的整体功能和信号处理流程方向，便对电路有了一个整体的了解，但是要深入地具体分析电路的工作原理，还必须将复杂的电路图分解为具有不同功能的单元电路。

一般来讲，晶体管、集成电路等是各单元电路的主要元器件。因此，可以以晶体管或集成电路等主要元器件为标志，按照信号处理流程方向将电路图分解为若干个单元电路，并据此画出电路原理方框图。方框图有助于掌握和分析电路图。

如何挑选元器件？

答：挑选元器件时先从外观上检查，应看其外观有无明显损坏。例如，三极管，看其外表有无破损，引脚有无折断或锈蚀，还要检查一下器件上的型号是否清晰可辨。对于电位器、可变电容器之类的可调元件，要在调节范围内，检查其活动是否平滑、灵活，松紧是否合适，有无机械噪声。

其次要用万用表测量元器件的参数。例如，电阻器要测量其电阻值是否与标称值相符；二极管要测量正、反向电阻，正向电阻要小，反向电阻应很大。各种不同的电子元器件都有自身的特点和要求，具体参看第2章的详细介绍。

如何连接元器件？

答：在电子制作中连接元器件的方法有锡丝电焊法和导线铰接法。

● 锡丝电焊法

锡丝电焊法一般应用于印刷电路板制作的各种电路中，是电子制作中主要采用的方法。电烙铁选25W左右的功率比较适合，新买来的电烙铁必须先上锡，然后才能使用。焊接前，元件引脚及印刷电路板，都要经过去氧化处理，即用小刀刮光后上锡。焊接时，电烙铁通电发热，使用含有松香的焊锡丝，先用电烙铁使锡丝熔化，用电烙铁粘有锡的面或点去接触焊接点，烙铁头沿元器件引脚环绕一圈，再稍停留一下后离开，使焊锡固化在连接点上。焊接点光洁美观，连接可靠。防止虚焊、假焊，具体操作参看第3章内容。

● 导线铰接法

有时，要制作的一些电路比较简单，元件不多，而且元件引脚又比较长，可用导线铰接法。它通过元件引脚之间或元件引脚与导线之间互相铰接来保证电路的接通，连接前，首先对有塑料管的导线剥去1cm左右塑料管，用小刀刮净接线头，对元件引脚也要如此处理。然后将接线头根据电路要求相互铰接几圈，并用绝缘胶布包上两层，防止连接头与电路其他部分碰触，使电路短路不能工作。此法操作简单，但连接点强度不够，一般只适宜初学者从事一些简单的电子小制作。

电子制作完成后如何进行检查？

答：电子制作完成后，如果电路不工作，则要集中精力检查电路的连接、元器件的安装和供电。首先，应该检查电路的连线，电路越复杂，连线错误的机会也就越多，要按照电路图反复检查每一根连线和连接点。其次，要检查元器件的安装，注意元器件的极性方向。对二极管、三极管、电解电容器、集成电路等元器件要重点检查它们的引脚连接正确与否。最后，要保证电源供电正常，如果是干电池供电，先要测干电池的电压是否正常，如果是旧干电池，还要测其短路电流；如果是220V交流电整流后供电，要检查整流二极管、滤波电容、稳压二极管等是否正常。如果经过努力终于找到了电路不工作的原因，则在实践中又一次提高了电子制作的技能。

1.2 电子制作常用工具

 电子制作通常需要使用哪些工具?

答："工欲善其事，必先利其器。"初学电子制作的读者朋友，事先必须学会常用工具使用方法和技巧，这样在电子制作过程中就能得心应手，达到事半功倍的效果。电子制作通常需要使用的工具有万用表、电烙铁、验电笔、钢丝钳、斜口钳、尖嘴钳、剥线钳、螺钉旋具、手电钻、电工刀与活动扳手等。

 使用验电笔应注意哪些事项?

答：验电笔又称为低压验电器、测电笔，简称电笔，是检验导线、低压导电设备外壳是否带电的一种常用辅助安全工具，检查范围为60~500V，有钢笔式、螺钉旋具式和数字式多种，如图1.2所示。

图1.2 验电笔

使用验电笔时应注意以下几个事项：

（1）使用前，一定要在有电的电源上试验，以验定验电笔是否完好，验电笔完好方可使用。

（2）低电压电笔前端应加护套，只能露出10mm左右的一截作测试用，若不加护套，因低电压设备相线之间及相线对地线之间的距离较小，极易引起相线之间及相线对地短路。

（3）因氖管亮度较低，应避光，以防误判。

（4）螺钉旋具式验电笔的刀体只能承受很小的扭矩，不可作一般的螺钉旋具使用。

 ## 使用电工刀应注意哪些事项？

答：电工刀用来剖削和切割电线绝缘层、棉麻绳索、木桩及软性金属。使用时刀口应向外剖削，用后应及时将刀身折进刀柄。电工刀的刀柄是不绝缘的，不能在带电导线或器材上剖削，以防触电。普通电工刀按刀片长度分为1号（刀柄长115mm）、2号（刀柄长105mm）和3号（刀柄长95mm）三种规格。电工刀按其功能一般分为单用电工刀与多功能电工刀两种，多功能电工刀除了刀片外，还有锯子、锥子、扩孔锥等。平时不用时都可收缩进刀把的鞘内。其结构如图1.3所示。

使用电工刀时，应注意以下几个事项：

（1）用电工刀剖削电线绝缘层时，可把刀略微翘起一些，用刀刃的圆角抵住线芯。

（2）导线接头之前应把导线上的绝缘及时剥除，用电工刀切剥时，先用电工刀以45°角倾斜切入绝缘层，当切近线芯时即停止用力，防止刀口伤着线芯。用电工刀进行塑料单层剥切时，一手握刀，刀口向上，另一手拿线放在刀刃上，如图1.4所示。并用握刀手将导线压在刀刃上，将线在刀刃上推转一周，把刀向导线端部快速移动，即可剥掉绝缘层。

（3）电工刀的刀刃部分要磨得锋利才好剥切电线，但不可太锋利，太锋利容易削伤线芯。磨刀刃一般采用磨刀石或油磨石，磨好后再把底部磨出倒角，即刃口略微圆一些。

 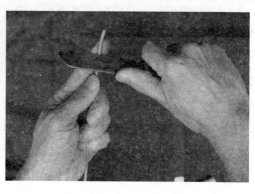

图1.3　多功能电工刀　　　图1.4　用电工刀进行塑料单层剥切方法

如何使用螺钉旋具？

答：螺钉旋具又称为螺丝刀，或称为起子，其用途是紧固螺钉和拆卸螺钉。常用的有一字形和十字形。手柄可分为木柄和塑料柄两种。

一字形螺丝刀的形状如图1.5所示。选用一字形螺丝刀时，要注意螺丝刀的刀口宽窄要与螺钉的一字槽相适应，即螺丝刀的刀口尺寸要与螺钉一字槽相吻合，既不能过长，也不能过厚，但也不能太薄。当刀口的尺寸过长时，容易损坏安装件（对沉头螺钉）；当刀口的尺寸厚度超过螺钉的一字槽厚度，或不足螺钉一字槽厚度（过薄）时，便会损坏螺钉槽。因此在固定和拆卸不同螺钉时应选用相应规格的一字形螺丝刀。

十字形螺丝刀的形状如图1.6所示。使用时应根据不同大小的螺钉选用不同规格端头。如果选用的螺丝刀槽型与螺钉十字槽不能相吻合，就会损坏螺钉的十字槽。使用螺丝刀进行紧固或拆卸螺钉时，推压和旋转应同时进行，但在推压和旋转时不能用力过猛，以免损坏螺钉槽口。一旦螺钉槽口被损坏，就很难再将螺钉紧固或旋出。

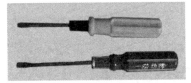

图1.5　一字形螺丝刀	图1.6　十字形螺丝刀

螺丝刀的操作方法一般是用右手的掌心顶紧螺丝刀柄，利用拇指、食指和中指旋动螺丝刀柄，刀口准确插入螺丝头的凹槽中，左手扶住螺丝柱。例如，将木螺丝插在拉线开关中的操作方法如图1.7所示。

使用小螺丝刀拧小螺钉时，可以用右手的食指顶紧螺丝刀柄，用拇指、中指及无名指旋动螺丝刀柄拧螺钉，如图1.8所示。

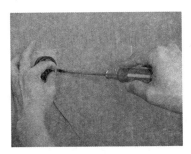

图1.7　螺丝刀的操作方法示意图	图1.8　小螺丝刀的操作示意图

用大螺丝刀拧不易旋动的螺钉时，可用双手来操作螺丝刀，右手顶紧螺丝刀柄，左手握住刀体，两只手朝一个方向旋动，就有劲多了。使用螺丝刀时，刀口要对准螺钉凹槽，旋力要适中，刀体不要上下左右大幅度晃动，否则既损刀口，又伤凹槽，使螺钉无法顺利拧进（俗称"螺丝打滑"）。

$\phi 3\text{mm}$以下的铁螺钉一般不易用手拿，给拧固时造成一定的难度。这时只需将螺丝刀刀口往喇叭磁铁上碰一下，螺丝刀就可以"抓住"铁螺钉。

为了防止触电事故，可将螺丝刀的金属部分，除刀口外用塑料管套护起来，这样就安全多了，如图1.9所示。用螺钉固定导线时，须将线头顺时针方向弯钩，这样才能可靠紧固；倘若线头按逆时针方向弯钩，则势必在拧动过程中线头松开，如图1.10所示。

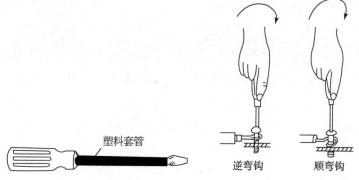

图1.9 螺丝刀套塑料管示意图　　图1.10 用螺丝刀固定导线示意图

逆弯钩　　顺弯钩

如何使用尖嘴钳？

答：尖嘴钳结构如图1.11所示。它分为铁柄和绝缘柄两种。应用较普遍的是绝缘柄尖嘴钳，它所承受的电压是500V以上，该种钳子又分为带刀口的与不带刀口的，带刀口的可用来剪切一些较细的导线，但不能作为剪切工具使用，以避免损坏刀口及钳嘴断裂。

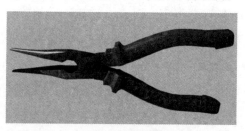

图1.11 尖嘴钳

尖嘴钳按其长度分成不同的规格，一般可分为130mm、160mm、180mm和200mm4种，常用的是160mm塑料柄尖嘴钳。

尖嘴钳可以用来夹持小零件及在狭窄的空间夹持小物件，同时还用于元器件引线的成形，以及在焊点上网绕导线和元器件的引线等。

在使用尖嘴钳时应注意不能用尖嘴钳装卸螺丝、螺母，不能用力夹持硬金属导线及硬物，以避免钳嘴的损坏。对带绝缘柄的尖嘴钳，要保护好其绝缘层，以保证使用的安全。

如何使用斜口钳？

答：斜口钳又称为扁口钳，还可称为断线钳，其形状如图1.12所示。斜口钳的规格与尖嘴钳相同，160mm带绝缘柄的扁口钳最为常用，有的扁口钳在两个钳柄之间加上弹簧，其作用是减轻手部疲劳，使用更加方便。

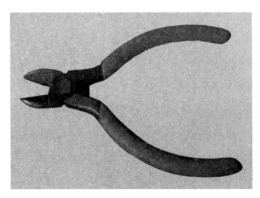

图1.12 斜口钳

扁口钳的主要用途是剪切导线，如印制线路板插装元器件后过长引线的剪切，焊点上多余引线的剪切，粗细适宜的导线及塑料导管的剪切等。

在使用扁口钳时应注意使钳口朝下，以防止被剪下的线头伤人。另外扁口钳也不能用于剪切较粗的钢丝及螺钉等硬物，以防损坏其钳口。严禁使用塑料套已损坏的扁口钳剪切带电导线，以避免发生触电事故，保证人身安全。

 如何使用剥线钳？

答：剥线钳是一种专用钳，它可对绝缘导线的端头绝缘层进行剥离，如塑料电线等。剥线钳形状如图1.13所示。该种钳的钳口有几个不同直径的切口位置，以适应不同导线的线径要求。

图1.13　剥线钳

剥线钳的使用方法是根据所剥导线的线径，选用与其相应的切口位置，同时也要根据所切掉的绝缘层长度来调整钳口的止挡位。如果线径切口位置选择不当，便可能造成绝缘层无法剥离，甚至要损伤被剥导线的芯线。具体的操作方法是将被剥导线放入所选的切口位置，然后用手握住两手柄，并向里合拢，此时便可剥掉导线端头的绝缘层。

如何使用钢丝钳？

答：钢丝钳在日常生活中应用较多，其规格也是以钳身长度表示，常用的有150mm、175mm、200mm等几种。形状如图1.14所示。

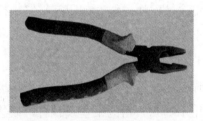

图1.14　钢丝钳

钢丝钳可用于剪断较粗的金属丝，也可对金属薄板进行剪切。带绝缘柄的钢丝钳可用于带电操作的场合，可根据钳身绝缘柄的耐压标志进行选用，常用的是耐压500V的钢丝钳。在使用时应注意选用不同规格的钢丝钳对不同粗细的钢丝进行剪切，以避免切口的损坏。

使用活动扳手应注意哪些事项？

答：扳手的种类很多，一般分为固定扳手、活动扳手和套筒扳手三大类。各类扳手又可分为不同种类和不同规格。活动扳手与固定扳手的形状如图1.15所示。扳手的用途是固定和拆卸螺母和螺栓。

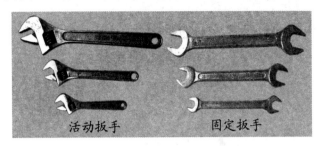

图1.15 扳 手

活动扳手是扳手的开口度可以在一定的范围内进行调整，以满足一定范围内对尺寸不同的螺栓、螺母进行紧固或拆卸。常用的活动扳手规格有14mm×100mm、19mm×150mm、24mm×100mm三种，规格的表示方法是扳手的最大开口度乘以扳手的长度。使用时应注意扳手的开口度要与被紧固或拆卸的螺栓、螺母相吻合，否则将损坏紧固件的表层。

使用活动扳手时，应注意以下几个事项：

（1）扳动大螺母时，右手握手柄，手越靠后，扳动起来越省力。

（2）扳动小螺母时，手应握在靠近呆扳唇处，并用大拇指调制蜗轮，以适应螺母的大小。

（3）夹持螺母时，呆扳唇在上，活扳唇在下，且不能把活动扳手当锤子用。

（4）扳动生锈的螺母时，可在螺母上滴几滴煤油或机油。

（5）拧不动时，切不可采用钢管套在活动扳手的手柄上来增加扭力，因为这样极易损伤活动扳唇。

常用电烙铁有哪些？

答：常用的电烙铁按加热的方式可分为两大类：外热式和内热式。近年来随着焊接技术的不断提高，恒温式电烙铁和吸锡式电烙铁等产品相继出现。

外热式电烙铁的外形及烙铁心如图1.16所示。其工作原理是当烙铁接通电源时（实质上是烙铁心接通电源），电阻丝绕制成的烙铁心发热，直接通过传热筒使烙铁头发热，烙铁头受热温度升高，达到一定温度时，便可熔化锡钎料进行焊接工作。

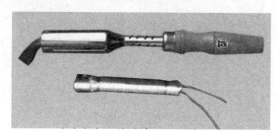

图1.16　外热式电烙铁的外形及烙铁心

常用的外热式电烙铁有以下几种功率规格：25W、30W、45W、75W、100W、150W、200W等。烙铁头可以根据使用情况来选用，一般有直形和弯形两种。

外热式电烙铁的主要特点是：由于烙铁心是套在烙铁头的外部，所以电阻丝发出的大部分热量都散发到空中，加热效率很低，加热速度变慢。另外其体积比较大，使用起来很不灵便，不适合焊接小型元器件和精密电路板。

内热式电烙铁的外形和烙铁心如图1.17所示。它与外热式电烙铁的主要区别在于烙铁心是装在烙铁头的内部。其工作原理与外热式的基本相同，但由于烙铁心是装在烙铁头的内部，所以热量就会完全传到烙铁头上，不会有过多损失，从而使内热式电烙铁具有加热效率高、加热速度快、耗电省、体积小、重量轻等优点。内热式电烙铁也有不足之处，由于烙铁头把烙铁心的大部分热量都吸收了，会使烙铁头的温度上升很高，导致烙铁头氧化（又称"烧死"现象）。烙铁头一旦氧化，就不易上锡，对焊接工作将产生影响。另外，烙铁心易断、怕摔，所以在使用过程中要注意轻拿轻放。

内热式电烙铁按规格划分通常有20W、35W和50W等。由于加热方式不同，相同功率电烙铁的实际功率相差很大，如一把20W内热式电烙铁的实际功率，就相当于25～45W外热式电烙铁的实际功率，所以在选用过程中要注意这个问题。

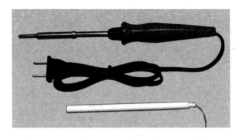

图1.17　内热式电烙铁的外形及烙铁心

　　恒温电烙铁的外形和内部结构如图1.18所示。它解决了烙铁头被氧化变黑的问题。恒温式电烙铁的主要工作原理是借助电烙铁内部的磁性开关自动控制通电时间而达到恒温的目的。当电烙铁通电时，烙铁的温度上升，当达到预定的温度时，因磁性开关达到居里点而磁性消失，从而使磁心触点断开，停止对电烙铁供电；当温度低于磁性开关的居里点，强磁体恢复磁性，并吸动磁性开关的永久磁铁，使开关触点接通，继续给电烙铁供电。

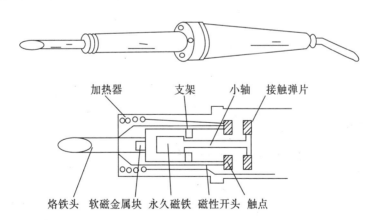

图1.18　恒温电烙铁的外形及结构

　　恒温电烙铁不仅不会出现"烧死"现象，还可提高焊接质量。而且由于断续通电还会比普通电烙铁省电，同时又能防止元器件因温度过高而损坏。

　　吸锡电烙铁在构造上的主要特点是把烙铁心和吸锡器装在一起。

因而可以利用它很方便地将要更换的元器件从电路板上取下来，而不会损坏元器件和电路板。对于更换集成电路等多管脚的元器件，优点更为突出。吸锡电烙铁又可作一般电烙铁使用，所以它是一件非常实用的焊接工具。图1.19所示为吸锡式电烙铁的外形与结构。

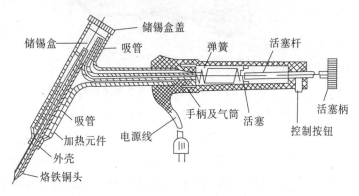

图1.19　吸锡电烙铁的外形与结构

　　吸锡式电烙铁的使用方法是：接通电源，预热5~7min后向内推动活塞柄到头卡住，将吸锡烙铁前端的吸头对准欲取下的元器件的焊点，待锡钎料熔化后，小拇指按一下控制按钮，活塞后退，锡钎料便吸进储锡盒内。每推动一次活塞（推到头），可吸锡一次。如果一次没有把锡钎料吸干净，可重复进行，直到干净为止。

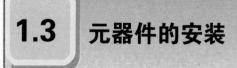

1.3　元器件的安装

如何进行元器件整形处理？

　　答：安装元器件之前一般都必须把元器件的引脚整理成合适的形

状，通常把这一步骤称为整形。由于元器件与引脚的连接部（或称根部）比较脆弱，经不起太大的机械应力，因此，不正确的整形方法很容易损伤根部，甚至把引脚弄断。图1.20（a）是不正确的整形方法，即用一把镊子将引腿"拐"弯。图1.20（b）是正确的整形方法，即用镊子夹住引脚靠根部部分，起保护根部的作用，而用另一只手的手指把引脚压弯。弯曲点与根部的距离不得小于3mm；也不要弯成直角，引脚弯曲半径不得小于2mm。图1.20（c）表示几种不正确的整形方法。引脚被这样处理之后，根部会长时间受到机械应力。即使当时没有损坏，也会留下后遗症。图1.20（d）表示相应的正确整形方法。

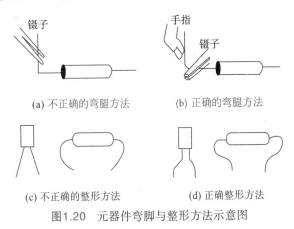

(a) 不正确的弯腿方法　　　　(b) 正确的弯腿方法

(c) 不正确的整形方法　　　　(d) 正确整形方法

图1.20　元器件弯脚与整形方法示意图

 一般元器件的装置方法有几种？

　　答：由于各种元器件的自身条件不同，所以装置方法也不同。一般元器件的自身重量较轻，能依靠自身的引线加以支撑，可以采取直立式装置法或水平式装置法。直立式装置又称为垂直装置，是将元器件垂直装在印制电路板上。其主要特点是装配密度大，便于拆卸，但机械强度较差，元器件的两端在焊接时有的受热不均匀；水平式装置法也称为卧式装置，适用于结构比较宽裕的或装配高度受到一定限制的场合。其优点是机械强度高，元器件的标记字迹显示得清楚，便于查找和维修。直立式装置与水平式装置如图1.21所示。

图1.21　一般元器件的安装方法

 安装元器件有哪些技术要求？

答：安装元器件应符合以下技术要求：

（1）元器件的标志方向应按照图纸规定的要求，安装后能看清元器件上的标志。若装配图上没有指明方向，则应使标记向外易于辨认，并按从左到右、从下到上的顺序读出。

（2）元器件的极性不得装错，安装前应套上相应的套管。

（3）安装高度应符合规定要求，同一规格的元器件应尽量安装在同一高度上。

（4）安装顺序一般为先低后高，先轻后重，先易后难，先一般元器件后特殊元器件。

（5）元器件在印制电路板上的分布应尽量均匀、疏密一致，排列整齐美观。不允许斜排、立体交叉和重叠排列。

（6）元器件外壳和引线不得相碰，要保证1mm左右的安全间隙，无法避免时，应套绝缘套管。

（7）元器件的引线直径与印制电路板焊盘孔径应有0.2~0.4mm的合理间隙。

第1章　电子制作的必备知识

怎样安装晶体管？

答：●二极管的装置方法

玻璃外壳的二极管最大的弱点是引出线的根部极易受力开裂。若引线太短，也容易受损。所以在安装前，最好先将引线绕1～2圈，呈螺旋形，增加引线的长度。金属壳二极管，引线不要从根部折弯，以防管内点焊处开焊。另外二极管在安装时，要注意正、负极不要装错。具体装置方法如图1.22（a）所示。

●小功率晶体三极管的装置方法

小功率晶体三极管有正装、倒装及横装等几种形式，如图1.22（b）所示。

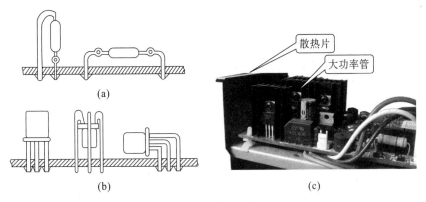

(a)

(b)

散热片

大功率管

(c)

图1.22　晶体管的安装方法

●大功率管的安装

由于其功率较大，所以在工作时管壳会发烫，因此必须给大功率管加散热装置，如图1.22(c)所示。安装散热片时，一定要保证散热片与晶体管接触面接触良好，若在二者之间加云母片，则云母片的厚度要均匀。为保证接触面密合，提高散热效率，可在云母片两面涂些硅油。

怎样安装功率器件的散热器？

答：安装功率器件的散热器时应注意以下几点：

（1）功率器件与散热器之间应涂覆导热脂，使用的导热脂应对器件芯片表面层无溶解作用，使用聚二甲基硅油时应小心。

（2）散热器与元器件的接触面必须平整，其不平整和扭曲度不能超过0.05mm。

（3）功率器件与散热器之间的导热绝缘片不允许有裂纹，接触面的间隙内不允许夹杂切屑等多余物。

（4）若采用散热片则需要在散热片上钻孔，须注意供引脚穿过的孔一定要打准，使各个引脚都能从孔中心穿过；打完孔后应检查孔的周边有没有毛刺和碎屑。如果有的话，应处理干净；散热片与元器件的表面必须贴紧。

 怎样安装变压器和电解电容器？

答：变压器和电解电容器的体积、重量都比晶体管和集成电路大且重，如果安装方法不当，就会影响整机的质量。

（1）中频变压器及输入、输出变压器本身带有固定脚，安装时将固定脚插入印制电路板的相应孔位，然后将其固定脚压倒并锡焊就可以了。

（2）对于较大体积的电源变压器，一般要采用螺钉固定。螺钉上最好能加上弹簧垫圈，以防止螺钉或螺母的松动。

（3）对于体积较大的电解电容器，可采用弹性夹固定，如图1.23所示。

图1.23　电解电容器的安装示意图

使用与安装MOS集成电路应注意哪些问题？

答：MOS电路是一种高输入阻抗的微功耗电路（尤其是CMOS电路）。因其输入阻抗高，所以很易受静电等因素影响使其输入端产生很高的电压而损坏集成电路。因此使用MOS集成电路时应注意以下一些问题：

（1）MOS集成电路未装在电路上时应包装在锡纸中或插在导电泡沫塑料上，最好能装在金属盒子中与外界屏蔽。

（2）集成电路在电路中安装时应尽量远离发热元件。

（3）焊接用的电烙铁、测试仪器都必须良好接地。

（4）在拿MOS器件前，先将双手摸一下地线（暖气管、水管、墙壁等），将人体上的高压静电通过地线放掉。拿芯片时应拿芯片的两头，尽量避免碰触其引脚。

（5）使用MOS器件最好使用IC插座，待插座都焊好后再插入MOS集成电路。若不使用IC插座，焊接时应先焊集成电路的接地脚，并尽量避免输入脚悬空。

（6）在拆、装MOS集成电路时一定要事先断开电源。

（7）MOS集成电路的输入电压不应超过电源电压V_{DD}或低于地电位；输入电流的最大定额为10mA，所以有n个输入端，每个输入端电流应小于$10/n$（mA）。

（8）不用的输入端不能悬空，因为悬空时，电位不定（一般表现为高电平），可能破坏正常的逻辑关系，引起误动作。多余的输入端可根据集成电路的逻辑功能要求与电源或地端相接。例如，对"或非"门应与地相接，对"与非"门应与电源相接。另外，多余输入端也可和使用的输入端并联。

（9）输入引线过长时应防止由分布电容引起的寄生振荡。为此，可在输入端串联一个限流电阻。

（10）应注意电源和信号源的通断顺序。一般在开始工作时，应先接通MOS电路电源，再加入信号源。停止工作时应先撤掉信号源再关断MOS电路电源。

1.4 万用表的使用

 指针式万用表的结构如何？

答：指针式万用表主要由表头、测量电路、转换开关等组成。MF47型万用表的外部结构如图1.24所示，由表头指针、表盘、机械调零旋钮、转换开关、零欧姆调节旋钮、表笔插孔和晶体管插孔等组成。

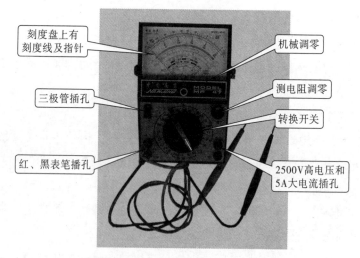

刻度盘上有刻度线及指针

机械调零

三极管插孔

测电阻调零

转换开关

红、黑表笔播孔

2500V高电压和5A大电流插孔

图1.24　MF47型万用表的外部结构

● 表　头

表头是指针式万用表的重要组成部分，它实际上是一块高灵敏度磁电式直流微安表。表头的好坏在很大程度上决定了万用表性能的优劣，表头一般由指针、表盘、磁路系统及偏转系统组成，它的满刻度偏转电流一般只有几微安至几百微安，满刻度偏转电流越小，表头灵敏度也就越高。MF47型万用表使用的是内阻3.6kΩ、满度电流为50μA的直流表头，而500型万用表使用的是内阻2.8kΩ、满度电流为40μA的直流表头。

　　●测量电路

　　测量电路的作用是将不同性质和大小的被测电学量转换为表头所能接受的直流电流。为了实现不同测量项目和测量量程（或倍率），在万用表的内部设置了一套测量电路。一般来说，万用表的测量电路是由多量程的直流电流表、多量程直流电压表、多量程整流式交流电压表和多量程欧姆表等测量线路组合而成。在某些万用表中，还附加有电容、电感、晶体管直流放大倍数和温度测量等测量电路。

　　●转换开关

　　指针式万用表的转换开关，又称量程选择开关。万用表中各种测量种类及量程的选择是靠转换开关来实现的。

指针式万用表的表盘上设置哪些刻度线？这些刻度线有何作用？

　　答：由于万用表的测量项目较多，为了便于指针读数，因而表头的表盘上印有多条刻度线，并附有各种符号、字母加以说明。正确理解表盘上各种符号、字母的意义及各条刻度线的读法，是正确使用万用表的关键之一。MF47型万用表的表盘上共有8条刻度线，如图1.25所示。从上往下依次是：电阻刻度线、交流10V电压专用刻度线、交直流电压和直流电流共用刻度线、电容刻度线、负载电压（稳压）刻度线、晶体管β值刻度线、电感刻度线和音频电平刻度线。表盘上还装有反光镜，用以消除测量视差。

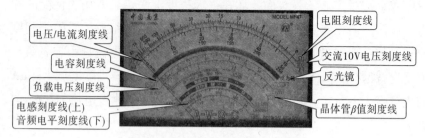

图1.25 MF47型万用表的表盘刻度线

500型万用表的表盘上共有5条刻度线，如图1.26所示。从上往下依次是：电阻刻度线、交直流电压和直流电流共用刻度线、交流10V电压专用刻度线、交流电流刻度线和音频电平刻度线。表盘上还装有反射镜，用以消除测量视差。

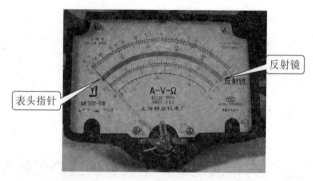

图1.26 500型万用表的表盘刻度线

指针式万用表的表盘上设置的刻度线是供测量时读数用，其中电阻挡的刻度线是不均匀的，并且是倒刻度线，右边为0，右边刻度稀，每小格代表的欧姆值小；左边为∞，左边刻度密，每小格代表欧姆值大，如图1.27所示。

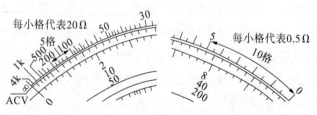

图1.27 MF47型万用表电阻刻度线特点

交直流电压和直流电流共用刻度线是均匀的，左边为0，右边为最大值。从刻度线上读取的数与实测数是两个概念，两者有时相同，有时不相同。如何正确读数，将在"怎样使用指针式万用表测电阻？"和"怎样使用指针式万用表测直流电压？"两问中介绍。

指针式万用表上的转换开关有何作用？其结构如何？

答：指针式万用表的转换开关是供万用表在测量中，选择各种测量种类及量程，如测量电阻，就将转换开关拨在电阻挡；如测量直流电压，就将转换开关拨至直流电压挡来实现。转换开关里面有固定接触点和活动接触点，当固定接触点和活动接触点闭合时可以接通电路，MF47型万用表的转换开关如图1.28所示，而500型万用表使用两个转换开关，其中一个用来选择测量项目，另一个用来选择量程，配合使用才能选择测量项目和量程，其结构如图1.29所示。

图1.28　MF47型万用表的转换开关图　　图1.29　500型万用表的转换开关

活动接触点称为"刀"，固定接触点通常称为"掷"。万用表中所用的转换开关往往都是特别的，通常有多刀和几十个掷，各刀之间是相互同步联动的，旋转"刀"的位置可以使得某些活动接触点与固定接触点闭合，从而相应地接通所需要的测量线路。

指针式万用表上的插孔有什么作用？

答：指针式万用表上的插孔是测量时连接表笔或三极管的引脚，

这样表上的插孔有两种，一种是测量三极管的引脚插孔，另一种是表笔插孔，其中表笔插孔又分专用插孔和公用插孔。

MF47型万用表的插孔如图1.24所示，500型万用表的表笔插孔如图1.30所示。

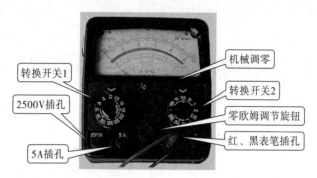

图1.30　500型万用表的插孔

一般标有"+"号为红表笔的插孔，当测量电阻、电流、电压时，红表笔都需要插入该孔，但测1000V以上的交、直流电压时，应将红表笔插入2500V高压插孔。"−"为黑表笔永久性插孔，就是说在测量任何电量时，黑表笔都应插入此插孔。"+"、"−"插孔在不同型号的万用表中其标示方法有所不同。其中"+"插孔标示没有变化，"−"插孔的标示方法还有"COM"、"★"、"CO-MON"或"⊥"。

NPN、PNP插孔：该插孔是用来测量晶体管的直流放大系数h_{FE}的。使用时可根据晶体管的管型，插入NPN或PNP插孔进行测量。

高压插孔：该插孔是专用于测量交、直流1000V以上电压的插孔，当测量1000~2500V交、直流电压时，要将红表笔插入此孔。

大电流插孔：该插孔是专用于测量交、直流10A以上电流的插孔，当测量1~10A交、直流电流时，要将红表笔插入此孔。

指针式万用表上的调零器有什么作用？

答：指针式万用表上的调零器又称为机械调零旋钮，它的作用是使万用表指针指在左侧刻度起始线上。调整的方法是，当万用表的指针没有指向左侧刻度线的起始位置时，用一字螺钉旋具缓慢调节该旋钮，使万用表指针指向左侧刻度线的起始位置即可，如图1.31所示。此调零旋钮与表内电池的有无没有任何关系，就是说表内没有装电池时，也可以进行机械调零。经过机械调零后的万用表，如果没有受到强烈振动，一般无需每次使用时都进行调零。

图1.31 用螺丝刀调节表头上的机械调零螺丝示意图

 使用指针式万用表应注意哪些事项？

答：在使用指针式万用表时应注意以下几点：

（1）熟悉每个转换开关、旋钮、插孔和接线柱的作用。使用万用表之前，必须熟悉每个转换开关、旋钮、插孔和接线柱的作用，了解表盘上每条刻度线所对应的被测电量。测量前，必须明确要测什么和怎样测法，然后拨到相应的测量种类和量程挡上。每一次拿起表笔准备测量时，务必再看一下测量种类及量程选择开关是否拨对位置，如果事先不知道被测电量的大小，则应先选择较大的量程，而且必须养成这种习惯。MF47型万用表的转换开关、旋钮、插孔和接线柱如图1.24所示，500型万用表的转换开关、旋钮、插孔和接线柱如图1.30所示。

（2）使用时应水平放置。万用表在使用时应水平放置。若发现表针不指在机械零点，须用螺丝刀调节表头上的调整螺丝，使表针回零，如图1.31所示。读数时视线应正对着表针，若表盘上有反射镜，眼睛看到的表针应与镜里影子重合。

（3）注意安全操作。禁止在带电情况下在线测量电阻。切不可用电阻挡或电流挡去测量电压，否则会烧毁万用表。

被测电压高于100V时须注意安全。应当养成单手操作的习惯，预先把一支表笔固定在被测电路的公共接地端，拿着另一支表笔去碰触测试点，以保持精神集中。

（4）严禁在测高压时拨动量程选择开关。严禁在测高压（如220V）或大电流（5A）时拨动量程选择开关，以免产生电弧，烧坏转换开关触点。

（5）注意直流电流正负极性。测量电流时应将万用表串联到被测电路中，测直流电流时应注意正负极性，若表笔接反了，表针会反打，容易碰弯。

（6）注意直流电压正负极性。测量电压时，应将万用表并联在被测电路的两端。测直流电压时要注意正负极性。如果误用直流电压挡测交流电压，表针就不动或略微抖动。如果误用交流电压挡测直流电压，读数可能偏高1倍，也可能读数为零（与万用表的接法有关）。选取的电压量程，应尽量使表针偏转到满刻度的1/2或1/3。

（7）注意手指莫碰表笔针。测量时注意手指不要碰到表笔的金属探针，以保证测量安全及测量结果准确。测高阻值电阻时，不允许两手分别捏住两支表笔的金属端，以免引入人体电阻（为几百千欧），使读数减小。

（8）注意信号波形。不能直接用万用表测量方波、矩形波、锯齿波等非正弦波电压。因为万用表交流挡实际测出的是交流半波整流的平均值，但刻度反映的是交流电压的有效值，并且这仅适用于正弦交流电。若被测电压为非正弦波，其平均值与有效值的关系会改变，因此不能直接读数。

（9）注意分析误差。万用表测量高频信号电压时，误差很大。由于整流元器件的非线性，万用表测1V以下的交流电压的误差也会增大。

（10）在线测量注意并联电阻的影响。测量线路内元器件的电阻时，应考虑到与之并联电阻的影响。必要时应焊下被测元器件的一端再测。

（11）测量完毕注意将开关拨到合适位置。测量完毕，将量程选择开关拨到最高电压挡，防止下次开始测量时不慎烧表。有的万用表（如500型）设有空挡，用完应将转换开关拨到"."所指位置，也有的万用表（如MF47型）设有"OFF"挡，用完应将转换开关拨到"OFF"所指位置，使表头短路，起到保护作用。

（12）长期不用应将电池取出。长期不用的万用表，应将电池取出，避免电池存放过久而变质，漏出的电解液腐蚀电路板。

怎样使用指针式万用表测电阻？

答：由于万用表电阻挡测量的内容较多，因此电阻挡是在万用表使用过程中用得较多的一个挡。例如，用电阻挡判断元器件的好坏，测量电路的通与断等。

（1）正确插入表笔。测电阻时，红表笔插入"+"插孔，黑表笔插入"−"插孔。

（2）电阻挡的调零。在测量电阻之前，首先应注意调零。其方法是将万用表的红、黑表笔短路，然后调整电阻调零旋钮使万用表指针指到"0Ω"位置即可，如图1.32所示。并且每换一次倍率挡，都要再次进行电阻调零，以保证测量准确。如果指针不能调到零位，说明电池电压不足或仪表内部有问题。若电池电压不足应及时更换新电池，否则将使测量结果产生很大的误差。

图1.32 万用表调零

（3）选择好适当的倍率挡。当把转换开关拨到欧姆挡时，应选择好适当的倍率挡。电阻挡一般都设有5个量程，它们分别是$R \times 1$、$R \times 10$、$R \times 100$、$R \times 1k$、$R \times 10k$。使用时据被测电阻的大小进行选择。若不知被测阻值大小时，可选用最高电阻挡进行试测，并逐步减小量程，使万用表指针尽量指在刻度线的中间位置。选择合适的倍率是减少读数误差的重要环节，应尽量避免万用表指针指示在刻度密集的部位。例如，有一被测电阻的阻值在100Ω左右，若选用$R \times 1$挡来测量，则读数在靠近高阻值一端，表针指示在刻度密集的部位，这样读数会有较大误差；若选用$R \times 10$挡来测量，则读数在中间，则有利于准确读数。

一般测量10Ω以下的电阻可选$R \times 1$挡，测量100Ω~1kΩ的电阻可选$R \times 10$；测量1~10kΩ可选$R \times 100$挡；测量10~100kΩ可选$R \times 1k$挡；测量10kΩ以上的电阻可选$R \times 10k$挡。

（4）正确测量电阻并读数。用电阻挡测量电阻时，将被测电阻脱离电源，用两表笔（不分正负）接触电阻的两端引脚，如图1.33（a）所示。从表头指针显示的读数乘以所选量程的倍率即为所测电阻的阻值。图1.34（a）所测电阻的表针指在20～30，20～30有5小格，每小格代表2，由于是倒刻度线，读数时由右向左读数，所以电阻刻度线上读数为22，如图1.33（b）所示。若所选用的量程是$R \times 100$挡，则被测电阻的阻值就是22×100 = 2200（Ω）= 2.2kΩ。

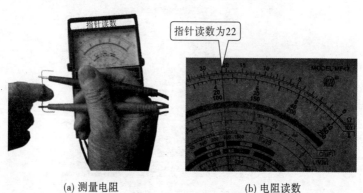

(a) 测量电阻   (b) 电阻读数

图1.33 正确测量电阻并读数

使用指针式万用表测电阻时应注意哪些事项?

答:测量电阻时,不要用手同时去接触电阻器的两端引线,以免接入人体电阻对测量几十千欧以上的电阻产生测量误差,如图1.34所示。

不要用手同时去接触电阻器的两端引线

图1.34 测量电阻不正确操作方法

使用电阻挡测量时还要注意以下几点:

(1)测量电阻时,被测电路不允许带电。否则不仅是测量结果不准确,而且很有可能烧坏表头。

(2)被测电阻不能有并联支路,否则其测量结果是被测电阻并联支路并联后的等效电阻,而不是被测电阻的阻值。由于这一原因,在测量电阻时,绝不能用手同时去接触表笔的金属部分,以免产生不必要的误差。

(3)用万用表电阻挡测量同一个非线性元件时,选择量程不同,测量的电阻值也会不同,这属于正常现象。这是由于电阻挡各量程的中值电阻和满度电流各有不同造成的。

(4)用电阻挡测量晶体管参数时,考虑到晶体管所能承受的电压比较小和容许通过的电流较小,一般应选择$R \times 10$或$R \times 1k$的倍率挡。这是因为低倍率挡的内阻较小,电流较大;而高倍率挡的电池电压较高。所以一般不适宜用低倍率挡或高倍率挡去测量晶体管的参数。

（5）万用表电阻挡不能直接测量微安表表头、检流计、标准电池等仪器仪表。在使用的间歇中，不能让两表笔短接，以免浪费电池。

怎样使用指针式万用表测直流电压？

答：使用万用表直流电压挡测量直流电压时应按以下几个步骤进行：

（1）选择合适的量程。选择直流电压挡量程时，如果知道被测直流电压的大小范围和极性时，将量程开关置于合适的挡位。例如，测干电池电压，因干电池电压一般为1.5V左右，可选择直流电压2.5V挡为合适量程，如图1.35所示。

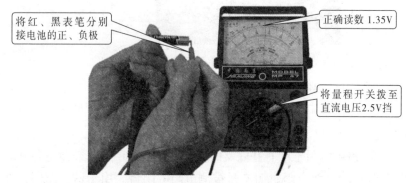

将红、黑表笔分别
接电池的正、负极

正确读数 1.35V

将量程开关拨至
直流电压2.5V挡

图1.35　用万用表测旧干电池电压

如果只知道被测电压的极性（正极与负极），而电压的大小范围却不知道，此时可把量程开关置于直流电压挡的最高挡位，500型万用表可拨到直流电压500V挡，MF47型万用表可拨到直流电压1000V挡。然后将黑表笔先接在被测电压的负极，再用红表笔快速触碰被测电压的正极，注意此时触碰速度要快，看到万用表指针有移动时马上将表笔离开测试点，以防打表。此时，如果万用表指针向右摆动的幅度较小，则可逐步降低量程，选择一个较合适的量程（被测电压值为该量程挡的2/3）。如果万用表指针摆动很大，则要考虑再升高量程。对于MF47型或500型万用表来说，可将红表笔改插到直流电压2500V挡。

（2）测量。测量前，把万用表的两表笔并联接到被测电路或被测元器件的两端，并且红表笔接到被测电路或元器件的正极（或高电位端），黑表笔接到被测电路或元器件的负极（或低电位端），不能接反。在线测量元器件或集成电路引脚电压时，可将黑表笔接到电源负极或公共地线上，用红表笔接到被测元器件或集成电路的引脚上。

（3）正确读数。应根据指针稳定时的位置及所选量程，正确读数。测量直流电压时应选用万用表左端标有交、直流电压标示的刻度线，对于MF47型万用表来说，第3条刻度数是交、直流电压和直流电流共用的刻度线，它的满刻度数分别为10、50、250，在进行测量时可根据所测电压的大小选用其中的一组。例如，所测直流电压为6V，就应选择满度数为10的刻度线来读取，若选用满度数为50的刻度线读取，就会产生较大的误差。

另外，从刻度线上读取的数与实测数是两个概念，两者有时相同，有时不相同。例如，选量程为10V的直流电压挡，使用满刻度数为10的一组读数，此时读取的刻度数为3，则读取的数与实测数是相同的，即被测电压为3V；又如选量程为500V挡时，则表的满刻度数为500，而表上只有50，此时读数应在50基础上再乘10。若此时读取的刻度数为20，则读取的数与实测数相差10倍，即被测电压为200V。

在图1.35中，测量旧干电池选的量程为2.5V，满刻度数只有250，根据2.5是250缩小100倍的值，所以读取的数据要缩小100倍，就是测量的干电池电压值。图1.36中，指针在100与150之间，而且比150小3格，每小格代表5V，表盘的读数是150-15=135（V），再缩小100倍就是实际测量干电池电压值，即135/100 = 1.35（V），所以此次测量旧干电池电压值为1.35V。

使用指针式万用表测直流电压时应注意哪些事项？

答：测量直流电压时应注意以下两点：

（1）如果不知道被测电压的大小范围，也不知道极性，此时可把量程开关置于直流电压挡的最高挡位，并把黑表笔接被测电压的一端，用红表笔快速触碰被测电压的另一端。此时要注意观察万用表指针的摆动方向，如果表头指针向右偏转（正偏），说明表笔正负极性接法正确，可以继续测量；若表头指针向左偏转（反偏），说明表笔极性接反了，交换表笔就可以测量。

（2）在测量1000~2500V的直流电压时，应将红表笔插入标有高电压数值的插孔内，转换开关置于相应的位置。例如，用MF47型万用表测量1200V直流电压时，可将红表笔插入交直流2500V专用插孔，转换开关置于直流1000V位置。

 ## 怎样使用指针式万用表测交流电压？

答：使用万用表交流电压挡测量交流电压时应按以下几个步骤进行：

（1）选择合适的量程。测量前，先将量程开关拨到交流电压挡，选择合适的挡位。例如，测照明电路交流电压，因照明电路交流电压一般为220V左右，可选择直流电压250V或500V挡为合适量程，如图1.36、图1.37所示。

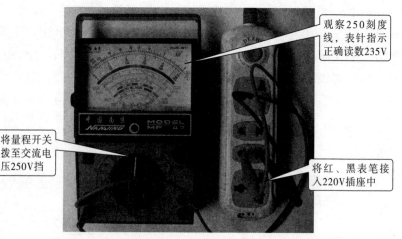

观察250刻度线，表针指示正确读数235V

将量程开关拨至交流电压250V挡

将红、黑表笔接入220V插座中

图1.36　用交流电压250V挡测交流电压

观察50刻度
线，表针指示
正确读数240V

将量程开关
拨至交流电
压500V挡

将红、黑表笔接
入220V插座中

图1.37　用交流电压500V挡测交流电压

当被测电压的数值范围不清楚时，可先把量程开关置于交流电压挡的最高挡位，500型万用表可拨到交流电压500V挡，MF47型万用表可拨到交流电压1000V挡。然后逐步降低量程，选择一个较合适的量程（被测电压值为该量程挡的2/3处附近）。以保证测量的准确性。

（2）测量。测量交流电压的方法与测量直流电压的方法基本相同，不同之处是用万用表的两表笔可随意并联接到被测电路或被测元器件的两端，不必区分正、负极。

另外，用万用表测量交流电压时，要考虑被测交流电压的频率不得超过万用表所允许的频率范围。若超出万用表允许的频率范围，测量结果将产生很大的误差，测量到的电压值就没有参考价值。

（3）正确读数。应根据指针稳定时的位置及所选量程，正确读数。其读数为交流电压的有效值。图1.36中指针在200～250，因为图中选择的量程为交流电压250V，所以读数时在第3条刻度线，该刻度线每一小格代表5V，指针左边的位置是200，而且比200大出7格，此次所测交流电压测量值为235V。

如果指针停留两刻度线之间还要估读数据才准确。

使用指针式万用表测交流电压时应注意哪些事项？

答：使用指针式万用表测量交流电压时应注意以下几点：

（1）对同一块万用表而言，电压量程越高，内阻越大，所引起的测量误差就越小。为了减小测量高内阻电源电压的误差，有时宁可选择较高的电压量程，以增大万用表的内电阻。当然量程也不宜选得过高，以免在测量低电压时因指针偏转角度太小而增加读数误差。对于低内阻的电源电压（如220V交流电源），可选用电压灵敏度较低的万用表进行测量。换言之，高灵敏度万用表适合于电子测量，而低灵敏度万用表适合于电工测量。

（2）电压挡的基本误差均以满量程的百分数来表示，因此测量值越接近满刻度值，误差越小。一般而言，所选量程应尽量使指针偏转在1/3~1/2。这表明，在使用一块万用表的同一量程测量两个不同电压时，表的指针越接近满度值，测量误差就越小。

（3）测量1000~2500V的交流电压时，应将红表笔插入标有高电压数值的插孔内，转换开关置于相应的位置。例如，用MF47型万用表可将红表笔插入交直流2500V专用插孔，转换开关置于交流1000V位置。

（4）严禁在测量较高电压（如交流220V）或较大电流（如0.5A以上）时拨动量程选择开关，以免产生电弧，烧坏开关的触点。

（5）假如误用直流电压挡去测量交流电压，指针就不动或稍微抖动。如果误用交流电压挡去测量直流电压，读数可能偏高1倍，也可能为零，这与万用表的具体接法有关。

（6）表盘上交流电压刻度尺是按正弦交流电的有效值来标度的，如果被测电学量不是正弦量（如方波、尖脉冲等）时，误差会很大，这时的测量结果也只能作为参考。

（7）在电气维修中遇到的交流电压值大都是220V或者380V的较高电压，如果选错量程，容易烧表，在测量时要特别注意。并要养成单手操作的习惯。

（8）由于整流元件的非线性，万用表在测量10V以下交流电压时应用10V交流刻度线读数。

（9）测量带感抗电路的电压（如日光灯镇流器两端的压降）时，必须在切断电源之前先脱开万用表，防止由自感现象而产生的高压损坏万用表。

怎样使用指针式万用表测直流电流？

答：使用指针式万用表直流电流挡测量直流电流应按以下几个步骤进行：

（1）选择合适的量程。测量直流电流时把转换开关拨到直流电流（mA）挡，并估计被测电流的大小，选择合适的量程。选择量程时同时也要考虑不同量程挡的内阻大小，这是因为测量电流时万用表要串入电路中，其内阻越大，测量结果误差就越大，为减少对被测电流的影响，应尽量选择电流挡量程大的挡位（量程越大其等效内阻就越小）。但也要兼顾指针摆动的幅度不能太小，否则就会造成较大的读数误差。

（2）将万用表串联到被测电路中。测量直流电流时应将万用表串联到被测电路中，如测收音机整机电流时，可在电源开关处于关断位置时，将万用表接在电源开关的两端，如图1.38所示。串联时应使被测电流从红表笔流入，从黑表笔流出。也就是说红表笔接被测电路的正极，黑表笔接被测电路的负极。如果将表笔接反了，指针就会反转打表，使指针弯曲。因此，测量电流时一定要注意被测电流的方向。

指针读数9.7mA

万用表串联在电源中，即用表笔接在电源开关的两端

量程50mA

图1.38　用万用表测收音机整机电流

（3）正确读数。应根据指针稳定时的位置及所选量程，正确读数。如果指针停留两刻度线之间还要估读数据才准确。例如，在图1.38中，选择的量程为50mA挡，指针在10以内，因选择的量程为50mA，所以读数时在第3条刻度线，该刻度线每一小格代表1mA，指针的位置在9~10，并离中心偏向10，此次所测整机电流估计为9.7mA。

使用指针式万用表测直流电流时应注意哪些事项？

答：使用指针式万用表测直流电流时应注意以下两点：

（1）如果不知道被测电流的大小，应选用最大的电流量程挡进行试测，待测出大概范围之后，再选择合适的量程。如果不知道被测电流的方向，也可用试测的方法进行判别。首先将一支表笔接至被测电路的一端（红、黑笔均可），用另一支表笔快速触碰被测电路的另一端，此时若万用表指针不反打，说明红、黑表笔接法正确。若出现指针反打，把红、黑表笔对调接至被测端即可。再试测电流方向时应选用最大的量程挡，触碰的时间要极短，否则就可能损坏万用表。

（2）如果测量的电流较大，且超出电流挡的量程范围时，可将红表笔插入标有较大电流的插孔（不同型号的表，其大小不同，如2.5A、5A等）并将量程开关置于相应挡位上。例如，MF47型万用表设有5A插孔，使用时将量程开关置于500mA直流电流量程挡，红表笔插入5A专用插孔，黑表笔插入负极插孔即可。

数字式万用表的结构如何？

答：数字式万用表主要由直流数字电压表（DVM）和功能转换器构成，数字电压表是数字式万用表的核心。数字式万用表的结构框图如图1.39所示，从图1.39中可以看出，被测量参数经功能转换器（电阻/电压、电压/电压、电流/电压）后都变成直流电压量，再由A/D转换器转换成数字量，最后以数字形式显示出来。

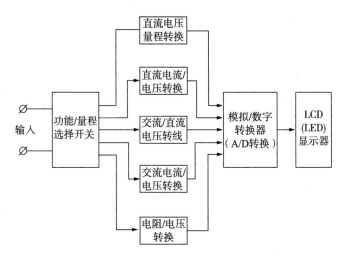

图1.39　数字式万用表的结构框图

A/D转换器是数字式万用表的核心，它采用单片大规模集成电路。大规模集成电路采用内部异或门输出，可驱动LCD显示器，耗电小。它的主要特点是：单电源供电，且电压范围较宽，使用9V叠层电池，以实现数字式万用表的小型化，输入阻抗高，利用内部的模拟开关实现自动调零与极性转换。缺点是A/D转换速度较慢，但能满足常规电测量的需要。

三位半数字式万用表大多采用ICL7106（或TSC7106、TC7106）型CMOS单片A/D转换器。下面以DT830B型数字式万用表为例，介绍数字式万用表的结构。

DT830B数字式万用表中的主电路采用典型数字式万用表专用集成电路ICL7106，性能稳定可靠；由于技术成熟、应用广泛，因而性价比高，其价格低到初学者均可接受；具有精度高、输入电阻大、读数直观、功能齐全、体积小巧等优点。

DT-830B型数字式万用表面板如图1.40所示，它由LCD液晶显示屏、电源开关、测量选择开关、表笔插孔和晶体管插孔等部分构成。各部分的作用如下：

（1）LCD液晶显示屏。DT-830B型数字式万用表的LCD液晶显示屏有3½位数字，可以直接显示三位半数字字符，小数点根据需要自动移动，负号"–"根据测量结果自动显示，最大可显示"1999"或"–1999"。

（2）测量选择开关。测量选择开关的功能是选择不同的测量挡位，转动此开关可分别测量电阻、直流电压、交流电压、直流电流、交流电流、二极管的好坏、电容、晶体管的h_{FE}等。

（3）表笔插孔。DT-830B型数字式万用表的面板上有3个插孔，标有 "COM" 字样的为黑（负极）表笔插孔，即公共端插孔；标有"VΩmA"是电压、电阻、电流测量插孔，即红（正极）表笔插孔；标有"10ADC"是安培级大电流测量插孔，在测量范围为200mA~10A的直流电流时，红表笔插入该插孔。

（4）晶体管插孔。控制面板的左下角是晶体管插孔，插孔左边标注为"NPN"，检查NPN型晶体管时插入此孔；插孔右边标注为"PNP"，检查PNP型晶体管时插入此孔。将转换开关置于h_{FE}挡，根据管子是PNP或NPN型，将其引脚插入对应的插孔中，即可读出该管子的h_{FE}值。

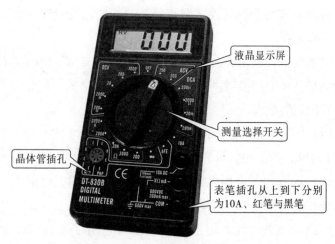

图1.40 DT-830B型数字式万用表面板图

怎样使用数字式万用表测电阻？

答：数字式万用表的电阻挡量程一般分为7挡：200Ω、2kΩ、20kΩ、200kΩ、2MΩ、20MΩ和200MΩ。测量时将红表笔的插头插入"V/Ω"插孔，把量程开关有短黑线的那端置于"Ω"范围的适当挡位上，接通电源开关（拨到"ON"处），红、黑表笔分别接到被测电阻器的两端，显示屏即可显示出电阻值，如图1.41所示。如果测出的结果为无穷大，或者量程开关应置于"MΩ"挡而错置于"kΩ"挡时，显示屏左端将出现"1"的字样。所以最好是采用大挡位的量程来进行测试。

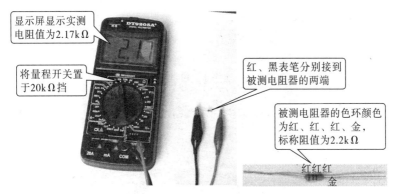

显示屏显示实测电阻值为2.17kΩ

将量程开关置于20kΩ挡

红、黑表笔分别接到被测电阻器的两端

被测电阻器的色环颜色为红、红、红、金，标称阻值为2.2kΩ

红红红金

图1.41　电阻的测量

怎样使用数字式万用表测直流电压？

答：用数字式万用表测量直流电压时，应根据被测电源电压的高低，将量程开关有短黑线的那端旋至"DCV"内适当的挡位，其量程分为5挡：200mV、2V、20V、200V和1000V。测量时将黑表笔的插头插入"COM"插孔，红表笔的插头插入"V/Ω"插孔，红、黑表笔分别接在直流电源的正、负极上，此时显示屏上便会显示测得的直流电压值，如图1.42所示。如果将量程开关的挡位拨错时，则显示屏左端将出现"1"的字样，如图1.43所示。

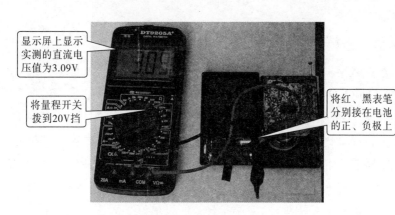

显示屏上显示实测的直流电压值为3.09V

将量程开关拨到20V挡

将红、黑表笔分别接在电池的正、负极上

图1.42 直流电压的测量

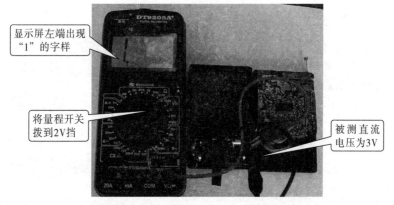

显示屏左端出现"1"的字样

将量程开关拨到2V挡

被测直流电压为3V

图1.43 测直流电压时挡位拨错

怎样使用数字式万用表测交流电压？

答：用数字式万用表测量交流电压时，表笔所插插孔与测直流电压时相同。根据被测交流电压的估计数值，将量程开关转至"ACV"内适当的挡位上，其量程分为5挡：200mV、2V、20V、200V和750V。测量时用红、黑表笔分别接在交流电源两端上，这时显示屏上便会显示测得的交流电压值。测量前要检查表笔绝缘棒是否完好，有无裂痕现象。测量时，表笔不需区分正、负极，如图1.44所示。

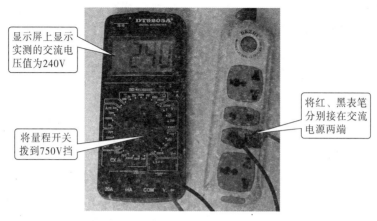

显示屏上显示实测的交流电压值为240V

将红、黑表笔分别接在交流电源两端

将量程开关拨到750V挡

图 1.44 交流电压的测量

 怎样使用数字式万用表测直流电流?

答：用数字式万用表测量直流电流时，当估计被测直流电流小于200mA时，红表笔的插头应插入"mA"插孔，按照估计值的大小，选择"DCA"内的挡位，其量程分为4挡：2mA、20mA、200mA和20A。将数字式万用表串接在测试回路中，即可显示读数，如图1.45所示。若估计被测电流大于200mA时，则把量程开关拨至"20A"处，再将红表笔的插头插入"20A"插孔，此时显示屏读数以A为单位。

显示屏上显示实测的直流电流值为6.04mA

将量程开关拨到20mA挡

将红、黑表笔串接在直流电源中，即并在电源开关的两端

红表笔的插头应插入"mA"插孔

图1.45 直流电流的测量

使用数字式万用表时应注意哪些事项？

答：在使用数字万用表时需注意以下事项：

（1）了解性能，掌握方法。在使用数字式万用表前应仔细阅读说明书，熟悉电源开关、功能及量程转换开关、功能键、输入插孔、专用插口、旋钮的作用，掌握各项目的测量方法。并要了解仪表的极限参数，出现过载显示、极性显示、低电压指示、其他标志符显示以及声光报警的特性。测量之前还应检查表笔有无裂痕，引线的绝缘层有无破损，表笔位置是否插对，以确保操作人员的安全。

（2）注意使用或存放环境。数字式万用表不能在高温、烈日、高湿度、灰尘多的环境中使用或存放，否则容易损坏数字显示屏的液晶材料和其他元器件。焊接时，电烙铁应尽量远离液晶显示器，以便减少热辐射。

（3）注意外界电磁干扰。数字式万用表输入阻抗高，在高灵敏度挡，特别是在200mV挡使用时，周围空间的杂散电磁场干扰信号会窜入机内，显示一定数值，这时可将红、黑表笔接触一下，干扰就会自行消除。通常在测低内阻电压信号时，干扰信号可忽略不计，测微弱的高内阻电压信号时，表笔导线应用屏蔽线。有条件时，最好把"COM"插孔接地。

（4）注意表笔引线电阻值。使用数字式万用表的200Ω挡测量低电阻时，应先将两支表笔短路，测出两表笔导线的电阻值（一般为0.1~0.3Ω），然后从测得的阻值中减去此值，这才是该电阻的实际阻值。对于2kΩ~2MΩ挡，两表笔导线的电阻值可忽略不计。

（5）严禁带电测量电阻。测量电阻时，两手应持表笔的绝缘杆，不得碰触表笔金属端或元器件引出端，以免引起测量误差。严禁在被测线路带电的情况下测量电阻，也不允许测量电池的内阻。因为这相当于在仪表输入端外加了一个测试电压，不仅使测试结果失去意义，还容易引起过载，甚至损坏仪表。

（6）检查电解电容应放电。检查电器设备上的电解电容时，应切断设备上的电源，并用一根导线把电解电容的正、负极短路一下，防止电容上积存的电荷经过数字式万用表泄放，损坏仪表。有的操作者习惯用表笔线代替导线，对电容器进行短路放电，这很容易将表笔的芯线烧断。

（7）更换电池极性要正确。若将电源开关拨至"ON"位置，液晶不显示任何数字，应检查叠层电池是否失效，若显示低电压指示符号，需更换新电池。换新电池时，正、负极性不得插反，否则数字式万用表不能正常工作，还极易损坏集成电路。

（8）用完及时关闭电源。为了延长电池的使用寿命，每次用完时应将电源开关关闭。长期不用，要取出电池，防止因电池漏出电解液而腐蚀印制电路板。

（9）不要随意打开万用表拆卸线路。不要随意打开万用表拆卸线路，以免造成人为故障或改变出厂时调好的性能指标，表盖里面贴有喷铝纸屏蔽层，请勿揭下。屏蔽层与COM的引线不得折断。

（10）更换熔丝要一致。数字式万用表常用的熔丝管有0.5A、0.2A、0.3A三种规格，更换熔丝管时必须与原来的规格一致。

（11）应定期进行检验。为保证万用表的测量准确度，应定期（每隔半年或一年）进行检验。标准表的准确度应比被校表高一级，如用$4\frac{1}{2}$位的表校$3\frac{1}{2}$位的表。

1.5 电子制作的调试

电子制作调试的目的和内容是什么？

答：调试是电子制作过程中不可缺少的一个环节，也是电子初学者应该掌握的基本技能。实践表明，任何一种电子产品在制作或组装完成以后，一般需要通过调试才能达到规定的技术指标。在调试过程中，可以发现电路设计和实际制作中的错误与不足之处，不断改进设计制作方案，使之更加完善。调试工作又是应用理论知识来解决制作中各种问题的主要途径。通过调试可以提高制作者的理论水平和解决实际问题的能力。因此，要引起每个电子制作者的高度重视。

电子制作的调试指的是整机调试，包括调整和测试两方面。调整是对电子电路中可调整器件、机械传动机构及其他非电气部分进行调整；测试是对电子产品的整机电气性能进行测试。测试是调试的基础，准确的测试为调试提供依据。通过测试，一般要获得被测电路的有关参数、波形、性能指标及其他必要的结果。可见，测试是发现问题的过程，调整则是解决问题、排除故障的过程。而调试后的再测试，往往又是判断和检验调试是否正确的有效方法。所以只有通过调整和测试才能使电子制作的产品性能参数达到原设计要求。

调试的内容主要有以下几点：

（1）检查电路及电源电压。检查电路元器件是否接错，特别是晶体管引脚、二极管的方向，电解电容器的极性是否接对；检查各连接线是否接错，特别是直流电源的极性以及电源与地线是否短接，各连接线是否焊牢，是否有漏焊、虚焊、短路等现象，检查电路无误后才能进行通电调试。

（2）静态调试。静态调试一般是指在输入端不加输入信号或加固定电位信号使电路处于稳定状态下进行的调试。静态调试的主要对象是有关工作点的直流电位和直流工作电流的测量，详细内容参看"怎样进行静态调试？"一问。

（3）动态调试。动态调试是在电路输入端输入合适的变化信号情况下进行的调试。动态调试常用示波器观察测量电路有关点的波形及其幅度、周期、脉宽、占空比、前后沿等参数，详细内容参看"怎样进行动态调试"一问。

（4）建档备查。调试结束后，需要对调试全过程中发现问题，分析问题到解决问题的经验、教训进行总结并建立技术档案，积累经验，有利于日后对产品在使用过程中出现的故障进行维修。

调试电路的连接如图1.46所示。

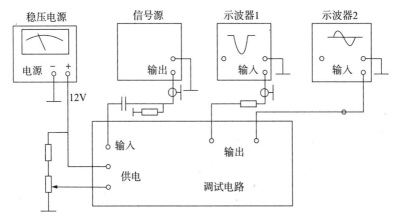

图1.46　调试电路的连接示意图

 怎样对电子制作的产品进行外观和内部检查？

答：电子产品在调试前要进行外观检查与内部电路检查。

外观检查主要检查外观部件是否完整，拨动、调整是否灵活。以收音机为例，检查天线、电池夹子、波段开关、刻度盘、旋钮、电源开关等项目。

内部检查主要检查内部电路与内部结构，内部电路主要检查元器件是否接错，特别是晶体管管脚、二极管的方向，电解电容的极性是否接对；检查各连接线是否接错，特别是直流电源的极性以及电源与地线是否短接，各连接线是否焊牢，是否有漏焊、虚焊、短路等现象。

内部结构检查主要看装配的牢固性和可靠性。例如，电视机电路板与机座安装是否牢固；各部件之间的接插线与插座有无虚接；尾板与显像管是否插牢。

在内部检查电路无误后才能进行通电调试。

怎样调试供电电源？

答：一般的电子产品都是由直流稳压电源或开关电源供电，电源是其他单元电路和整机正常工作的基础。调试前要把供电电源与电子产品的主要电路断开，接上假负荷，先把电源电路调试好后，才能将电源电路与其他电路接通。

电源电路按照直流稳压电源或开关电源的调试方法进行，主要是测量各输出电压及整机的功耗测试是否达到规定值。当测量直流输出电压的数值、纹波系数和电源极性与电路设计要求相符并能正常工作时，方可接通电源调试整机电路。

若电子产品是由电池供电的，也要按规定的电压、极性装接好，检查无误后，再接通电源开关。同时要注意电池的容量应能满足设备的工作需要。

怎样进行静态调试？

答：静态调试就是在无输入信号的情况下，测量、调整各级的直流工作电压和电流使其符合设计要求。电路中若有振荡电路，可暂时断开；在测量电压时，只需将万用表的电压挡并联在电路两端；在测量电流时，需将万用表的电流挡串入电路，连接起来不方便。有些电路根据测试需要，在印制电路板上留有测试用的断点，待串入电流表测出数值后，再用锡封焊好断点。所以静态工作点的测量一般都只进行直流电压测量，如需测量直流电流，可利用测量电阻上的电压降方法间接获得电流大小。凡工作在放大状态的晶体管，测量 V_{BE} 和 V_{BE} 不应出现零状，若 $V_{BE}=0$ 表示晶体管截止或损坏；若 $V_{CE}=0$ 表示晶体管饱和或击穿，均需找出原因排除故障。处于放大状态的硅管 $V_{BE}=0.6\sim0.8V$；锗管 $V_{BE}=0.1\sim0.3V$；V_{CE} 应大于1V。

对于运算放大器，静态调试除测量正、负电源外，主要检查在输入为零时，输出端是否接近零电位，调零电路起不起作用。当运放输出直流电位始终接近正电源电压值或负电源电压值时，说明运放处于阻塞状态，可能是外电路没有接好，也可能是运放已经损坏。如果通过调零电位器不能使输出为零，除了运放内部对称性差外，也可能运放处于振荡状态，所以静态调试最好接上示波器进行监视。

怎样进行动态调试？

答：在静态调试电路正常后，便可进行动态调试。接入输入信号，各级电路的输出端应有相应的输出信号，前级的输出信号作为后级的输入信号。动态调试包括动态工作电压、波形的形状、幅度和周期、输出功率、相位关系、频带、放大倍数、动态范围等。线性放大电路不应有非线性失真；波形产生及变换电路的输出波形应符合设计要求。调试时，可由后级开始逐级向前检查。这样容易发现故障，便于及时调整改进。

模拟电路的动态调试比较复杂，而对于数字电路来说，由于集成度比较高，一般调试工作量不太大，只要器件选择合适，直流工作状态正常，逻辑关系就不会有太大问题。一般是测试电平的转换和工作速度。

把静态和动态的测试结果与设计的指标作比较，经深入分析后对电路参数提出合理的修正。

在调试操作过程中必须采取哪些安全措施？

答：在调试操作过程中必须遵守以下安全措施：

（1）在接通被测机器的电源前，应检查其电路及连线有无短路等不正常现象；接通电源后，应观察机内有无冒烟、高压打火、异常发热等情况。若有异常现象，则应立即切断电源，查找故障原因，以免扩大故障范围或造成不可修复的故障。

（2）禁止调试人员带电操作，若必须与带电部分接触时，应使用带有绝缘保护的工具。

（3）在进行高压测试调整前，应做好绝缘安全准备，如穿戴好绝缘工作鞋、绝缘工作手套等。在接线之前，应先切断电源，待连线及其他准备工作完毕后再接通电源进行测试与调整。

（4）使用和调试MOS电路时必须佩戴防静电腕套。在更换元器件或改变连接线之前，应关掉电源，待滤波电容放电完毕后再进行相应的操作。

（5）调试时至少应有两人在场，以防不测。其他无关人员不得进入工作场所，任何人不得随意拨动电源总闸、仪器设备的电源开关及各种旋钮，以免造成事故。

（6）调试工作结束或离开工作场所前，应关掉调试用仪器设备等电器的电源，并断开总闸。

怎样进行放大电路的静态调试？

答：共发射极放大电路如图1.47所示。当三极管工作在放大状态时，要给三极管的三个电极加上直流电压，并要求同时满足三极管的集电结（基极与集电极之间的PN结）反向偏置、发射结（基极与发射极之间的PN结）正向偏置的条件。放大器的静态调试就是要满足这个条件。

三极管的直流电路如下：直流工作电压$+U$经电阻R_3加到VT_1管集电极上，使集电极有了直流工作电压；直流工作电压$+U$经电阻R_1和R_2分压后加到VT_1管基极，VT_1管基极上也有了直流工作电压，R_1和R_2构成VT_1管的分压式偏置电路，R_1是上偏置电阻，R_2是下偏置电阻；VT_1管发射极通过电阻R_4接地，说明发射极也与直流电路相通。从VT_1管发射极流出的发射极电流通过电阻R_4到地端。减小R_1或增大R_2则会提高基极电压，从而增大基极与集电极电流。

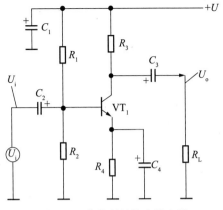

图1.47 共发射极放大器电路

三极管的静态调试主要是在无信号输入情况下，调整三极管基极电流的大小。三极管基极静态电流大小对交流信号的影响可以用图1.48所示的波形来说明。当基极电流I_B比较大时，三极管进入饱和状态；当基极电流比较小时，三极管进入截止状态。三极管用来放大信号时，它应该工作在放大区，因为三极管的饱和区、截止区都是非线性的，而放大区是线性的。

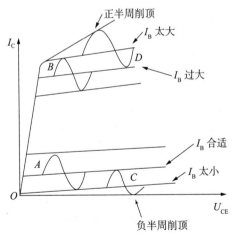

图1.48 基极静态电流对信号影响示意图

由于基极静态电流I_B设置得比较小（合适），所以交流信号在放大区的下半部分，如图1.48中A信号波形所示，交流信号的负半周也没有进入截止区，交流信号不存在失真；基极静态电流I_B过大，交流信号在放大区的上半部分，如图1.48中B信号波形所示，虽然信号的正半周也没有失真，但是由于基极静态电流过大，对电源的消耗比较大，且三极管的噪声也比较大。显然，基极静态电流的大小决定了交流信号落在三极管放大区的什么部位，上述两种静态电流的设置均没有使输入信号产生失真，但A所示信号的基极静态电流设置比较合理，三极管基极静态电流较小，可以降低三极管的噪声，并且也降低三极管对直流电源的消耗；基极静态电流I_B设置得太小，输入信号负半周进入三极管截止区，信号负半周产生削顶失真，如图1.48中C信号波形所示。这在放大器中是不允许的。此时，应加大一些三极管基极静态电流，使输入信号的负半周脱离三极管的截止区。三极管工作在放大状态时不允许信号落在截止区；基极静态电流I_B设置得太大，信号正半周进入三极管饱和区，输入信号的正半周产生削顶失真，如图1.48中D信号波形所示。这在放大器中也是不允许的，应该降低三极管的基极静态电流。

基极静态电流设得太大，容易使输入信号的正半周产生削顶失真；基极静态电流没得较小，容易使输入信号的负半周进入截止区而削掉负半周。三极管基极静态电流的大小设置还与输入信号的幅度大小有关，当输入信号的幅度较小时，基极静态电流可以设得小一些，当输入信号的幅度比较大时，基极静态电流则要设得大一些，以防止信号负半周进入截止区。三极管基极静态电流的设置原则是，在输入最大信号时，在不产生信号削顶失真前提下，基极静态电流应该尽量小。

怎样进行放大电路的动态调试？

答：动态调试是在静态调试的基础上，在放大电路的输入端加上一定的输入信号，然后用交流毫伏表（或万用表交流电压挡）、示波器测量输出波形和电路的性能参数。例如，在放大器输入端加入$u_i=10\text{mV}$，

$f_i=1\text{kHz}$的正弦波信号，在输出端接示波器，观察输出波形是否正常。若输出波形顶部被压缩，称为截止失真，如图1.49（a）所示[注：因三极管放大电路的输出波形与输入波形是反相的，输入信号底部（负半周）截止，输出波形顶部（正半周）被压缩]，说明工作点偏低，应增大基极电流，即把图1.47中R_1调小。若输出波形出现底部被削掉，则说明放大器处于饱和失真状态，如图1.49（b）所示，说明工作点偏高，应减小基极电流，把R_1调大。总之，根据调试的结果对电路元件参数进行必要的调整，使之各项技术指标满足设计要求为止。

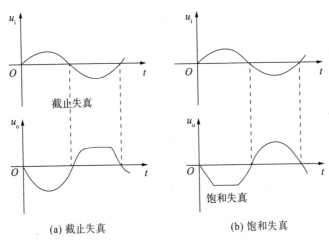

(a) 截止失真　　　　　　　(b) 饱和失真

图1.49　输出波形失真

动态调试的另一个内容就是指标测试，放大电路的主要性能指标有输入电阻R_i、输出电阻R_o，电压放大倍数A_u，频率响应（通频带）Δf（BW）。

为方便地测试放大器的各项性能指标，可参考图1.50组成测量系统。

为提高测量准确度，减少测量误差，测量仪器选用和测量过程中应注意以下问题：

（1）仪器的输入电阻远大于被测电路的输入、输出电阻。仪器的工作频率范围远大于被测电路的通频带。

（2）测量高增益放大电路增益时，由于输入信号很小，应选用高灵敏度的仪器。

（3）当被测电路工作频率较高时，必须用示波器探头接入被测电路，这样可以使输入阻抗提高10倍，使分布电容大为减小，有利于提高高频信号的测量精度。

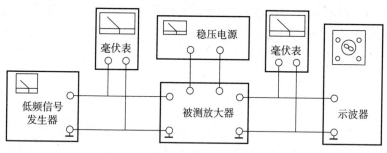

图1.50　测试放大器性能指标接线图

怎样进行振荡电路不起振的调试？

答：振荡电路接通电源后，有时不起振或者要在外接信号强烈触发下才能起振（如手握螺钉旋具碰触振荡管的基极或用0.01~0.1μF电容一端接电源，一端去碰触振荡管的基极），在波形振荡器中有时只在某一频段振荡，而在另一频段不振荡，等等。所有这些现象一般均是由于没有满足振幅平衡条件或相位平衡条件这两个根本条件引起的。但具体故障原因何在，则要根据具体电路情况来分析。

如果是电路根本不振荡，就要检查相位平衡条件是否满足。图1.51所示为晶体管收音机中采用的变压器反馈式本机振荡电路，该电路若不振荡，应检查反馈线圈L_1，是否因为端头接反而形成负反馈。对于三端式振荡电路或集成运算放大器构成的振荡电路就要根据相位平衡条件的分析方法进行判断。

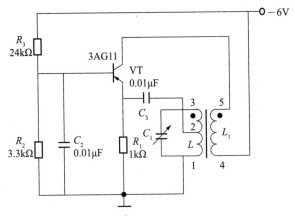

图1.51 收音机的本机振荡电路

在满足相位起振条件的情况下，要在振幅起振条件所包含的各因数中找原因。导致电路不振荡的原因大致有如下一些情况：

（1）静态工作点选得太小，或电源电压过低，振荡管放大倍数过小；

（2）负载太重，振荡管与回路之间耦合过紧，使回路品质因数值太低；

（3）反馈系数F不当。

反馈系数是振荡电路的一个重要因素，F太小，自然不易满足振幅起振条件，但F太大会使品质因数Q值大大降低，这不但会导致振荡波形变坏，甚至无法满足起振条件，所以F值应该选择适当，不能太小，也不能太大。例如，在图1.51所示电路中，若原来接在振荡线圈2端的C_3错接在线圈3端，就形成晶体管输入阻抗直接与高阻抗振荡回路并联，而该电路为共基极振荡电路，它的输入阻抗是极低的，这将大大降低振荡回路品质因数Q值，将使振荡减弱，波形变坏，甚至停振。

有时在某一频段内高频端起振，而低频端不起振，这大都产生在用调整回路电容来改变振荡频率的电路中。低端是电容C增大而使L/C下降，以致谐振阻抗降低所引起。反之，有时出现低端振荡而高端不振荡。这种现象的出现，可能有以下几种原因：选用的晶体管特征频率f_T不够高，或晶体管由于某种原因，f_T降低；管子的电流放大系数β

太小，低端已处于起振的临界边缘状态；在高频工作时，晶体管的输入电容C_{be}的作用使反馈减弱，或由于C_{be}的负反馈作用显著等。找到原因后分别加以调整，予以解决。

怎样进行振荡波形不良的调试？

答：正弦波振荡电路的输出波形应为近似理想正弦波，满足设计要求。但是，由于电路设计不当或调整不当会出现波形失真，甚至出现平顶波、脉冲波等严重失真波形，或者在正弦波上叠加其他波形。后一种可能是寄生振荡产生的。

正弦波振荡电路的失真现象可能有以下几种原因产生：静态工作点选得太高，在NPN三极管基极输入正半周的某一时刻，振荡管工作进入饱和区，这是回路电压呈现如图1.52（a）所示波形。静态工作点选得过低，在NPN三极管基极输入负半周的某一时刻，振荡管工作进入截止区，这是回路电压呈现如图1.52（b）所示波形。

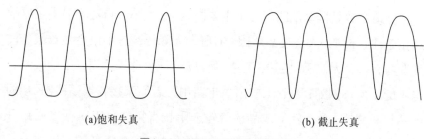

(a)饱和失真　　　　　　　　　　　　(b) 截止失真

图1.52　饱和失真和截止失真

若集电极或基极与振荡回路耦合过紧，则回路滤波不好，二次谐波幅度过大，会出现如图1.53所示波形。另外反馈系数F过大，回路品质因数Q值太高，负载过大；回路严重失谐等都会引起波形失真。

一般来说，若发现回路波形不好，首先应检查静态工作点是否合适；其次考虑是否适当减少反馈量，设法提高回路品质因数Q值等。

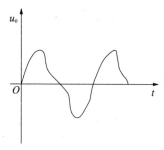

图1.53　二次谐波幅度过大时电压波形

 怎样进行功放电路的中点电位调试?

答：功放电路一般有分立元件OCL电路、OTL电路和集成功放电路，如图1.54～图1.56所示。下面以图1.54、图1.55所示OCL与OTL功放电路为例，介绍功放电路的中点电位调试。

在图1.54中，首先将输入电容C_1输入端对地短路，然后接通电源，用万用表直流电压挡测R_1或R_2电压约为11V。用万用表测输出端静态电压U_o，调节电位器RP_2，使$U_o=0$。

在图1.55中，接通电源，把万用表置于直流电压挡，接在图1.55电路输出端K与地之间，调节电位器RP_1，使K点电位为电源电压的一半，即$U_K=V_{CC}/2$。

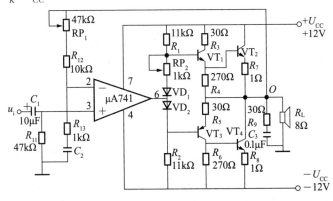

图1.54　OCL功放电路

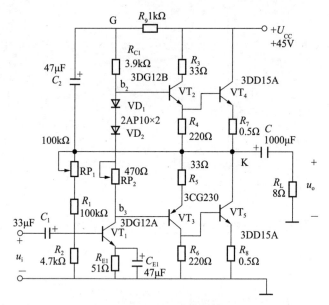

图1.55 OTL功放电路

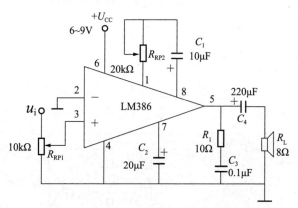

图1.56 采用LM386型集成电路功放电路

怎样消除功放电路的交越失真?

答:在图1.55 OTL功放电路输入端输入1kHz、100mV正弦波信号,电路输出端接示波器观测输出波形,调节RP₂电位器,改变准互补对称功放(复合)管的偏置,边调边观测输出波形,使交越失真刚好消除即可。

需要指出的是，在调节RP_1时将改变前置放大管VT_1的集电极静态电流I_{c1}的大小，从而影响VT_2、VT_3两管基极的偏置电压，因而有可能重新产生交越失真；调节RP_2虽能消除交越失真，但又会影响K点电位。因此，要反复调节RP_1、RP_2才能达到调试要求，即$U_K = V_{CC}/2$，同时输出波形刚好消除交越失真。

在调试过程中千万不能将VD_1、VD_2、RP_2支路断开，否则会使功放管静态电流过大而损坏。

一般在调试结束后，RP_1、RP_2用固定电阻替代，以免电位器滑动臂触点接触不良引起工作点不正常，甚至使功放管静态电流过大而损坏。

怎样进行整机调试？

答：当部件组装成整机后，因各单元电路之间电气性能的相互影响，常会使一些技术指标偏离规定数值或者出现一些故障。所以，单元部件经总装后一定要进行整机调试，确保整机的技术指标完全达到设计要求。

整机调试的过程是一个循序渐进的过程，其原则是：先外后内；先调结构部分，后调电气部分；先调独立项目，后调存在相互影响的项目；先调基本指标，后调对质量影响较大的指标。整机调试的工艺流程如图1.57所示。

图1.57　整机调试的工艺流程

（1）整机外观检查。检查项目因电子制作装置的种类、要求不同而不同，具体要求可按工艺指导卡进行。以六管超外差式收音机为例，一般检查天线、紧固螺钉、电池弹簧、按键、旋钮、四周外观、机内异物等项目。

（2）结构调整。电子产品是机电一体化产品，结构调整的目的是检查整机装配的牢固性和可靠性。例如，各单元电路板、部件与机座的固定是否牢固可靠，有无松动现象；各单元电路板、部件之间连接线的插头、插座接触是否良好；可调节装置是否灵活到位等。

（3）整机功耗测试。整机功耗是电子产品设计的一项重要技术指标。测试时常用调压器对整机供电，即用调压器将交流电压调到220V，测量正常工作整机的交流电流，将交流电流值乘以220V便得到该整机的功率损耗。如果测试值偏离设计要求，说明机内有短路或其他不正常现象，应进行全面的检查。

（4）整机统调。调试好的单元部件经整机总装后，其性能参数会受到一些影响。因此装配后的整机应对其单元部件再进行必要的调试，使各单元部件的功能符合整机要求。

（5）整机技术指标的测试。对已调整好的整机应进行技术指标测试，以判断它是否达到设计要求的技术水平。不同类型的整机有不同的技术指标，且有相应的测试方法。

怎样统调中波收音机外差跟踪？

答：收音机的中波频率规定在535~1605kHz，它是通过双联可变电容器，从容量最大旋到最小来实现这种连续调谐的。在大量生产中，为了满足规定的频率覆盖，都把收音机的中波段频率范围设计在520～1620kHz，比规定的要求略有余量。

一般而言，把整个频率范围中800kHz以下，即双联可变电容器旋在容量最大或较大的位置称为低端，1200kHz以上，即双联可变电容器旋在容量最小或较小的位置称为高端，800～1200kHz的位置称为中间。对于没有调整过的新装收音机或者调乱了的旧收音机，往往其频率范围是不准的。例如，频率不是正好从535~1605kHz，而是从

700kHz~2.1MHz，从500~1500kHz，分别称为频范偏高或者偏低。另外，频率从535~1500kHz或者600~1605kHz，分别称为高端频范不足或低端频范不足。因此，对于新装收音机和调乱了的旧收音机必须进行统调以达到应有的指标。

超外差式收音机的调谐回路共有三种：①中频调谐回路：它固定地调整在465kHz，调好后，使用时无需进行调整；②本机振荡调谐回路：它调整在比收音机频率刻度盘的指示频率高465kHz的位置上，调好后，使用时调节可变电容器，可连续改变本机振荡频率，以达到外差接收的目的；③输入回路：它调整在比本机振荡的频率低465kHz的频率位置。其中，低端、中间以及高端，应有三点正好与频率刻度盘的指示值相对应（其他各点也应尽可能接近）。

在超外差式收音机中，决定接收频率的（也就是决定频率刻度的）是本机振荡频率与中频频率的差值，而不是输入回路的频率（直放式收音机的接收频率是输入回路决定的），因此，校准超外差式收音机频率刻度的实质是校准本机振荡器频率和中频频率之差值。在本机振荡回路里，改变振荡线圈的电感量（变化磁芯）可以较为显著地改变低端的振荡频率（但对于高端也有较大的影响）。改变振荡微调的电容量，可以显著地改变高端（振荡连旋到容量最小位置）的振荡频率。因此，校准频率刻度时：低端应调整振荡线圈的磁芯，高端应调整振荡微调电容，参看图1.58。

本机振荡频率与中频频率确定了接收的外来信号频率，输入回路与此外来信号的频率的谐振与否，决定超外差式收音机的灵敏度和选择性，因此调整输入回路使它与外来信号频率谐振，可以使接收灵敏度高，选择性良好。所以，通常称调整输入回路为调补偿。

调整补偿时，低端调输入回路线圈在磁棒上的位置，高端调天线微调电容器。

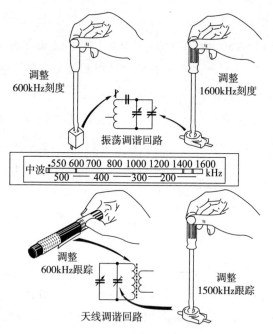

图1.58　统调外差跟踪的方法

　　振荡回路和输入回路调整好后，使用时只要调节双联可变电容器，就可以使这两个回路（振荡与输入）的频率同时发生连续的变化，从而使这两个回路的频率的差值保持在465kHz，即所谓同步或跟踪。但实际上，要使整个波段内每一点都达到同步是不易实现的，为了使整个波段内都能取得基本同步，在设计振荡回路和输入回路时，要求它在中间频率处（如中波1000kHz）达到同步，并且在低端通过调整磁性天线的电感量，在高端通过调整天线微调的容量，使低端和高端也达到同步，这样一来即使是其他各点的频率也就相差不太多了，所以在超外差式收音机的整个波段范围内有三点是跟踪的。故也称三点同步或三点统调。

　　综上所述，校准频率刻度的目的，是使收音机在整个波段范围内收听电台时都能正常工作，指针所指出的频率刻度与接收到的电台频率相对应。以适应输入回路的跟踪点，调整补偿的目的，是使接收灵敏度、整机灵敏度的均匀性以及选择性等达到最好的程度，并适应振荡回路的跟踪点。通常把它们分别称为校准频率刻度和调补偿，而把这两种调整统称为统调外差跟踪。

调试过程中有哪些常见故障？

答：在调试中也会发现一些故障，这些故障无非是元器件、线路和装配工艺三方面的原因引起的。例如，元器件的失效、参数发生偏移、短路、错接、虚焊、漏焊、设计不善和绝缘不良等，都是导致发生故障的原因，常见的故障有：

（1）焊接工艺不当。焊接工艺不当，出现虚焊现象，会造成焊接点接触不良，以及接插件（如印制电路板）和开关等接点的接触不良。

（2）室内空气潮湿。空气潮湿会使印制电路板、变压器等受潮、发霉或绝缘性能降低，甚至损坏。

（3）对元器件检查不严。对元器件检查不严，使某些元器件失效。例如，电解电容器的电解液干涸，导致电解电容器的失效或损耗增加而发热。

（4）接插件接触不良。例如，印制电路板插座弹簧片弹力不足；继电器触点表面氧化发黑，造成接触不良，使控制失灵。

（5）元器件的可动部分接触不良。例如，电位器、半可变电阻的滑动点接触不良，造成开路或噪声的增加等。

（6）线扎中某个引出端错焊、漏焊。在调试过程中，由于多次弯折或振动而使接线断裂；或是紧固的零件松动（如面板上的电位器和波段开关），来回摆动，使连线断裂。

（7）元器件排布不当。元器件由于排布不当，相碰而引起短路；有的是连接导线焊接时绝缘外皮剥除过多或因过热而后缩，也容易和其他的元器件或机壳相碰而引起短路。

（8）线路设计不当。由于线路设计不当，允许元器件参数的变动范围过窄，以致元器件参数稍有变化，机器就不能正常工作。

上面只是列举出几种情况，发生故障原因还很多，应按一定程序，根据电路原理进行分段检查，使故障局限于某一部分再进行详细查测，最后加以排除。

调试过程中的故障检修方法有哪些?

答:调试过程中的故障检修方法主要有以下几种:

(1)直观检查法。直观检查法是指在不采用任何仪器设备、不焊动任何电路元器件的情况下,凭人的感觉——视觉(看)、嗅觉(闻)、听觉(听)和触觉(摸)来检查电子设备故障的一种方法。直观检查法是最简单的一种查找设备故障的方法。

(2)电阻检查法。电阻检查法是在不通电的情况下,利用万用表的电阻挡检查元器件质量、线路的通与断、电阻值的大小,测量电路中的可疑点、可疑组件以及集成电路各引脚的对地电阻,来判断电路故障的具体部位。

(3)电压检查法。电压检查法是运用万用表的电压挡测量电路中关键点的电压或电路中元器件的工作电压,并与正常值进行比较来判断故障电路的一种检查方法。因为电子电路有了故障以后,它最明显的特征是相关的电压会发生变化,因此测量电路中的电压是查找故障时最基本、最常用的一种方法。

(4)电流检查法。电流检查法通过测量整机电路或集成电路、三极管的静态直流工作电流的大小,并与其正常值进行比较,从中来判断故障的部位。用电流检查法检查电路电流时,需要将万用表串入电路,这样会给检查带来一定的不便。例如,测量收音机的整机电流如图5.36所示,图中测量值为9.6mA。方法是将电位器关好,拨到万用表50mA挡,用表笔分别接在电位器开关两端,相当于串接在电路中,不需要另外断开电路。

(5)干扰检查法。干扰检查法是利用人体感应产生杂波信号作为注入的信号源,通过扬声器有无响声反应或屏幕上有无杂波,以及响声、杂波大与小来判断故障的部位。它是信号注入检查法的简化形式,业余条件下,干扰法是一种简单方便又迅速有效的方法。

(6)短路检查法。短路检查法是一种人为地使电路中的交流信号与地短接,不让信号送到后级电路中去,或是通过短接使某振荡电路暂时停止工作,然后根据信号短接后扬声器中的响声进行故障部位的判断，或通过观察图像来判断故障部位，或通过振荡电路中电压或电流的变化来判断振荡电路是否起振。

（7）开路分割法。开路分割法是指将某一单元、负载电路或某个元器件开路，然后通过检查电阻、电流、电压的方法，来判断故障范围或故障点。若当电源出现短路击穿等故障时，运用开路分割法，可以逐步缩小故障范围，最终找到故障部位。尤其对于一些电流大的故障，无法开机或只能短时间开机检查，运用此法检查比较合适，可获得安全、直观、快捷的检修效果。

（8）对比检查法。对比检查法是用两台同一型号的设备或同一种电路进行比较，找出故障的部位和原因。例如，功率放大电路均含左右两个声道，两声道的电路结构完全一样，彼此独立，对应组件在电路板上所呈现出的电阻及工作电压也几乎一致。功放电路故障一般是损坏一个声道，很少同时损坏双声道。这样，当一个声道正常而另一个声道出现故障时，就可以通过测量故障声道的组件阻值或电压值，再与正常声道的对应组件相对比来查出故障。利用此法时，要求了解电路的整体布局，分清组件所属的声道，并能找到两声道之间的对应组件。更换组件前，先将损坏声道的半导体组件、功放管发射极回馈电阻等仔细检查一遍。将损坏组件更换后，再测量功放管、激励管等各极对地阻值，其阻值如果与正常声道各对应点阻值不一致时，则应再仔细检查相关电阻、电容是否有损坏。

（9）用示波器测试。用示波器测试电路中信号的波形，与用万用表测试电路中的电流、电压和电阻一样，都是通过测试电路信号的参数来寻找电路故障原因。信号波形参数形象地反映了信号电压随时间变化的轨迹，从中可以读出信号的频率（周期）以及不同时段的电压、相位等。应用示波器对故障点进行检查具有准确而迅速的特点。为能确定故障发生在哪一个电路或哪两个测试点之间的电路中，往往在采用示波器检查法的同时，再与信号源配合使用，就可以进行跟踪测量，即按照信号的流程逐级跟踪测量信号，这样就可较迅速地发现故障的所在部位。

（10）替代检查法。替代检查法是用规格相同、性能良好的元器件或电路，代替故障电器上某个被怀疑而又不便测量的元器件或电路，从而来判断故障的一种检查方法。

在查找电路故障时，有些元器件性能变坏，用万用表检查又不能判断其好坏，这样只好采用替代法。替代法俗称万能检查法，适用于任何一种电路故障。该方法在确定故障原因时准确性为百分之百，但操作时比较麻烦，有时很困难，对电路板有一定的损伤。因此，使用替代法要根据电路故障具体情况，以及检修者现有的备件和代换的难易程度而定。

 查找电路故障一般应掌握哪些原则？

答：在检测电路故障时，要有条不紊、逐步缩小故障范围，一般应掌握以下几条检测故障的原则：

（1）先询问后检修。在检测整机电路故障前要仔细地向用户了解故障发生的时间，有何故障现象？是否有人维修过？然后根据用户提供的故障特征进行分析判断，动手检测。

（2）先分析后动手。在检测整机电路故障时，先要根据故障现象，详细分析故障原因，判断故障发生部位，采用正确的检测方法，然后动手检测故障。在分析故障原因时，一定要弄懂该整机电路的基本工作原理，熟悉整机电路框图，明确该整机有哪些部分组成，每一部分具有什么功能，以及各部分之间有什么因果联系。在整机工作原理的指导下，根据故障现象和具体电路进行分析、判断，对重点故障部位进行检测、测量，诊断故障所在位置，达到修复之目的。

（3）先冷检后热检。冷检指的是整机电路不通电的直观检查与电阻法检测，热检指的是对整机电路通电后的检查，包括电压检测法、电流检测法、干扰检测法、示波器检测法。有些电源电路故障通过直观检查、目测、在线电阻测量，就能直接检测到故障部位，更换或修理后即能排除故障。假如盲目通电，有可能会使整机设备遭受更严重的创伤，扩大故障范围。只有在冷检之后，方可通电检查。有时在检修过程中，需冷检、热检交替进行。

（4）先查外后查内。"外"与"内"是相对而言的。例如，数字电视机顶盒、平板电视机等，可视电源与用户终端盒为"外"；机内电路板、扬声器等为"内"。在检测平板电视机无图、无声故障时，先要看电源线是否插好，外接信号线是否插好，如果外接信号线没有接好，也会出现无图、无声故障。在检测集成电路故障时，集成电路外围元器件为"外"；集成电路为"内"。在检测集成电路故障时，先查"外"部，在确认"外"部完好后，再检测"内"部。这样可较快地检测到故障部位。

（5）先电源后其他。电源不单指的是开关电源或主电源，而是指整机设备的供电电路。一台有故障的电子设备，在检测故障时，通常总是从电源电路查起，即使是某一局部电路出故障，也应先查其供电电路情况。因为电源电路是设备的能源供应回路，只有在保证电源正常供给的前提下，才能着手检测其他电路故障，否则是找不到故障发生的真正原因。

（6）先直流后交流。通电后检测整机电路故障时，应先对整机直流通路的检查。通过测量直流供电电压，晶体管、集成电路的静态工作电压或电流，判断各级单元电路的静态工作点。在确认所有电路都处在正常静态点的条件下，再进行交流通路的检查。例如，采用信号发生器、示波器或故障寻迹器等不同仪器仪表，对整机电路进行检测，查看各部分电路的输入、输出信号的变化情况，从而发现故障部位以及故障点，并排除故障。

（7）先易后难。整机设备往往有时会出现两种或两种以上的故障现象，而每种故障现象有可能是由多方面的原因造成的。此时，首先要根据故障现象进行判别。分清哪些是故障的主要原因，哪些是故障的次要原因，哪些故障检测较简单、容易，哪些故障较复杂、难办，然后按照"先易后难"的检测顺序，先解决简易故障，再处理复杂故障。

（8）先一般后特殊。电路故障可分为一般性故障与特殊性故障，通常由于常用元器件或零部件损坏，或受到环境污染，使其接触不良，造成故障，属于一般性故障。特殊性故障则与一般性故障相反，即这种故障现象很少见，碰到此类故障应耐心细致地检测，也可采用替代法解决。

　　以上检测故障的原则既有区别又有联系，运用时应根据实际情况，灵活掌握，合理安排。要采用最巧妙的检测方法，使用最短的时间，准确、快捷地查到并排除故障。

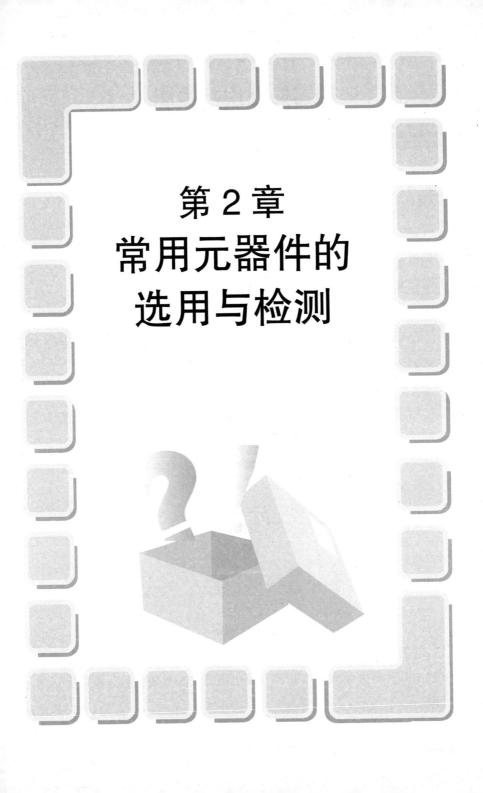

第 2 章
常用元器件的
选用与检测

2.1 电阻器的选用与检测

电阻器有哪些主要参数？

答：电阻器的主要参数有标称阻值、允许偏差、额定功率、最高工作温度、极限工作电压、温度系数等，在选用、检测电阻器时主要考虑标称阻值、允许偏差和额定功率等主要参数。

（1）标称阻值与允许偏差。标注在电阻器上的阻值称为标称阻值，这种阻值与电阻器的实际阻值往往有一定的误差，这个误差称为允许偏差。

（2）额定功率。当电流通过电阻器时，电阻器就要消耗功率并散发出热量。电阻器的额定功率是指在正常条件下，电阻器在交流或直流电路中长期连续工作所允许消耗的最大功率。常用电阻器的功率有1/8W、1/4W、1/2W、1W、2W、5W等，大于5W的直接用数字注明，如图2.1所示。

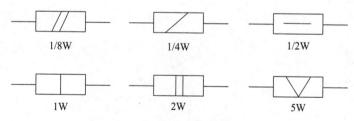

图2.1　不同功率的电阻器图形符号

电阻器的主要技术参数的数值一般都标注在它的外表面上，当其参数由某种原因而脱落或想知道该电阻器的精确阻值时，就需要进行检测。

电阻器的电阻值单位有几种？它们之间的关系怎样？

答：电流通过电阻器和电位器时，电阻器和电位器对电流有阻碍作用，其阻碍作用的大小，称为电阻值。

电阻器和电位器电阻值的基本单位是欧姆，简称欧（Ω）。常用单位还有千欧（kΩ）和兆欧（MΩ）。它们之间的换算关系是：

$$1k\Omega = 1000\Omega$$
$$1M\Omega = 1000k\Omega = 1\ 000\ 000\Omega$$

国产电阻器的标称阻值有哪些系列？

答：国家对电阻器的标称值制定了标准，如表2.1所示，在使用中应选择某标准系列的阻值，再乘以10、100等倍率，可得到更多的标准阻值。

表2.1　国产电阻器的标称值系列

系列代号	允许偏差	标称阻值系列
E6	±20%	1.0、1.5、2.2、3.3、4.7、6.8
E12	±10%	1.0、1.2、1.5、1.8、2.2、2.7、3.3、3.9、4.7、5.6、6.8、8.2
E24	±5%	1.0、1.1、1.2、1.3、1.5、1.6、1.8、2.0、2.2、2.4、2.7、3.0、3.3、3.6、3.9、4.3、4.7、5.1、5.6、6.2、6.8、7.5、8.2、9.1
E96	±1%	1.00、1.02、1.05、1.07、1.10、1.13、1.15、1.18、1.21、1.24、1.27、1.30、1.33、1.37、1.40、1.43、1.47、1.50、1.54、1.58、1.62、1.65、1.69、1.74、1.78、1.82、1.87、1.91、1.96、2.00、2.05、2.10、2.15、2.21、2.26、2.32、2.37、2.43、2.49、2.55、2.61、2.67、2.74、2.80、2.87、2.94、3.01、3.09、3.16、3.24、3.32、3.40、3.48、3.57、3.65、3.74、3.83、3.92、4.02、4.12、4.22、4.32、4.42、4.53、4.64、4.75、4.87、4.99、5.11、5.23、5.36、5.49、5.62、5.76、5.90、6.04、6.19、6.34、6.49、6.65、6.81、6.98、7.15、7.32、7.50、7.68、7.87、8.06、8.25、8.45、8.66、8.87、9.09、9.31、9.53、9.76

电阻器的允许偏差如何表示？

答：电阻器的允许偏差分为对称偏差和不对称偏差，大部分电阻器都采用对称偏差，其规定如下。

精密偏差：±0.5%；±1%；±2%。

普通偏差：±5%；±10%；±20%。

表示允许偏差有直标法、罗马法、符号法和色标法，见表2.2。

表2.2 常用的允许偏差表示方法

直标法	罗马法	符号法	色标法
±0.5%		D	绿
±1%		F	棕
±2%		G	红
±5%	I	J	金
±10%	II	K	银
±20%	III	M	无色

通用的电阻器允许偏差分为三个等级：I级为±5%；II级为±10%；III级为±20%。

 怎样识别采用文字符号法标注电阻器的标称阻值？

答：所谓文字符号法就是用阿拉伯数字与符号组合在一起来表示电阻器的电阻值和允许偏差，组合规律如下：

（1）文字符号。文字符号Ω、k、M处于2个数字中间时，前面的数字表示整数电阻值，文字符号后面的数字表示小数点后面的电阻值。

（2）允许误差。允许误差用符号表示，参看表2.2。此类符号一般置于标称符号的最后。

例如，$3\Omega 3K$表示$3.3\Omega \pm 10\%$；$2K2J$表示$2.2k\Omega \pm 5\%$；$1M5K$表

示1.5MΩ±10%，这种表示法可避免因小数点被蹭掉而误识标记。功率较大的电阻器常采用这种标注法。

怎样识别色环电阻器的标称阻值？

答：色环电阻器是指在电阻器上印有4或5道不同颜色圆环来表示标称阻值和允许偏差。对于4环电阻器，第1、第2环表示两位有效数字，第3环表示倍乘数，第4环表示允许偏差，对于5环电阻器，第1、第2、第3环表示三位有效数字，第4环表示倍乘数，第5环表示允许偏差，如图2.2所示。

红 红 棕 金
色环电阻器：
标称值：220Ω
偏差：±5%

棕 黄 黑 红 红
精密色环电阻器：
标称值：$140×10^2=14k\Omega$
偏差：±2%

图2.2　色环电阻器识别示例

色环一般采用黑、棕、红、橙、黄、绿、蓝、紫、灰、白、金、银12种，它们的意义见表2.3。

表2.3　色环颜色的意义

色　别	第1色环 （第1位有效数）	第2色环 （第2位有效数）	第3色环 （倍乘数）	第4色环 允许偏差
黑	0	0	1	—
棕	1	1	10	—
红	2	2	100	—
橙	3	3	1 000	—
黄	4	4	10 000	—
绿	5	5	100 000	—
蓝	6	6	1 000 000	—
紫	7	7	1 000 000	—

色别	第1色环 (第1位有效数)	第2色环 (第2位有效数)	第3色环 (倍乘数)	第4色环 允许偏差
灰	8	8	100 000 000	—
白	9	9	1 000 000 000	—
金	—	—	0.1	± 5%
银	—	—	0.01	± 10%
无色	—	—	—	± 20%

例如，有一电阻器的色环为棕、黑、黄、金，第1环棕色表示1、第2环黑色表示0、第3环黄色表示要乘10 000，第4环金色代表 ± 5%，该电阻器的阻值为100 000Ω，即100kΩ，误差 ± 5%。

另有一电阻器的色环为白、棕、金、银，因为第3环金色为0.1Ω级，前面第1环白色表示9、第2环棕表示1，银色代表 ± 10%，该电阻器的阻值为9.1Ω，误差 ± 10%。

怎样正确选用电阻器?

答：电子元器件的选用是初学者学习电子技术的一个重要内容。在选用元器件时，应根据实际需求选择不同的技术参数，如从事电器维修、电子小制作和简单设计的电子爱好者，一般只要考虑元器件的主要参数就可以解决实际问题，而对从事电子产品研发的人员，则需要考虑元器件的很多参数，这样才能保证生产出来的电子产品性能良好，可靠性高。本节中介绍的各种元器件的选用方法主要是针对广大电子技术的初学者。

初学者在选用电阻器时应注意以下两点：

（1）注意电阻器的类型。电阻器有多种类型，选择哪一种材料和结构的电阻器，应根据应用电路的具体要求而定。例如，在高频电路中应选用分布电感和分布电容小的非线绕电阻器，如碳膜电阻器、金属膜电阻器和金属氧化膜电阻器等；在高增益小信号放大电路中应选用低噪声电阻器，如金属膜电阻器、碳膜电阻器和线绕电阻器，而不能使用噪声较大的合成碳膜电阻器和有机实心电阻器；对于一般稳定性能要求不高的电子电路，如晶体管或场效应管的偏置电路等，可选用碳膜电阻器，以降低成本；对于稳定性、耐热性、可靠性及噪声要求高的电路，宜选用金属膜电阻器；对于工作频率低、功率大，且对耐热性能要求较高的电路，可选用线绕电阻器。

选用电阻器时应优先选用通用型电阻器。因通用型电阻器不仅种类多，而且规格齐全，阻值范围宽，生产成本低，可满足一般电路的要求。在通用型电阻器无法满足电路要求时，才应考虑选用精密电阻器和特殊电阻器。

（2）注意电阻器的主要参数。选用电阻器首先应按照电路图上标出的阻值与功率要求进行选择。所选的电阻值应优先选用标准系列的电阻器，见表2.1。一般电路使用的电阻器允许偏差为±5%～±10%。精密仪器及特殊电路中使用的电阻器，应选用精密电阻器。

所选电阻器的额定功率，要符合应用电路中对电阻器功率容量的要求，一般不应随意加大或减小电阻器的功率。若电路要求是功率型电阻器，则其额定功率可高于实际应用电路要求功率的1.5～2倍，否则就很难保障电路正常安全工作。对于从事家用电器或其他电子产品维修时更换电阻器的功率，原则上就按电路图纸上所标注的数据选用就可以了。因为原先电路对要选用的电阻器的功率数据，一般都做了细致考虑，不需要再重新加大其裕量了。

怎样检测普通电阻器？

答：电阻在使用前除了检查外观有无损坏，还应检测其阻值是否与标称阻值相符。

用电阻挡测量电阻时，将被测电阻脱离电源，用两表笔（不分正负）接触电阻的两端引脚，如图1.33（a）所示。表头指针显示的读数乘以所选量程的倍率即为所测电阻的阻值。

在测量中如果表针停在无穷大处不摆动，则说明电阻器内部断路；如果指示值与电阻器上标称值相差很大，则说明该电阻器已变值；如果指示值与电阻器上标称值非常接近，则说明该电阻器正常；如果指示值接近0Ω，则说明该电阻器被击穿。除电阻值正常外，其他几种情况的电阻器均应抛弃不能继续使用。

检测色环电阻器要熟悉色环颜色的意义（参看表2.3），如有一色环电阻器，色环顺序是红、红、红、金色，如图2.3所示。第1环红色表示2、第2环红色表示2、第3环红色表示要乘100，第4环金色代表±5%，该电阻器标称阻值为2200Ω，即2.2kΩ，误差±5%。用数字式万用表测其实际电阻值为2.17kΩ，符合标准，如图2.4所示。

图2.3　四色环电阻器

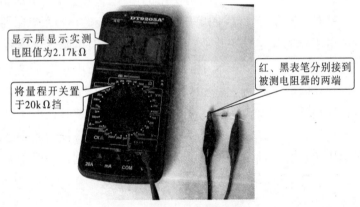

图2.4　色环电阻器的实测值

 怎样利用电阻器串联改变电阻器的阻值和功率？

答：电阻的串联是将两个或两个以上的电阻头尾相接连在电路中，电阻器串联后总电阻增大，总电阻R_S等于各串联电阻之和。

例如，三个电阻器串联时，总电阻$R_S=R_1+R_2+R_3$，串联电阻越多，总阻值越大；流过各电阻器的电流相等；各串联电阻器上的电压之和等于加在串联电路两端的电源电压，但阻值大的电阻器电压降大，所消耗的功率也大，如图2.5所示。例如，需要一个22kΩ的电阻器，而手上没有这一阻值的电阻器，但有10kΩ和2kΩ的电阻器，将这两个10kΩ电阻器和一个2kΩ的电阻器串联后就能得到所需要的22kΩ电阻器。其中10kΩ的电阻器的电压降和消耗功率是2kΩ电阻器的5倍。

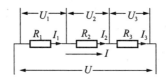

图2.5　三个电阻器的串联

 怎样利用电阻器并联改变电阻器的阻值和功率?

答：电阻的并联是将电阻头头相连、尾尾相接地接在电路中。电阻器并联后总电阻减小，总电阻R_p的倒数等于各并联电阻的倒数之和。例如，2个电阻器并联时，电阻器并联后总电阻减小，总电阻$1/R_p = 1/R_1 + 1/R_2$；各电阻支路电流之和等于并联回路中的总电流，即总电流$I = I_1 + I_2$；并联电阻两端的电压相等；并联电路中，哪个支路的电阻值大，流过它的电流就小，反之则大，以此可判断电阻并联电路中各支路电流的大小，如图2.6所示。例如，需要一个5kΩ的电阻器，而手上没有这一阻值的电阻器，但有10kΩ的电阻器，将两个10kΩ电阻器并联后就能得到所需要的5kΩ电阻器。但并联后电阻器额定功率是原电阻器额定功率的1倍，如两个1/2W、10kΩ电阻器并联后可代用1W、5kΩ的电阻器。

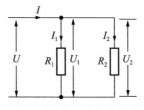

图2.6　两个电阻器的并联

如果是阻值不同的电阻器串、并联，不同阻值的电阻器分担的功率是不同的。串联电路中阻值越大，所承担的功率就越大；并联电路中，阻值越小，所承担的功率越大。

2.2 电位器的选用与检测

常见电位器在结构上有何特点?

答：电位器实际上是一种可变电阻器，典型的电位器的结构如图2.7所示，它有三个引出端。其中有两个为固定端，另一个为滑动端，也称为中心抽头端。实际上电位器是由一个电阻体和一个转动或滑动系统组成，依靠滑片在电阻体上滑动，可改变滑动端与固定端之间的电阻值，取得与滑片位移呈一定关系的输出电压。例如，在AB两端上加有电压U_i，假设电位器AB两端的电阻值为R，则R被滑片分成两段R_1和R_2，且$R_1+R_2=R$，R_1增大时，则R_2减小；R_1减小时，则R_2增大。改变滑片的位置就可以改变滑片的输出电压U_o，如图2.8所示。

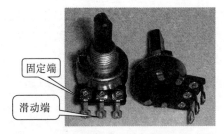

图2.7 典型的电位器的结构

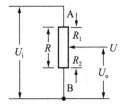

图2.8 电位器用作分压器

电位器的阻值变化有何规律?

答：电位器的阻值变化特性是指其阻值随动臂的旋转角度或滑动行程变化而变化的关系。常见的电位器阻值变化规律有直线式（X型）、指数式（Z型）、对数式（D型）三种。三种型式的电位器阻值随活动触点的旋转角度变化的曲线如图2.9所示。图中纵坐标表示当某一角度时的电阻实际数值与电位器总电阻值的百分数，横坐标是旋转角与最大旋转角的百分数。

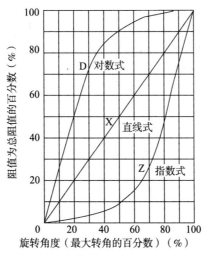

图2.9　电位器的阻值变化特性曲线

X型电位器的阻值变化与转角呈直线关系。也就是电阻体上导电物质的分布是均匀的，所以单位长度的阻值相等。它适用于一些要求均匀调节的场合，如分压器、偏流调整等电路中。Z型电位器在开始转动时，阻值变化较小而在转角接近最大转角一端时，阻值变化比较明显。因为人耳对微小的声音稍有增加时，感觉很灵敏，但声音大到某一值后，即使声音功率有了较大的增加，人耳的感觉却变化不大，这种电位器适合于音量控制电路，因为采用这种电位器进行音量控制，可获得音量与电位器转角近似线性的关系。D型电位器的阻值变化与Z型正好相反，它在开始转动时阻值变化很大，而在转角接近最大值附近时，阻值变化就比较缓慢。D型电位器适用于音调控制等电路。

怎样正确选用电位器？

答：电位器的选用应注意以下几点：

（1）根据阻值变化规律选用电位器。直线式电位器的阻值随旋转角度做均匀变化，如在各种电源电路中的电压调节、放大电路的工作点调节、副亮度调节及行、场扫描信号调节用的电位器，均应使用直线式电位器。

音响器材中的音调控制用电位器应选用反转对数式（旧称指数式）电位器，使调节者首先能初步找到适合的音调，然后可进一步左右细调节，找到最佳点。

音量控制用电位器可选用对数式电位器，正好和人耳的听觉特性相互补偿，使人们对音量的增加有均匀的感觉。

（2）合理选择电位器的电参数。根据设备和电路的要求选好电位器的类型和规格后，还要根据电路的要求合理选择电位器的电参数。首先考虑电位器的标称阻值是否符合电路要求，如小型收音机的音量调节兼电源开关的碳膜电位器，其阻值范围为几千欧到几十千欧；其次考虑电位器的额定功率、允许偏差、分辨率、最高工作电压、动噪声等技术参数。电位器的额定功率是指两个固定端之间允许耗散的功率，滑动端与固定端之间所能承受的功率通常小于电位器的额定功率。

（3）根据电路要求选用电位器的型号。不同的应用电路对电位器的要求有所不同。选用电位器时，应根据应用电路的具体要求来选择电位器的电阻体材料、结构、类型、规格、调节方式。

例如，在一般要求不高的电路中，均可使用碳膜电位器。其主要优点是种类型号多，阻值范围宽，价格便宜；在大功率电路中，宜选用功率型线绕电位器。其主要优点是接触电阻小，精度高，功率范围宽，而且耐热性能好；在精密仪器等电路中，应选用高精度线绕电位器、精密多圈电位器或金属玻璃釉电位器。金属玻璃釉电位器的主要优点是阻值范围宽，可靠性高，高频特性好；半导体收音机的音量调节兼电源开关可选用小型带旋转式开关的碳膜电位器；立体声音频放大器的音量控制可选用双联同轴电位器；音响系统的音调控制可选用直滑式电位器；电源电路的基准电压调节应选用微调电位器；通信设备和计算机中使用的电位器可选用贴片式多圈电位器或单圈电位器。

怎样检测电位器？

答：电位器的检测主要有三个方面，一是检测电位器标称阻值，二是检测电位器的活动臂与电阻体接触是否良好，三是检测电位器的开关是否良好。

（1）检测电位器标称阻值。用万用表检测电位器时，应根据电位器标称阻值的大小，选择好合适的挡位，检测电位器的标称阻值。方法是将万用表置于适当的Ω挡位，两表笔分别与电位器的"1"、"3"两端相接，表针应指在相应的阻值刻度上。如果表针停留在无穷大处不摆动，则表明被测电位器的电阻体已断裂开路；如果表针指示不稳定，则表明被测电位器有接触不良现象，如图2.10所示。

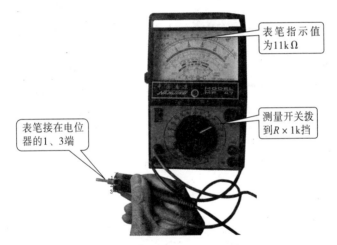

表笔指示值
为11kΩ

测量开关拨
到$R \times 1k$挡

表笔接在电位
器的1、3端

图2.10　检测电位器的阻值

（2）检测电位器的活动臂与电阻体接触是否良好。在用万用表测量电阻值的同时，旋转电位器转轴，并观察表针的摆动。测量时，将万用表拨在电阻挡，一表笔与电位器活动臂"2"端相接，另一表笔与电阻体的"1"或"3"端相接，测量"1"、"2"或"2"、"3"的电阻值，一般$R_{12}+R_{23}=R_{13}$。同时，逆时针方向旋转电位器转轴，再顺时针方向旋转电位器转轴，并观察万用表的指针。正常的电位器，万用表指针应平稳地来回移动。若表针移动不平稳或出现跳动现象，则表明该电位器活动臂与电阻片有接触不良的故障，如图2.11所示。

（3）检测电位器的开关是否良好。带开关的电位器，还要检测电位器的开关是否良好。用万用表的电阻挡，两表笔分别接开关接点"4"和"5"，旋转电位器转轴或者推、拉电位器转轴，使开关交替地"开"与"关"，观察万用表指针指示。开关"开"时表指针应指向最右边（电阻为零）；开关"关"时表指针应指向最左边（电阻为无穷大"∞"）。可重复检测几次，以观察开关有无接触不良的故障，如图2.12所示。

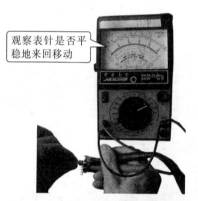

观察表针是否平稳地来回移动

观察表针是否在最左边或在最右边

图2.11　检测动臂是否接触良好　　图2.12　检测电位器开关是否良好

2.3　电容器的选用与检测

电容器有哪些主要参数？

答：电容器的主要参数有标称电容量、允许偏差和额定工作电压

（又称耐压）、绝缘电阻和频率特性等。知道这些参数对合理选用和正确使用电容器很有好处。

（1）标称电容量。电容器储存电荷的能力称为电容量，简称容量。电容量与极板面积和介质材料有关。

（2）允许偏差。电容器的实际电容量与标称容量不可能完全一致，两者会有一定偏差。电容器的实际容量对于标称容量的允许最大偏差范围，称为电容器的允许偏差。

电容器常用允许偏差为±5%、±10%、±20%。标称容量小于10pF的无机介质电容器，所用允许偏差一般为±0.1pF、±0.25pF、±0.5pF、±0.75pF。

电容器的容量允许偏差的字母表示意义如表2.4所示。

表2.4　电容器允许偏差的字母表示

文字符号	D	F	G	J	K	M	N	S	Z	P	不标注
允许偏差	±0.5%	±1%	±2%	±5%	±10%	±20%	±30%	+50% −20%	+80% −20%	+100% 0	+不定 −20%

（3）额定工作电压。额定工作电压也称为电容器的耐压值，是指电容器在规定的温度范围内，能够连续正常工作时所能承受的最高电压。额定工作电压值一般直接标注在电容器上。在使用时，加在电容器上的实际工作电压应低于电容器上所标注的额定工作电压，否则会造成电容器因过压而击穿损坏。此外还应注意，电容器上标明的额定工作电压，一般都是指电容器的直流工作电压，当将电容器用在交流电路中时，则应使所加的交流电压的最大值（峰值）不能超过电容器上所标明的电压值。

固定式电容器的额定工作电压规定的系列值有：1.6V、4V、6.3V、10V、16V、25V、32V、35V、40V、50V、63V、100V、125V、160V、250V、300V、400V、450V、500V、630V、1000V等。

（4）绝缘电阻（漏电电阻）。电容器两极之间的介质不是绝对的绝缘体，它的电阻不是无限大，而是一个有限的数值，一般在1000MΩ以上电容器两极之间的电阻称为绝缘电阻，或者称为漏电电阻。其大小是额定工作电压下的直流电压与通过电容器的漏电流的比值。

漏电电阻越小，漏电越严重。电容漏电会引起能量损耗，这种损耗不仅影响电容器的寿命，而且会影响电路的工作。因此，漏电电阻越大越好。小容量的电容器，绝缘电阻很大，为几百兆欧姆或几千兆欧姆。电解电容器的绝缘电阻一般较小。

（5）频率特性。电容器的频率特性是指电容器工作在交流电路（尤其在高频电路中）时，其电容量等参数随着频率的变化而变化的特性。电容器在高频电路工作时，构成电容器材料的介电常数将随着工作电路频率的升高而减小。不同介质材料的电容器，其最高工作频率也有所不同。例如，高频电路中只能使用容量较小的高频瓷介电容器或云母电容器，而容量较大的电容器（如电解电容器）只适合用于低频电路中。

电容器的电容量单位有几种？它们之间的关系怎样？

答：电容量基本单位是法拉，简称法（F）。在实际运用中常用微法（μF）、纳法（nF）和皮法（pF）作单位。

它们之间的换算关系是：$1F=10^6\mu F$，$1\mu F=1000nF$，$1nF=1000pF$。

国产电容器的标称电容量有哪些系列？

答：国家对电容器的标称值制定了标准，如表2.5所示。

表2.5 国产电容器的标称值系列

系列代号	允许误差	标称电容量系列
E3	大于20%	1.0、2.2、4.7
E6	±20%	1.0、1.5、2.2、3.3、4.7、6.8
E12	±10%	1.0、1.2、1.5、1.8、2.2、2.7、3.3、3.9、4.7、5.6、6.8、8.2
E24	±5%	1.0、1.1、1.2、1.3、1.5、1.6、1.8、2.0、2.2、2.4、2.7、3.0、3.3、3.6、3.9、4.3、4.7、5.1、5.6、6.2、6.8、7.5、8.2、9.1

 怎样识别采用直接标注电容器的电容量?

答：电容器容量的直标法是指在电容器上直接标出电容量、耐压与极性，这种表示方法较简单，电解电容器常采用直标法，如图2.13所示的电容器的容量为1500μF，耐压为63V。

图2.13 电容器容量的直标法

 怎样识别采用数码标注电容器的电容量?

答：容量较小的无极性电容器常采用数码标注法，单位为pF。若整数末位是0，如标"30"则表示该电容器容量为30pF；若整数末位不是0，如标"103"，则表示容量为$10×10^3$pF，如果整数末位是

9，不是表示10^9，而是表示10^{-1}。如图2.14所示的几个电容器上，分别标注104、472、103、30字样，电容量分别是100 000pF、4700pF、10 000pF、30pF。

图2.14　电容器容量的整数标法

 怎样选用电容器？

答：选用电容器时应注意以下几点：

（1）根据电路作用选择电容器的类型。选用哪种类型的电容器，应根据应用电路的作用而定。在谐振电路中，可选用介质损耗小的电容器，如云母电容器、陶瓷电容器、有机薄膜电容器；在调谐电路中，可选用固体介质密封可变电容器、空气介质电容器和微调电容器。例如，外差式收音机的调谐电路可选用双联可变电容器；在高频和高压电路中使用的电容器，应选用云母电容器、玻璃釉电容器或高频瓷介电容器（如CC10型或CC11型）；在电源滤波和退耦电路中使用的电容器，应选用铝电解电容器（如CD03型或CD15型）；在要求不高的低频电路和直流电路中，通常可用价格较低的纸介和金属化纸介电容器，也可选用低频瓷介电容器（如CT型）；钽（铌）电解电容器的性能稳定可靠，但价格高，通常仅用于要求较高的定时、延时电路中；为满足从低频到高频滤波旁路的要求，在实际电路中，常将一个大容量的电解电容器与一个小容量的、适合于高频的电容器并联使用。在电风扇等交流电路中，通常应选用专用交流电容器。

（2）根据电路要求选择电容器的主要参数。所选电容器的主要参数（包括标称容量、允许偏差、额定工作电压、绝缘电阻等）也要符合应用电路的要求，如一些对容量大小有严格要求的定时电路、振荡电路、延时电路等，选用电容器的容量应与电路要求相同，一些对容量大小要求不高的耦合电路、旁路电路、电源滤波电路、退耦电路等，选用电容器的容量应与电路要求相近即可。为保证电容器在电路中长时间正常工作，一般可选耐压值为实际工作电压的2倍以上。但在业余制作电路时，不宜过高地提高电容器的耐压等级，因电容器耐压等级的提高对制作成本影响极大，如将电容器的耐压从25V提高到35V时，成本将增加1倍，通常应大于电路中最高电压的30%。

（3）根据电容器工作环境与安装条件选择电容器。还应根据电容器工作环境与安装条件选择电容器。例如，在高温条件下使用的电容器，一定要选用工作温度高的电容器；在潮湿条件下使用的电容器，应选用抗湿性好的密封电容器；在低温条件下使用的电容器，应选用耐寒的电容器，这对电解电容器尤为重要，因为普通电解电容器在低温条件下会因电解液结冰而失效。

另外，电容器的外形有很多种，选用时应根据实际允许的情况来选择电容器的外形及引脚尺寸。

 怎样检测无极性固定电容器？

答：无极性电容器的特点是无正负极性之分，绝缘电阻很大，因而其漏电流很小。对于无极性电容器的检测，采用万用表的 $R \times 10\mathrm{k}\Omega$ 或 $R \times 1\mathrm{k}$ 挡进行测试判断。如果电容器正常，表针先向右摆动，然后慢慢返回到无穷大处，如图2.15所示。容量越小向右摆动的幅度越小，表针摆动过程实际上就是万用表内部电池通过表笔对被测电容器充电的过程，被测电容器容量越小充电越快，表针摆动幅度越小，充电完成后表针就停在无穷大处。

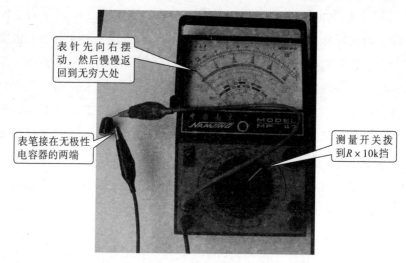

表针先向右摆动，然后慢慢返回到无穷大处

表笔接在无极性电容器的两端

测量开关拨到 $R \times 10k$ 挡

图2.15　用指针式万用表测无极性电容器

检测有故障的无极性电容器时会出现以下几种现象：

（1）若在检测时表针无摆动过程，而是始终停在无穷大处，说明电容器不能充电，该电容器开路。

（2）若表针能向右摆动，也能返回，但回不到无穷大处，说明电容器能充电，但绝缘电阻小，该电容器漏电。

（3）若表针始终指在阻值小或 $0\,\Omega$ 处不动，说明电容器不能充电，并且绝缘电阻很小，该电容器短路。

以上三种情况都说明电容器已经损坏，不能继续使用。

 怎样检测电解电容器？

答：电解电容器有正、负极之分，一般引脚长的为正极，引脚短的为负极，并标有"–"号，如图2.13所示。

电解电容器检测质量时，将万用表拨至 $R \times 1k$ 挡，红表笔接电解电容器的负极，黑表笔接其正极，若电容器正常，表针将向右偏转，即向"0"的方向摆动，表示电容器充电，然后表针又向左偏转，即无穷大方向回落，并稳定下来，这时表针指示数值为电容器的正向漏电电阻。电解电容器的正向漏电电阻越大，相应的漏电流则越小，一般电容器的正向漏电电阻为几十千欧以上，如图2.16所示。如果电容器容量大于$10\mu F$，为防止表针被打弯，在测量前应将电容器的两端引线短路一下，使电容器的充电电荷释放掉。

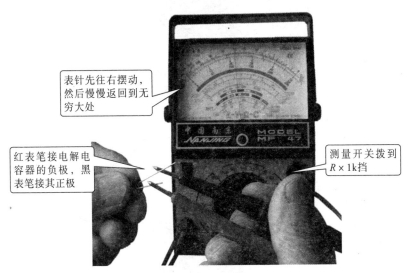

表针先往右摆动，然后慢慢返回到无穷大处

红表笔接电解电容器的负极，黑表笔接其正极

测量开关拨到$R\times 1k$挡

图2.16 用指针式万用表测量电解电容器的容量示意图

电解电容器的好坏。不但要根据它的正向漏电电阻的大小，而且还要根据检测时表针的摆动幅度来判断。指针向右摆动幅度越大，电解电容器的容量就越大。如果漏电电阻值虽然有几百千欧，但指针根本不摆动，说明该电容器的电解液已干涸失效，已经不能使用了。若在测试时，表针一直拨至"0"处不返回，则说明该电容器内部已被击穿或短路。

怎样测量电容器的容量？

答：如果要测电容器的容量，可用数字式万用表的电容挡来测量，图2.17所示的$0.68\mu F$无极性电容器，用DT9205A$^+$型数字式万用表测到电容量为$0.666\mu F$，误差1.9%，小于允许误差5%。

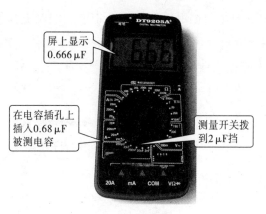

屏上显示
0.666μF

在电容插孔上
插入0.68μF
被测电容

测量开关拨
到2μF挡

图2.17　用数字式万用表测无极性电容器的容量

如果要测电解电容器的容量，也可用数字式万用表的电容挡来测量，图2.18所示是用DT9205A⁺型数字式万用表测标称容量为100μF的电解电容器，实测电容量为88μF。

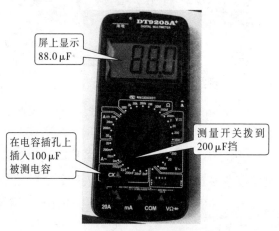

屏上显示
88.0μF

在电容插孔上
插入100μF
被测电容

测量开关拨到
200μF挡

图2.18　用数字式万用表测电解电容器的容量

如何利用电容器串联或并联改变电容器的容量和耐压？

答：利用电容器的串联、并联及串并联混合等多种方法，可代用暂时找不到合适的电容器。例如，当一个电容器的耐压不能满足需要时，可采用串联的方法，以提高耐压；当一个电容器的电容量不能满足需要时，可采用并联的方法，以增大电容量；当耐压与电容量都需提高时，可采用串并联混合的方法予以解决，如图2.19所示。

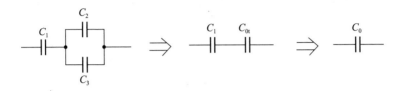

图2.19　电容器的串并联混合

当两个电容器串联或并联使用时，其串联总电容量C_S和并联总电容量C_P可按下式进行计算$C_S=C_1C_2/（C_1+C_2）$，$C_P=C_1+C_2$。当电容器串联代用时，如果它们的电容量不相同，则电容量小的电容器分得的电压高。所以，在串联代用时，最好选用电容量与耐压均相同的电容器，否则电容量小的电容器有可能由于分得的电压过高而被击穿。当电容器并联使用时，每个电容器的耐压均应高于电路中的电压。目前，电容器的规格很多，为了使电路简洁，一般情况下，应尽量使用单个电容器，而不采用串联、并联或串并联混合使用的方法。

无极性电解电容应用无极性电解电容来代替，无法办到时可用两个容量大1倍的有极性电容逆串联后代替。例如，需要一个$0.5\,\mu F$的无极性电解电容，可以用两个$1\,\mu F$的有极性电解电容进行逆串联，如图2.20所示，得到$0.5\,\mu F$的无极性电解电容。

图2.21所示是有极性电解电容顺串联电路，电路中的C_1和C_2都是有极性电解电容，两电容连接方式见图中所示，这样的连接称为有极性电解电容顺串联。顺串联的结果是仍然为一个有极性电容器，C_1正极为串联电容正极，C_2负极为串联后负极。顺串联后的总电容量减小，耐压提高。

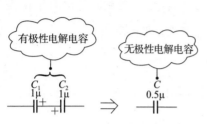

图2.20 有极性电解电容进行逆串联

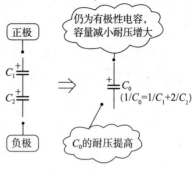

图2.21 有极性电解电容顺串联

2.4 电感器的选用与检测

电感器有哪些主要参数？

答：电感器的主要参数是电感量、允许偏差、额定电流和品质因数（Q），高频电感还要考虑分布电容等。

（1）电感量。电感量是表示电感器产生自感应能力大小的一个物理量，也称为自感系数。电感量的大小与线圈的匝数、导线的直径、有无磁芯及磁芯的材料、绕制线圈的方式、线圈的形状大小等有关。通常，线圈匝数越多、匝间越密则电感量越大。带有磁芯的线圈比无磁芯的线圈的电感量要大。电感器所带磁芯的磁导率越大，其电感量也越大。

电感量的基本单位是亨利，简称亨，用字母"H"表示。在实际应用中，一般常用毫亨（mH）或微亨（μH）作单位。它们之间的相互关系是：1H=1000mH，1mH=1000μH。

用于不同电路中的电感器，对其电感量的要求也是不同的。例如，用于短波谐振回路中的电感器，其电感量一般为几微亨；用于中波电路中的电感器，其电感量为几百微亨；用于稳压电源电路中的电感器，其电感量为几亨到几十亨。

（2）允许偏差。允许偏差是指电感器上标称的电感量与其实际电感量的允许误差值。不同用途的电感器，对其电感量的允许偏差也是有所不同的。一般用于振荡器谐振回路或滤波电路中的电感器，其电感量的允许偏差为±0.2%～±0.5%，可见，这种电路对电感量的精度要求较高。而在电路中起高频阻流及耦合作用的电感器，其电感量允许偏差为±10%～±15%，显然，这种电路对电感量允许偏差的要求是比较低的。

（3）额定电流。电感器在正常工作时所允许通过的最大电流即是其额定工作电流。在应用电路中，若流过电感器的实际工作电流大于其额定电流，会导致电感器发热，性能参数发生改变，甚至还可能因过流而烧毁。因此使用中，电感器的实际工作电流必须小于额定电流。固定电感器的额定电流常用字母标注，如表2.6所示。

表2.6　固定电感器的额定电流字母标注含义

字　母	A	B	C	D	E
额定电流	50mA	150mA	300mA	700mA	1.6A

（4）品质因数。品质因数也称Q值，是衡量电感器质量高低的主要参数。它是指电感器在某一频率的交流电压下工作时，所呈现出的感抗与本身直流电阻的比值。用公式表示：$Q=\omega L/R$。式中，ω为工作频率；L为线圈电感量；R为线圈的总损耗电阻。

电感器Q值的大小，与所用导线的直流电阻、线圈骨架的介质损耗以及铁心引起的损耗等因素有关。电感器的Q值越大，表明电感器的损耗越小，越接近理想的电感，当然其效率就越高，质量就越好。反之，Q值越小，其损耗越大，效率则越低。实际上，电感器的Q值是无法做得很高的，一般在几十到几百。例如，中波收音机中使用的振荡线圈的Q值一般为55~75。在实际应用电路中，用于谐振回路的电感器的Q值要求比较高，其损耗比较小，可提高工作性能。在电路中起耦合作用的电感器，其Q值可低一些。而在电路中起高频或低频阻流作用的电感器，对其Q值基本上不做要求。

对于品质因数Q值的测量，可根据以下几种情况推断其Q值大小。线圈的电感量相同时，其直流电阻越小，Q值越高。也就是说，所用导线的直径越粗，Q值越高。若采用多股线绕制时，导线的股数越多（一般不超过13股），Q值越高；线圈骨架（或铁心）所用材料的损耗越小，其Q值越高。例如，高硅钢片做铁心时，其Q值较用普通硅钢片作铁心时高；线圈的分布电容和漏磁越小，其Q值越高。例如，蜂房式绕法的线圈，其Q值较平绕时为高，比乱绕时更高；线圈无屏蔽罩，安装位置周围无金属构件时，其Q值较高。与此相反，则Q值较低。屏蔽罩或金属构件离线圈越近，其Q值降低越厉害；对有磁芯的高频线圈，其Q值较无磁芯时为高。磁芯的损耗越小，其Q值也越高。

（5）分布电容。电感器的分布电容是指线圈的匝与匝之间、线圈与磁芯之间、线圈与屏蔽层之间所存在的固有电容。这些电容实际上是一些寄生电容，它们降低了电感器的稳定性。电感器的分布电容越小，电感器的稳定性越好。减小分布电容方法通常有：用细导线绕制线圈、减小线圈骨架的直径、采用间绕法或蜂房式绕法。

怎样识别采用直接标注电感器的电感量？

答：直标法是将电感器的标称电感量用数字和文字符号直接标在电感器的外壳上，如图2.22所示。电感量单位后面用一个英文字母表示其允许偏差，各字母所代表的允许偏差见表2.7。例如，图2.22所示电感器上标示37 μHKD，则表示此电感器的标称电感量为37 μH、允许偏差为±10%~±0.5%。

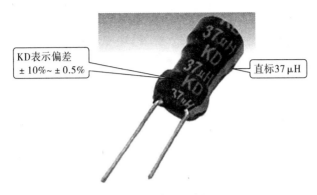

KD表示偏差
±10%~±0.5%

直标37μH

图2.22 电感器的直标法

表2.7 电感器字母所代表的允许偏差

字 母	允许偏差	字 母	允许偏差	字 母	允许偏差
B	±0.1%	G	±2%	N	±30%
C	±0.25%	J	±5%	P	±0.02%
D	±0.5%	K	±10%	W	±0.05%
E	±0.005%	L	±0.01%	X	±0.002%
F	±1%	M	±20%	Y	±0.001%

怎样识别采用数码标注电感器的电感量?

答：数码标注是用三位数字来表示电感器电感量的标称值，该方法常见于贴片电感器上，如图2.23所示。在三位数字中，从左一、二位为有效数字，第三位数字表示倍乘（单位为μH）。如果电感量中有小数点，则用"R"表示，并占一位有效数字。

表示100μH

表示4.7μH

表示220μH

图2.23 电感器的数标法

怎样识别色环电感器的电感量?

答:有些固定电感器采用色标法表示标称电感器和允许偏差,这种固定电感又称为色码电感。色标法就是指在电感器表面涂上不同的色环或色点来代表电感量,通常用 4 色环来表示,如图2.24所示。它的读码和色码含义与色环电阻器基本类似。

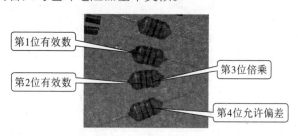

第1位有效数

第2位有效数

第3位倍乘

第4位允许偏差

图2.24　色码电感表示法

从图2.24中可以看出,紧靠电感器一端的色环为第1环,露着电感器本色较多的另一端为末环。其中,第 1 、第 2 色环表示两个有效数(第 1 色环为十位数,第 2 色环为个位数),第 3 色环表示倍乘(有效数后面零的个数,单位为μH),第 4 色环表示允许偏差,各种颜色所代表的数值见表2.8。例如,图2.24所示色码电感器,色环颜色分别为白、红、黑、棕,其电感量为92μH,允许偏差为±1%。

表2.8　色环颜色的意义

色　别	第 1 色环 (第 1 位有效数)	第 2 色环 (第 2 位有效数)	第 3 色环 (倍乘数)	第 4 色环 允许偏差
黑	0	0	1	±20%
棕	1	1	10	±1%
红	2	2	100	±2%
橙	3	3	1 000	±3%
黄	4	4	10 000	—
绿	5	5	100 000	—
蓝	6	6	1 000 000	—

色 别	第1色环 (第1位有效数)	第2色环 (第2位有效数)	第3色环 (倍乘数)	第4色环 允许偏差
紫	7	7	10 000 000	—
灰	8	8	100 000 000	—
白	9	9	1 000 000 000	—
金	—	—	0.1	±5%
银	—	—	0.01	±10%

怎样选用电感器？

答：● 根据应用电路确定类型

电感器种类多，其结构与形状各异，选用电感器时，应根据应用电路的要求选用相应性能的电感器。例如，分频器所使用的电感线圈分为空心线圈和铁心线圈两类，而铁心线圈又分为真铁心和铁氧体芯两类。在选择空心电感线圈时，主要应注意电感线圈线径的选择，所选用的线径，通过计算，只要能够承载相应的功率电流或有些裕量即可。如果所用的线径偏细，在大功率下工作时电感线圈容易过热烧毁；在选择铁心线圈时，铁心自身的功率是一个关键。通过大量实验证实，铁心线圈功率只有达到或超过低音单元最大功率的50%以上时，才能以较低的失真正常工作。

对于电源电路中的电感器，主要考虑最大工作电流。另外，电感量大些可以，小了则会影响滤波效果。

另外电感器不像电阻器与电容器那样规范，除小型固定电感器为通用元件外，大多数电感器为电视机或收音机等专用元件。专用元件一般都是一个型号对应一种机型（代用除外），选购时应以元件型号为主要依据。

色码电感器是一种固定电感器。选用该种电感器时，主要考虑其电感量、额定电流及外形尺寸是否符合使用要求。

●根据电路工作频率确定电感器的磁芯与线圈

在相同电感量的情况下，采用磁芯的线圈，其体积会大大缩小，Q值也有所提高。

（1）在音频段一般要用带铁心或低频铁氧体芯的电感器。

（2）在几百千赫到几兆赫间（如中波广播段）的线圈最好用铁氧体芯，并以多股绝缘线绕制，这样可减小集肤效应，提高Q值。

（3）在几兆赫到几十兆赫频率间，由于多股线间的分布电容作用及介质损耗增加，反而不宜采用多股绝缘线，而宜用单股镀银粗铜线绕制，磁芯也要采用短波高频铁氧体，也常用空心的线圈。

（4）在100MHz以上频率时一般已不能用铁氧体芯，只能用空心线圈，如用做微调，可选用铜芯类电感线圈。

●根据电路损耗要求选用电感器

电感线圈骨架的材料与线圈的损耗有关，也与线圈绕组长度和外径的大小有关。

（1）在高频电路里，通常应选用高频损耗小的高频瓷作为骨架。塑料、胶木和纸做骨架的电感器，虽然损耗大一些，但由于价格低廉、制作方便、重量较轻，可以用于要求较低的场合。

（2）当外径一定的单层线圈，绕组长度L是外径D的70%时，则损耗趋于最小；当多层线圈的绕组长度是外径D的35%，绕组厚度t为外径D的60%左右时，其损耗也最小。同样，当$3t+2L=D$时，则损耗也最小。带屏蔽罩的线圈，其$L/D=1$时，性能最佳。

（3）线圈的机械结构必须牢固，不应使线圈松脱、引线接点活动等。线圈应经过防潮绝缘处理，以免受潮和霉变。线圈不宜用过细的线绕制，以免增加线圈电阻，使Q值降低，同时容易因载流量不够而烧断。带有抽头的线圈应有明确的标志，这样既便于安装，也便于维修时检查。

●电感器的更换

在更换线圈时应注意保持原线圈的电感量，勿随意改变其线圈形状、大小和线圈间距离；两线圈同时使用时应避免相互耦合的影响，一般互相靠近电感线圈的轴线应互相垂直，必要时可在电感线圈上加装屏蔽罩。

对于色码电感器或小型固定电感器，当电感量相同、额定电流相同时，一般可以代换。

对于有屏蔽罩的电感器，在使用时需要将屏蔽罩与电路地线连接，以提高电感器的抗干扰性。

对于可调电感器，为了让它在电路中达到较好的效果，可将电感器接在电路中进行调节。调节时可借助专门的仪器，也可以根据实际情况凭直觉调节，如调节电视机中与图像处理有关的电感器时，可一边调节电感器磁芯，一般观察画面质量，质量最佳时调节就最准确。

 ## 怎样检测电感器？

答：（1）用万用表检测电感器的通断。检测电感器的参数需要用专门仪器（如电感电容电桥、Q表等），在不具备专用仪器的情况下，可用万用表测试，大概判断电感器的好坏。当怀疑印制电路板上电感器开路或短路时，可用万用表$R×1\Omega$挡，在断电的状态下测试电感器两端直流电阻。一般高频电感器阻值为零点几欧到几欧，低频电感器阻值为几百欧至几千欧，中频电感器阻值为几欧到几十欧。测试时要注意，有的电感线圈圈数少或线径粗，直流电阻很小，即使用$R×1\Omega$挡进行测试，阻值也可能为零，这属于正常现象；测量时，用手指接触线圈引脚对测量结果影响很小，可以忽略不计；如果阻值很大或无穷大，表明电感器已经开路。用指针式万用表在电路上检测收音机的天线线圈如图2.25所示，图中实测天线线圈的直流电阻为1.9Ω。用数字式万用表测量收音机的天线线圈一次绕组的阻值如图2.26所示，图中实测天线线圈的直流电阻为7.2Ω。

图2.25 用指针式万用表检测收音机的天线线圈

图2.26 用数字式万用表测量收音机天线线圈一次绕组的阻值

（2）用万用表检测电感器的绝缘电阻。有些电感器，如扫描用的行线圈，内有永磁铁，外有金属屏蔽盒；收音机的振荡线圈，内有铁氧体磁芯和磁帽，外有铝屏蔽罩。检测时，除检测线圈的通、断和电阻值外，还应检测线圈绕组与屏蔽罩之间的电阻值；整流电源的滤波器，常使用铁氧体或硅钢片作为铁心低频电感阻流圈，使用前也应检测线圈与铁心之间的绝缘电阻。检测收音机振荡线圈的绝缘电阻如图2.27所示。检测时，将万用表置于$R×10k$挡，两表笔分别接线圈外引线和金属屏蔽罩（或铁心），其绝缘电阻应接近无穷大（∞）、表针稳定不动，否则说明电感器绝缘不良。

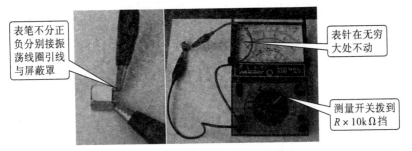

表笔不分正负分别接振荡线圈引线与屏蔽罩

表针在无穷大处不动

测量开关拨到 $R×10kΩ$ 挡

图2.27　检测收音机振荡线圈的绝缘电阻

2.5　二极管的选用与检测

半导体二极管是怎样分类的？

答：半导体二极管是由一个PN结加上两个外引线和外封装构成的，它具有单向导电特性，即二极管只能在一个方向通过电流，在反方向无法通过电流。它的种类很多，形态各异，用途也不相同。

半导体二极管按制作PN结的材料不同，可分为锗二极管、硅二极管、磷化镓二极管、砷化镓二极管等；按功能或用途不同分为整流二极管、检波二极管、变容二极管、稳压二极管、开关二极管、发光二极管、光电二极管、快恢复二极管、肖特基二极管等；按工作频率不同可分为高频二极管和低频二极管；按结构不同可分为点接触型和面接触型二极管，如图2.28所示。

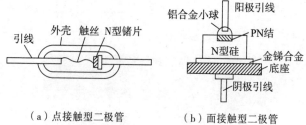

（a）点接触型二极管　　　（b）面接触型二极管

图2.28　点接触型和面接触型二极管的结构示意图

普通二极管有哪些主要参数？

答：普通二极管是指一般用途的整流二极管、检波二极管和开关二极管，即最常用的二极管。

普通二极管的主要参数有：

（1）最大整流电流I_F。最大整流电流也称为额定正向工作电流，是指二极管长期连续工作时允许通过的最大正向电流值。因为电流通过管子时会使管芯发热，温度上升，温度超过容许限度（硅管为140℃左右，锗管为90℃左右）时，就会使管芯过热而损坏。所以，二极管使用中不要超过二极管额定正向工作电流值。不同型号二极管的最大整流电流值各不相同。例如，常用的1N4001型硅二极管的额定正向工作电流为1A，常用的1N5401型硅二极管的额定正向工作电流为3A。

（2）最高反向工作电压U_R。最高反向工作电压是指二极管工作时所允许加在两端的最高反向峰值电压，当超过U_R值时，管子将会被击穿，失去单向导电能力。为了保证使用安全，规定了最高反向工作电压值。不同型号二极管的最高反向工作电压值各不相同。例如，1N5400二极管反向耐压为50V，1N5406的反向耐压为600V。

（3）最大反向电流I_R。最大反向电流是指二极管在最高反向工作电压下，二极管所允许流过的反向电流。这个电流的大小反映了二极管单向导电性能的好坏，最大反向电流越小，说明二极管的单向导电性能越好。值得注意的是反向电流与温度有着密切的关系，大约温度每升高10℃，反向电流增大1倍。例如，2AP系列锗二极管，在25℃

时，反向电流为150~250μA，温度升高到35℃，反向电流将上升到350~500μA，在75℃时，它的反向电流已达5~8mA，不仅失去了单方向导电特性，还会使管子过热而损坏。在高温下硅二极管比锗二极管具有较好的稳定性。

（4）最高工作频率f_M。最高工作频率，也称为截止频率。由于PN结极间电容的影响，当二极管用于检波时有一个上限工作频率，即二极管能正常工作的最高频率。一般应选用最高工作频率是电路实际工作频率2倍的二极管，否则不能正常工作。例如，2AP1~2AP8检波二极管的最高工作频率是150MHz，2AP11~2AP17检波二极管的最高工作频率只有40MHz，2AP21~2AP28检波二极管的最高工作频率有100MHz。

怎样选用普通二极管？

答：选用普通二极管时应注意以下几点：

● 根据具体电路选用不同类型和型号的二极管

在电子电路中检波用时，就要选用点接触型锗检波二极管，如2AP系列，并且要注意不同型号管子工作频率的差异；在电路中整流用时，就要选用整流二极管，并且要注意整流二极管的最大整流电流和最高反向工作电压；在选用开关管时，要根据具体的应用电路选择不同种类的开关二极管，如在收录机、电视机及其他电子产品中，常选用2CK、2AK系列小功率开关二极管；对于高速开关电路则应选择MA165、MA166、MA167型高速开关二极管。

● 根据技术参数选用不同型号的二极管

在选好二极管类型的基础上，要选好二极管的各项主要技术参数。例如，选用整流二极管时，主要考虑二极管的最大整流电流与最高反向电压，如1N4001型二极管的最大整流电流为1A，最高反向电压为50V；1N4007型二极管的最大整流电流为1A，最高反向电压为1000V；1N5401型二极管的最大整流电流为3A，最高反向电压为100V。使用时注意通过二极管的工作电流与反向电压不能超过这个数值。

在选用检波二极管时主要考虑的是工作频率。例如，2AP1～2AP8型适用于150MHz以下的检波电路；2AP9、2AP10型适用于100MHz以下的检波电路；2AP31A型适用于400MHz以下的检波电路；2AP32型适用于2000MHz以下的检波电路等。晶体管收音机的检波电路可选用2AP9、2AP10型管，它的工作频率可达100MHz，结电容小于1pF，适合做小信号检波。

在选用开关二极管时，开关时间很重要，这主要由反向恢复时间这个参数决定。选用时，要注意此参数的对比，选用更符合要求的开关二极管。例如，2CK9～2CK19型开关二极管的反向恢复时间小于5ns；CAK6型开关二极管的反向恢复时间为150ns；1N4148、1N4448型开关二极管的反向恢复时间为4ns。

在选用二极管的各项主要参数时，在从有关的资料和《晶体管手册》查出满足电路要求的相应参数值后，最好用万用表及其他仪器复测一次，使选用的二极管参数符合要求，并留有一定的余量。

●根据电路的性能要求和使用条件选取晶体二极管的外形

晶体二极管的外形、大小及封装形式多种多样，外形有圆形、方形、片状、小型、超小型及大中型等；封装形式有全塑封装、金属外壳封装等。在选取时，应根据电路的性能要求和使用条件（包括电子产品的尺寸），选用晶体二极管的外形、尺寸大小和封装形式。

二极管损坏后最好是使用原型号的二极管更换。若没有原型号二极管，所代换的管子其制作材料、类型和导电极性应与原管完全相同，所换二极管的主要参数如最高反向电压、最大工作电流和散耗功率应与原管相同或大于原管。另外，代换时应考虑管子的外部结构、尺寸与原损管相同或大致相同，以便于安装。

怎样检测普通二极管？

答：普通二极管的检测是根据二极管的单向导电性，通过测量二极管的正、反向电阻，可方便地判断二极管的好坏。一般将万用表拨至$R×1k$挡，用黑表笔接二极管的正极，红表笔接二极管的负极，称为正向测量，正向测量所得的阻值称为正向电阻，如图2.29所示，图中实测正向电阻为5.2kΩ。一般二极管的正向电阻值为几千欧，此值越小越好。将万用表的黑表笔接二极管的负极，红表笔接二极管的正极，称为反向测量，反向测量所得的阻值称为反向电阻，如图2.30所示，图中实测反向电阻为无穷大。

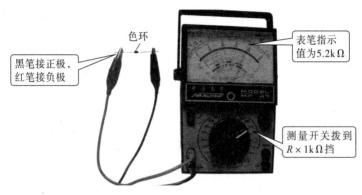

图2.29　用指针式万用表正向测量二极管

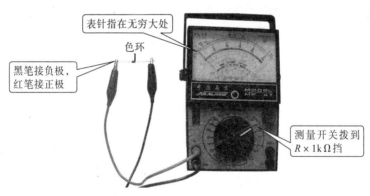

图2.30　用指针式万用表反向测量二极管

对于二极管，正向测量时，若二极管导通（指针大幅度偏转），而反向测量时，二极管不通（指针不偏转），说明二极管良好。若正向测量或反向测量时，二极管的阻值均为0，说明二极管已被击穿。若正向测量或反向测量时，二极管的阻值均为无穷大，说明二极管已开路。若正向电阻和反向电阻比较接近，说明二极管失效。

对于检波二极管或小功率整流管，应将万用表拨至R×100挡，其正向电阻为几百欧（硅管为几千欧）；对于整流二极管，特别是大功率的整流二极管，应将万用表拨至$R \times 1$挡，其正向电阻为十几或几十欧；检测反向电阻时，除大功率的硅材料整流二极管以外，一般应将万用表拨至$R \times 1$k挡，其阻值应在几百千欧以上。

顺便指出，检测一般小功率二极管的正、负向电阻值，不宜使用$R \times 1$和$R \times 10$k挡。这是因为前者通过二极管的正向电流较大，可能烧毁管子；后者加在二极管两端的反向电压太高，易将管子击穿。另外，二极管的正反向电阻值随检测用电表的量程（$R \times 100$挡还是$R \times 1$k挡）不同而不一样，甚至相差比较悬殊，这属正常现象。

 稳压二极管的伏安特性如何？

答：稳压二极管是一种用于稳压、工作于反向击穿状态的特殊二极管，它的伏安特性曲线如图2.31所示。从特性曲线上可以看出，其正向特性与普通半导体二极管没有什么差异，但反向特性却有很大的差异。普通二极管在反向电压的作用下，当电压增加到一定数值时，其反向电流会迅猛上升，使二极管击穿，以致发热烧毁。产生这种现象的原因是普通二极管最大耗散功率不够，无法在击穿区工作。

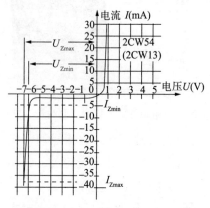

图2.31　稳压二极管的伏安特性曲线

稳压二极管一般用硅（Si）半导体材料制成，它能承受较大的工作电流及耗散功率。当反向电压没有达到击穿电压时，其反向电阻值一直很大，反向电流极小，如图2.31左下方所示；当反向电压临近击穿电压时，反向电流会急剧增大，这时稳压管便进入击穿区。进入击穿区后，反向电流会在很大范围内变化，如图2.31左下方所示反向电流从5mA增大到40mA，但稳压二极管两端的电压稳定在6~6.4V，起到稳定电压的作用。

 稳压二极管有哪些主要参数？

答：稳压二极管的主要参数有稳定电压、动态电阻、最大工作电流、最大耗散功率和电压稳定系数等。

（1）稳定电压U_Z。稳定电压是指稳压二极管工作在反向击穿状态下，其两端的电压。由于生产的分散性和受温度的影响，一般生产厂家给出的稳定电压是一个电压范围，如2CW58（2CW17）的稳压范围为9.2~10.5V，说明它的稳定电压值可能是9.2V，可能是10V，还可能是10.5V。1N714的稳压范围为10~11.8V，说明它的稳定电压值可能是10V，也可能是11.8V，可用2CW59直接代换。

（2）动态电阻R_Z。在工作状态下，稳压二极管两端电压的变化量与通过稳压二极管的电流变化量之比称为动态电阻。动态电阻反映了稳压二极管的稳压特性，动态电阻越小，其稳压性能越好。例如，2CW58（2CW17）的动态电阻≤23Ω，2CW52（2CW11）的动态电阻≤55Ω，而2DW1A的动态电阻≤3Ω。

（3）最大工作电流I_{ZM}。最大工作电流是指稳压二极管在长期工作时，允许通过的最大反向电流值。在使用稳压二极管时，不允许越过最大工作电流。因此稳压二极管在电路中使用时必须串接一电阻器来限制电流。例如，2CW50（2CW9）的最大工作电流为33mA，2CW56（2CW15）的最大工作电流为27mA。

（4）最大耗散功率P_{CM}。在给定的使用条件下，稳压二极管允许承受的最大功率即为最大耗散功率。稳压二极管在反向击穿区工作时，只要不超过最大耗散功率和最大工作电流，它是不会被烧坏的。

例如，2CW60（2CW19）的最大耗散功率为0.25W，2CW22K的最大耗散功率为3W。

（5）电压稳定系数C_{TV}。在测试电流下，稳定电压相对的变化与环境温度的绝对变化的比值即为电压稳定系数。一般稳定电压低于6V的稳压二极管，其电压稳定系数是负的，高于6V的则为正。

怎样选用稳压二极管？

答：稳压二极管一般用在稳压电源中作为基准电压源或用在过电压保护电路中作为保护二极管。选用的稳压二极管，应满足应用电路中主要参数的要求。

（1）确定稳压值。稳压二极管的稳定电压值应与应用电路的基准电压值相同。由于稳压二极管的稳压值有离散性，即使同一家生产厂的同一型号的稳压二极管，其稳定电压值也不完全一样，因此在选用时应加以注意。对稳压值要求较高的电路可用检测稳压值的方法进行选用。

（2）注意工作电流。在选用稳压二极管时，应注意最大工作电流。最大工作电流是不能随意增大的，必须在应用的范围内使用，否则会导致稳压二极管过热而损坏。一般稳压二极管最大稳定电流应高于应用电路的最大负载电流的50%左右，并在稳压电路中串接一限流电阻。

（3）选用动态电阻较小的稳压管。在选用稳压二极管时，除了要注意稳定电压、最大工作电流等参数外，还要注意选用动态电阻较小的稳压管，因动态电阻越小，稳压管性能越好。例如，2CW52（旧型号为2CW11）型稳压管的动态电阻$r_Z \leqslant 90\Omega$；2CW54型稳压管的动态电阻$r_Z \leqslant 30\Omega$；1N6018B型稳压管的动态电阻$r_Z \leqslant 110\Omega$。

（4）注意温度的影响。在选用稳压管时，还应注意管子的稳压电压受温度的影响。一般来说，稳压值高于6V的管子，温度系数为正值；低于6V的管子，温度系数为负值；而6V左右的管子，温度系数接近零，即稳压值受温度影响最小。故在稳压要求比较严格的场合，应选用2DW230～2DW236型稳压管用于基准电压电路中。

怎样检测稳压二极管？

答：稳压二极管的好坏检测以及极性的判断与普通二极管一样，读者可参看普通二极管的检测。下面主要介绍用万用表测试稳压二极管的稳压值。

● 利用指针式万用表的表盘上的LV刻度线

MF47等型号的指针式万用表的表盘上都有LV刻度线，一般位于万用表的中间，如图2.32所示。它是万用表欧姆挡的辅助刻度，表示在用万用表测量元件电阻值时，加在被测元件两端的电压，因此简称负载电压线。

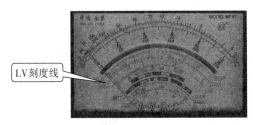

图2.32　MF47型万用表的LV刻度线图

LV刻度线的满度值在欧姆各挡均为零，起始值为各挡使用的工作电压。LV刻度线的主要作用是用来测试半导体二极管和晶体管，下面以测量稳压管的稳压值为例介绍LV刻度线的应用。

将万用表拨至$R \times 10k$挡，红表笔接稳压管正极，黑表笔接负极。因$R \times 10k$挡表内的工作电压为10.5V，所以LV刻度的终值为10.5V，若表针指在LV刻度5.2V处，则表明该稳压管的稳压值为5.2V，如图2.33所示。

图2.33　用MF47型万用表的LV刻度线测量稳压二极管

将万用表拨至$R \times 10k$挡测量稳压二极管的稳压值的第二种读数方法是利用DC10V刻度线，在图2.33中，表针指示值为5.1V，可按下式计算该管的稳压值，即

$$U_z=（10V-读数值）\times 1.05=（10-5.1）\times 1.05=5.145V$$

值得指出的是该稳压值与利用LV刻度线读数有误差的原因是：DC10V刻度线的0V在左边，10V在右边，均匀等分5大格，50小格，读数较细；而LV刻度线的0V在右边，10.5V在左边，均匀等分3大格，30小格，读数较粗。但LV刻度线读数直观，不需要计算。

● 利用直流稳压电源

利用直流稳压电源测量稳压二极管的稳压值示意图如图2.34所示。

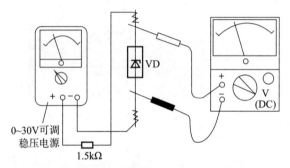

图2.34 利用直流稳压电源测量稳压二极管的稳压值示意图

检测时，将万用表置合适的电压挡，再将可调稳压直流电源置于0位。慢慢调节稳压电源，使其输出电压从0慢慢上升，并监视万用表的指示变化。在稳压管未达到雪崩击穿之前，万用表所示电压值随电源电压上调而增加，当上调电压达到稳压二极管的稳压值时，管子雪崩击穿，万用表的指示不再变化，此时万用表所指示的直流电压值就是被测稳压二极管的稳压值。

图2.35是用自制26V直流稳压电源检测2CW18的稳压值实测图。将万用表拨至直流50V挡，红表笔接稳压管正极，黑表笔接负极。将2CW18与1.2k电阻器串联后接在26V直流稳压电源两端，所以表针指示值就是该稳压管的稳压值，为10V，如图2.35所示。

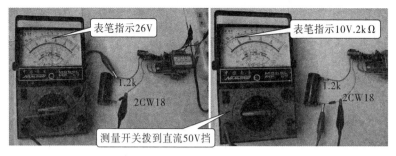

图2.35　用自制26V直流稳压电源检测2CW18的稳压值

图2.33中测量的稳压二极管也可利用图2.35所示电路来测稳压值，测到的稳压值为5.9V，如图2.36所示。与图2.33所测稳压值相差0.7V，其原因是反向电流增大，稳压值略有增加。

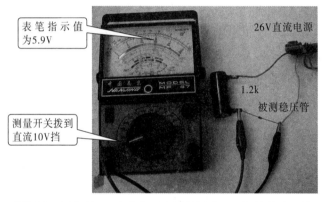

图2.36　用自制26V直流稳压电源检测稳压二极管的稳压值

 发光二极管有哪些主要参数?

答：发光二极管的主要技术参数分为电参数与光参数，发光二极管的主要电参数有以下3点：

（1）正常工作电流I_F和最大工作电流I_{FM}。I_F是指发光二极管两端加上规定的正向电压时，流过管子的正向电流；I_{FM}是指长期工作时所允许通过的最大电流，使用时切勿超过此值，否则将被烧坏。例如，BT101~BT104型发光二极管的最大工作电流为20mA，FG314003型发光二极管的最大工作电流为50mA。

（2）正向压降U_F。U_F是指通过规定正向电流I_F时，发光二极管两端产生的正向电压。发光二极管的正向压降随着材料不同而不同，通常普通绿色、黄色、红色、橙色发光二极管的正向压降为2V左右；白色发光二极管的正向压降通常高于2.4V；蓝色发光二极管的正向压降通常高于3.3V。

（3）反向电流I_R。I_R是指发光二极管两端加上规定的反向电压时管内的反向电流。它也称为反向漏电流，I_R越小越好。BT101~BT104型发光二极管的反向电流为50μA，BT-102YX、BT-202YX型发光二极管的反向电流≤10μA。

发光二极管的主要光参数有以下4点：

（1）发光强度I_V。I_V是指发光亮度大小的参数，是发光二极管的一项重要光参数，表征了发光二极管的发光强弱。它是在发光二极管通过规定电流时，在管芯垂直方向上单位面积通过的光通量，单位为mcd（毫坎德拉）。BT-204L型（红色）发光二极管的发光强度≥0.5mcd，BT-202YX型（红色）发光二极管的发光强度≥1.0mcd。

（2）光通量F。光通量F是表征发光二极管总光输出的辐射能量，它标志着器件的性能优劣。F为发光二极管向各个方向发光的能量之和，它与工作电流直接有关。随着电流增加，发光二极管的光通量随之增大。

（3）发光波长λ。λ是指发光二极管在一定工作条件下所发出的光的峰值对应的波长，又称为峰值波长λ_p（需要指出的是，只有单色光才有峰值波长λ_p）。知其发光波长便可知道它的发光颜色。例如，BT系列的发光二极管，发光波长λ_p为565nm的发光颜色为绿色；λ_p为610nm的发光颜色为橙色；λ_p为700nm的发光颜色为红色。

（4）发光效率。发光二极管的发光量与输入电能之比称为发光效率，它是发光二极管最重要的特性。

怎样选用发光二极管？

答：选用发光二极管时应注意以下几点：

（1）颜色与外形的选择。发光二极管主要用于家用电器和其他电子设备中做电源指示或开关通断指示，选用发光二极管时，应根据应用电路的要求和电子设备的尺寸，选择发光二极管的颜色（波长）、发光强度、外形、尺寸大小和封装形式。

发光二极管的外形、大小及封装形式多种多样，外形有圆形、方形、长方形与小型的，封装形式有全塑封装、金属外壳封装等，在选择时，可根据性能要求和使用条件（包括整机的尺寸）选用符合条件的发光二极管。

例如，BT-102YX型绿色发光二极管的最大正向电流25mA，发光强度大于1.2mcd；BT-204L型红色发光二极管的最大正向电流30mA，发光强度大于0.5mcd；BT-412型橙色发光二极管的最大正向电流30mA，发光强度大于0.3mcd。

（2）种类的选择。发光二极管除有单色发光二极管外，还有变色、三色发光二极管。使用变色和三色发光二极管时，第一要注意管脚排列，并要串接限流电阻，确保发光管通过规定电流。第二，焊接时，要注意散热，焊接时间不要过长。第三，注意保护管壳、管帽光洁，确保透光性好。第四，变色发光二极管的使用环境温度在85℃以下，温度越低管子的发光亮度越高，在低温时，发光性能非常好。第五，使用时，注意管脚的正、负极，若将管子接反了，发光管就不能发光。

（3）使用前要检测。在使用发光二极管前，可先用万用表的$R \times 10k$挡检测其正反向电阻和发光管发光情况，选择质量好的发光二极管使用，具体方法参见"怎样检测发光二极管？"的详细介绍。

另外要注意判别发光二极管的正负极性。对全塑封发光管来说，电极引线较长的是正极，较短的是负极；对有金属管座的发光管（上面罩一光学透镜），管侧有一凸起，靠近突起的是正极。对于大功率的砷化镓发光二极管，因工作电流较大，管子易发热，使用时注意加散热片。

怎样检测发光二极管？

答：（1）判别引脚正、负极性。发光二极管的开启电压为2V，而将万用表置于$R×1k$挡及其以下各电阻挡时，表内电池电压仅为1.5V，比发光二极管的开启电压低，所以无论正向测量还是反向测量，都不可能使管子进入导通状态，管子不会发光，也就无法检测判断。因此，用万用表检测发光二极管时，必须要使用$R×10k$挡。将万用表置于$R×10k$挡时，表内接有9V或15V高压电池，测试电压高于管子的开启电压，当正向测量时，能使发光二极管导通并发出光点。

检测具体操作如图2.37所示。将万用表置于$R×10k$挡，两支表笔分别与发光二极管的两个引脚相接，如果万用表指针向右偏转幅度超过表盘刻度的一半，同时管子能发出一个很微弱的光点（应注意仔细观察），表明表笔是正向测量的接法，此时黑表笔所接的引脚是正极，而红表笔所接的引脚是负极，如图2.37（a）所示。接着再将红、黑表笔对调后与管子的两引脚相接，这时为反向测量的接法，万用表指针应指在无穷大位置不动，且管子不发光，如图2.37（b）所示。如果不管正向测量还是反向测量，万用表指针都偏转某一角度甚至为0Ω，且管子不发光，则说明被测发光二极管已呈击穿性损坏。如果测量过程中无论怎样调换表笔，万用表指针都不向右偏转，则说明被测发光二极管已呈开路性损坏。

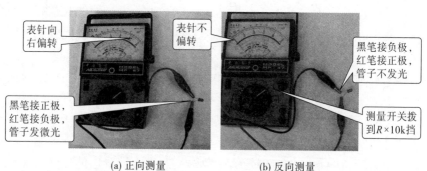

表针向右偏转

表针不偏转

黑笔接负极，红笔接正极，管子不发光

黑笔接正极，红笔接负极，管子发微光

测量开关拨到$R×10k$挡

(a) 正向测量   (b) 反向测量

图2.37 用万用表$R×10k$挡判别LED的引脚极性

（2）发光性能检查。用万用表$R×100$挡，但要在黑表笔上串联

2节1.5V电池，即电池负极与万用表的负输出端相连，电池的正极与黑表笔相连，经1k电阻向发光二极管提供正向导通电流，如图2.38所示。再将黑表笔接发光二极管的正极，红表笔接负极，这时加至发光管的端电压为4.5V，该电压已超过管子的导通电压，发光二极管便会发出明亮的光来。如果管子仍不发光，说明被测管是坏的。

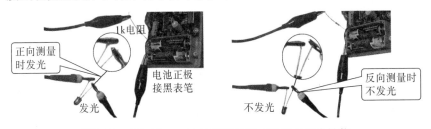

图2.38　用两节1.5V电池判断发光二极管的发光性能

2.6　三极管的选用与检测

半导体三极管是怎样分类的？

答：半导体三极管的种类很多，分类的方法也不同，一般按半导体导电特性分为NPN型与PNP型两大类；按半导体材料不同分为硅三极管与锗三极管，这样由两种不同材料与两种导电特性组成硅材料PNP型、硅材料NPN型、锗材料PNP型、锗材料NPN三极管；按三极管在电路中的功能与用途分为放大管、开关管、复合管、光电三极管等；按耗散功率不同分为小功率、中功率、大功率三极管；按工作频率不同分为低频、高频与超高频三极管；按封装形式不同分为金属壳、玻璃壳与塑料封装三极管。

三极管有哪些主要参数?

答:三极管的主要参数有电流放大系数、频率特性参数与极限参数,极限参数包括集电极最大电流、最大反向电压、反向电流、耗散功率等。

● 电流放大系数

三极管的电流放大系数也称为放大倍数,用来表示三极管的放大能力。它是三极管主要参数之一,实际上是指集电极电流的变化量与基极电流的变化量之比。根据三极管工作状态的不同,电流放大系数又分为直流电流放大系数和交流电流放大系数。

直流电流放大系数是指在静态无变化信号输入时,三极管集电极电流I_c与基极电流I_b的比值,一般用直流电流放大系数h_{FE}或交流电流放大系数β表示;交流电流放大系数是指在交流状态下,三极管集电极电流变化量ΔI_C与基极电流变化量ΔI_B的比值,一般用β表示。h_{FE}与β既有区别又关系密切,这两个参数值在低频时较接近,在高频时有一些差异。例如,S9014的直流放大倍数h_{FE}为60~1000,S9012的直流放大倍数h_{FE}为64~202。

● 频率特性参数

三极管的电流放大系数与工作频率有关。若三极管超过了其工作频率范围,则会出现放大能力减弱甚至失去放大作用。三极管的频率特性参数主要包括共发射极截止频率f_β、特征频率f_T和最高振荡频率f_M等。

(1)共发射极截止频率f_β:又称为β截止频率,三极管共发射极运用时,当信号频率增高时,电流放大系数β值将随着频率的升高而下降,当β值下降到最大值的0.707倍时所对应的频率即为截止频率。

(2)特征频率f_T:三极管的工作频率超过截止频率f_β或f_α(共基极截止频率)时,其电流放大系数β值降为1时三极管的工作频率。

(3)最高振荡频率f_M:最高振荡频率是指三极管的功率增益降为1时所对应的频率。通常,高频三极管的最高振荡频率低于共基极截止频率f_α，而特征频率f_T则高于共基极截止频率f_α，低于共集电极截止频率f_β。

例如，S9018的特征频率f_T为700MHz，S9012的特征频率f_T为150MHz，2SA670的特征频率f_T为15MHz。

●极限参数

三极管的极限参数包括集电极最大电流I_{CM}、最大反向电压、反向电流和耗散功率。

（1）集电极最大电流I_{CM}是指三极管集电极所允许通过的最大电流。当三极管的集电极电流I_C超过I_{CM}时，三极管的β值等参数将发生明显变化，影响其正常工作，甚至还会损坏。因此，在实际使用中必须使$I_C < I_{CM}$。例如，S9011的集电极最大电流I_{CM}为30mA，S9012的集电极最大电流I_{CM}为500mA，2SB337的集电极最大电流I_{CM}为7A。

（2）最大反向电压是指晶体管在工作时所允许施加的最高工作电压。它包括集电极-发射极反向击穿电压、集电极-基极反向击穿电压和发射极-基极反向击穿电压。集电极-发射极反向击穿电压是指当晶体管基极开路时，其集电极与发射极之间的最大允许反向电压，一般用U_{CEO}或BU_{CEO}表示；集电极-基极反向击穿电压是指当晶体管发射极开路时，其集电极与基极之间的最大允许反向电压，用U_{CBO}或BU_{CBO}表示；发射极-基极反向击穿电压是指当晶体管的集电极开路时，其发射极与基极之间的最大允许反向电压，用U_{EBO}或BU_{EBO}表示。例如，S9015的最大反向电压BU_{EBO}为45V，S9018的最大反向电压BU_{EBO}为15V。

（3）三极管的反向电流包括其集电极-基极之间的反向电流I_{CBO}和集电极-发射极之间的反向击穿电流I_{CEO}。集电极-基极之间的反向电流I_{CBO}也称为集电结反向漏电电流，是指当晶体管的发射极开路时，集电极与基极之间的反向电流。I_{CBO}对温度较敏感，该值越小，说明晶体管的温度特性越好；集电极-发射极之间的反向击穿电流I_{CEO}是指当三极管的基极开路时，其集电极与发射极之间的反向漏电电流，也称为穿透电流。此电流值越小，说明晶体管的性能越好。

（4）耗散功率也称为集电极最大允许耗散功率P_{CM}，是指三极管参数变化不超过规定允许值时的最大集电极耗散功率。耗散功率与三极管的最高允许结温和集电极最大电流有密切关系。三极管在使用时，其实际功耗不允许超过P_{CM}值，否则会造成晶体管因过载而损坏。通常将耗散功率P_{CM}小于1W的晶体管称为小功率晶体管，将P_{CM}等于或大于1W、小于5W的晶体管称为中功率晶体管，将P_{CM}等于或大于5W的晶体管称为大功率晶体管。例如，S9012的P_{CM}为625mW，2SB556K的P_{CM}为40W。

三极管的三种工作状态有怎样的特点？

答：三极管的工作状态可分为截止状态、放大状态和饱和状态。其中放大状态起着放大作用，截止和饱和状态起着开关作用。三极管在截止状态时，当$I_B \leqslant 0$时，I_C很小（小于I_{CEO}），三极管相当于开路，电源电压E_C几乎全部加在管子两端；三极管在放大状态时，I_B从0逐渐增大，I_C也按一定比例增大，三极管起到放大作用，I_B微小的变化能引起I_C较大幅度的变化；三极管在饱和状态时，I_C不再随I_B的增大而增大，三极管两端压降很小，电源电压E_C几乎全部加在负载电阻器R_C上。

怎样识别国产三极管的β值？

答：β值的标示方法通常有色标法和字母法两种。色标法即在三极管的顶面点上不同的色点表示不同的β值。不同色点所代表的含义如表2.9所示。h_{FE}与β既有区别又关系密切，这两个参数值在低频时较接近，在高频时有一些差异；字母法即是在三极管的型号后面缀上不同的字母表示不同的β值，由于篇幅所限，在此就不再介绍这部分的内容。

表2.9　三极管顶面色点与β值的关系

色点颜色	棕	红	橙	黄	绿	蓝	紫	灰	白	黑	黑橙
D系列及小功率管	5~15	15~25	25~40	40~55	55~80	80~120	120~180	180~270	270~400	400~600	600~1000
3AD系列	20~30	30~40	40~60	60~90	—	—	—	—	—		
3DD203	30~40	—	—	40~50	50~70	70~100	100~140	140~200	200以上		

怎样根据电路要求选用三极管类型？

答：选用三极管应根据电路的实际需要选择三极管的类型，即三极管在电路中的作用应与所选三极管的功能相吻合。三极管的种类很多，分类的方法也不同，一般按半导体导电特性分为NPN型与PNP型两大类，按在电路中的作用分为放大管和开关管等。各种三极管在电路中的作用如下：低频小功率三极管一般工作在小信号状态，主要用于各种电子设备的低频放大，输出功率小于1W的功率放大器；高频小功率三极管主要应用于工作频率大于3MHz、功率小于1W的高频振荡及放大电路；低频大功率三极管主要用于特征频率f_T在3MHz以下、功率大于1W的低频功率放大电路中，也可用于大电流输出稳压电源中做调整管，有时在低速大功率开关电路也用到它；高频大功率三极管主要应用于特征频率f_T大于3MHz、功率大于1W的电路中，可用于功率驱动、放大，也可用于低频功率放大或开关稳压电路。

怎样根据电路要求选用三极管的主要参数？

答：三极管主要参数的选择一般是指特征频率f_T、β值（h_{FE}）、噪声和输出功率的选择。

（1）特征频率f_T的选择。在高频放大电路、高频振荡电路中主要考虑特征频率参数f_T。在设计制作电子电路时，对高频放大、中频放大、振荡器等电路中的三极管，宜选用极间电容较小的三极管，并应使其特征频率f_T为工作频率的3～10倍。若制作无线话筒就应选特征频率大于600MHz的三极管（如9018等）。

（2）β值（h_{FE}）的选择。在选用三极管时，一般希望β值选大一点，但也并不是越大越好。β值太大，容易引起自激振荡（自生干扰信号），此外一般β值高的管子工作都不稳定，受温度影响大。通常，硅管β值选在40~150，锗管β值选在40~80为合适。对整个电子产品的电路而言，还应该从各级的配合来选择β值。例如，在音频放大电路中，如果前级用β值较高的管子，那么后级就可以用β值较低的管子。反之，若前级的管子β值低，那么后级则用β值高的。对称电路，如末级乙类推挽功率放大电路及双稳态、无稳态等开关电路，需要选用两只三极管的β值和I_{CEO}值尽可能相同的，否则就会出现信号失真。

（3）噪声和输出功率的选择。在制作低频放大器时，主要考虑三极管的噪声和输出功率等参数。宜选用穿透电流I_{CEO}较小的管子，因I_{CEO}越小对放大器的温度稳定性越好。在低放电路中若采用中、小功率互补推挽对管，其耗散功率宜小于或等于1W，最大集电极电流宜小于或等于1.5A，最高反向电压为50～300V。常见的有2SC945/2SA733、2SC1815/2SA1015、2N5401/ 2N5551、S8050/S8550等型号。选用时应根据应用电路的具体要求而定；后级功率放大电路中使用的互补推挽对管，应选用大电流、大功率、低噪声晶体管，其耗散功率为100~200W，集电极最大电流为10～30A，最高反向电压为120～200V。常用的大功率互补对管有2SC2922/ 2SA1216、2SC3280/2SA1301、2SC3281 / 2SA1302、2N3055 / MJ2955等型号。

进行不同三极管代换时应注意哪些事项？

答：三极管损坏后，应选用原型号的三极管进行更换。在无同型号三极管的前提下，也可选用参数相近的管子进行更换。

不同的三极管进行代换时应注意以下几点：

（1）极限参数高的三极管可以代替较低的三极管。原则上讲，高频管可以代换低频管，但是高频管的功率一般都比较小，动态范围窄。在代换时不仅要考虑频率，还要考虑功率。功率较大的三极管可以代换功率较小的三极管，等等。

（2）性能好的三极管可以代替性能差的三极管。例如，β高的三极管可以代替β低的三极管（但β过高的三极管往往稳定性差，故也不宜选用β过高的三极管），穿透电流小的三极管可以代替穿透电流大的管子，等等。

（3）高频、开关三极管可以代替普通低频三极管。在三极管的其他参数满足要求时，高频管与开关管之间一般也可以相互取代，但对开关特性要求高的电路，一般高频三极管不能取代开关管。

（4）硅管与锗管的相互代用。两种材料的管子相互代用时，首先要导电类型相同（PNP型代PNP型，NPN型代NPN型），其次，要注意管子参数是否相似。最后，更换管子后由于偏置不同，需重新调整偏流电阻。

怎样判别PNP型与NPN型三极管？

答：对PNP型三极管，c、e极分别是其内部两个PN结的正极，b极为它们共同的负极；对NPN型三极管，情况恰好相反；c、e极则分别是两个PN结的负极，而b极则为它们共同的正极。根据这一点可以很方便地进行三极管类型判别。具体方法如下：将万用表拨在$R \times 100$或$R \times 1k$挡上，红表笔任意接触三极管的一个电极后，黑表笔依次接触另外两个电极，分别检测它们之间的电阻值。当红表笔接触某一电极，其余电极与该电极之间均为几百欧的低电阻时，则该管为PNP型，而且红表笔所接触的电极为b极，如图2.39（a）、（b）所示，图中所测三极管的型号为3AX31B，正向电阻为195Ω。将两支笔对调后，重复上述检测方法，若同时出现高电阻的情况，则该管为PNP型，黑表笔所接触的电极是该管的b极。如果当红表笔接触某一电极，其余电极与该电极之间同时出现几十至上百千欧的高电阻时，则该管为NPN型，这时红表笔所接触的电极也为该管的b极。即将两支笔对调后，同时出现低电阻的情况，则该管为NPN型，这时黑表笔所接触的电极是该管的b极。如图2.40（a）、（b）所示，图中所测三极管的型号为3DA87C，正向电阻为7~8.5kΩ。

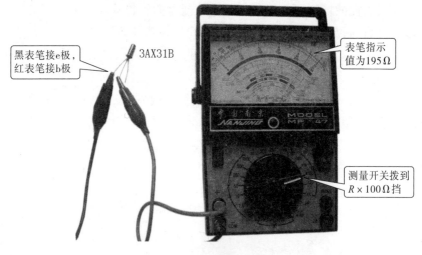

(a) 测量发射结电阻

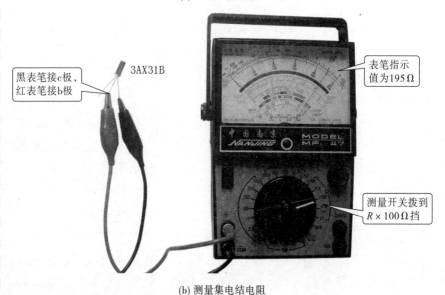

(b) 测量集电结电阻

图2.39　用表测3AX31B PNP型三极管的发射结和集电结电阻

　　第2章　常用元器件的选用与检测

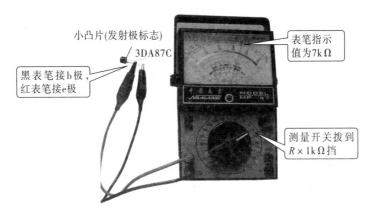

小凸片(发射极标志)

3DA87C

黑表笔接b极，红表笔接e极

表笔指示值为7kΩ

测量开关拨到$R \times 1k\Omega$挡

(a) 测量发射结电阻

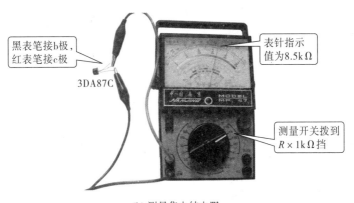

黑表笔接b极，红表笔接c极

3DA87C

表针指示值为8.5kΩ

测量开关拨到$R \times 1k\Omega$挡

(b) 测量集电结电阻

图2.40　用表测3DA87C NPN型三极管的发射结和集电结电阻

怎样判别三极管的电极？

答：找到基极后，根据三极管在制作时，两个P区（或N区）的"掺杂"浓度不一样的原因，可区分三极管的e、c极。因为当三极管e、c极使用正确时，三极管的放大能力强。反之，若e、c互换使用，则其放大能力非常弱。

在判别出管型和基极b的基础上，任意假定一个电极为e极，另一个电极为c极，将万用表拨在$R \times 1k$挡上；对于NPN型管，将红表笔接其e极，黑表笔接c极，再用手同时捏一下管子的b、c极，注意不要让电极直接相碰，如图2.41所示；在用手捏管子b、c极的同时，注意观察万用表指针向右摆动的幅度，然后使假设的e、c极对调，重复上述的检测步骤，比较两次检测中表针向右摆动的幅度，若第一次检测时摆动幅度大，则说明对e、c极的假定是符合实际情况的；若第二次检测时摆动幅度大，则说明第二次的假定与实际情况符合。

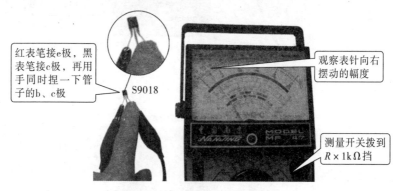

红表笔接e极，黑表笔接c极，再用手同时捏一下管子的b、c极

S9018

观察表针向右摆动的幅度

测量开关拨到$R \times 1k\Omega$挡

图2.41 三极管e、c极的判别

这种判别电极方法的原理是，利用万用表电阻挡内部的电池，给三极管的e、c极加上电压，使之具有放大能力。用手捏其b、c极时，就等于从三极管的基极b输入一个微小的电流，此时表针向右的摆动幅度就间接反映出其放大能力的大小，因而能正确地判别出e、c极来。

另外还有一种方法也能判别三极管的发射极e和集电极c。对于小功率NPN硅管，用红、黑表笔接触除基极b以外的两个管脚，如果指针偏转，则黑表笔所接脚是发射极e，如果指针不动，则黑表笔所接脚是集电极c；对于小功率PNP硅管，用红、黑表笔接触除基极b以外的两个管脚，如果指针偏转，则黑表笔所接脚是集电极c，如果指针不动，则黑表笔所接脚是发射极e。至于大功率管，都有金属散热片，与集电极c是直通的，用$R \times 1\Omega$挡测量哪个管脚与散热器直通即是集电极c。

用MF47型指针式万用表测试S9018型硅NPN三极管发射极e和集电极c之间的阻值如图2.42所示。

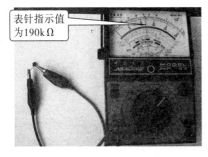

(a) 黑表笔接发射极e，红表笔接集电极c　　(b) 红表笔接发射极e，黑表笔接集电极c

图2.42　测试S9018型硅NPN三极管发射极e和集电极c之间的阻值

这种判别电极方法的原理是小功率硅管有一个基本特点，发射结的反向击穿电压$U_{EBO}\leqslant 8V$，一般只有4~5V；集电结反向击穿电压$U_{CBO}\geqslant 20V$。指针式万用表在用$R\times 10k\Omega$挡时，内部是一节1.5V电池与9V（或15V）电池串联（其余电阻挡都是用1.5V电池），电压等于10.5V（或16.5V）。用黑表笔接触NPN管的发射极e的瞬间，发射结反向击穿，集电结正向导通，所以指针偏转；反之，黑表笔接触NPN管的集电极c，集电结反向不击穿，则指针不动。

怎样测量三极管的放大倍数？

答：在基极b、集电极c和发射极e确定以后，测量三极管的电流放大系数β。

（1）用MF47型等具有"β"或"h_{FE}"挡的万用表测量。将万用表置于"h_{FE}"挡，如图2.43所示将三极管插入测量插座，其中基极插入b孔，发射极插入e孔，集电极插入c孔。记下β读数。若发射极e，集电极c没有确定，可将e、c极互换，测量两次，β读数大的那一次管脚插入是正确的。测量时需注意NPN管和PNP管应插入各自相应的插座。

也可用数字式万用表的"h_{FE}"挡的万用表测量。将万用表置于"h_{FE}"挡，如图2.44所示。测量时也需注意NPN管和PNP管应插入各自相应的插座。

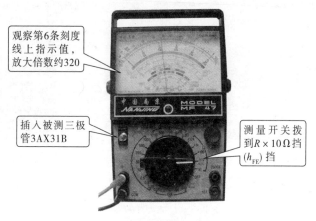

观察第6条刻度线上指示值,放大倍数约320

插入被测三极管3AX31B

测量开关拨到 $R×10Ω$ 挡 (h_{FE}) 挡

图2.43　用MF47型万用表测量三极管的放大倍数

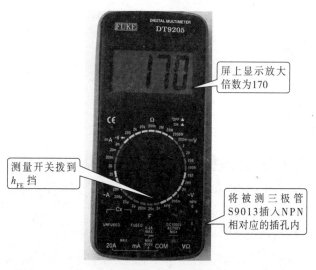

屏上显示放大倍数为170

测量开关拨到 h_{FE} 挡

将被测三极管S9013插入NPN相对应的插孔内

图2.44　用DT9205型数字万用表测量三极管的放大倍数

（2）用电阻挡测量（以NPN管为例）。将万用表置于 $R×1k$ 挡，红表笔接基极以外的一管脚，左手拇指与中指将黑表笔与基极捏在一起，同时用左手食指触摸余下的管脚，这时表针应向右摆动。将基极以外的两管脚对调后再测一次。两次测量中，表针摆动幅度较大的那一次，黑表笔所接为集电极，红表笔所接为发射极。表针摆动幅度越大，说明被测三极管的 $β$ 值越大。

怎样判别三极管的好坏?

答：三极管好坏的判断可将万用表拨在 $R \times 100\,\Omega$ 或 $R \times 1\mathrm{k}$ 挡上进行，如果按照上述方法无法判断出一个三极管的管型及基极，说明此管损坏。

对于NPN型三极管，将黑表笔接基极，红表笔依次接其他两极，指针均应大幅度偏转，若不偏转，或偏转角度很小，说明三极管已坏。反过来，将红表笔接基极，黑表笔依次接其他两极，指针均应不偏转，若指针偏转，说明三极管已坏。集电极和发射极之间，无论怎样测量，指针均应不偏转，若指针偏转，说明三极管已坏。

对于PNP型三极管，将红表笔接基极，黑表笔依次接其他两极，指针均应大幅度偏转，若不偏转，或偏转角度很小，说明三极管已坏。反过来，将黑表笔接基极，红表笔接其他两极，指针均应不偏转，若指针偏转，说明三极管已坏。集电极和发射极之间，无论怎样测量，指针均应不偏转，若指针偏转，说明三极管已坏。

怎样区分是硅管还是锗管?

答：利用数字式万用表的二极管挡测量二极管的正向压降，并根据锗管和硅管发射结的正向电压降是不一样的加以区分。一般锗管发射结的正向电压降为0.1~0.3V，硅管发射结的正向电压降为0.6~0.7V，硅二极管与锗二极管的伏安特性曲线如图2.45所示。根据这一特点，即可用数字式万用表区分锗管和硅管。

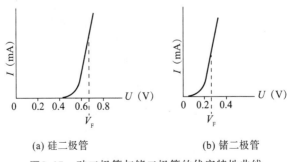

(a) 硅二极管   (b) 锗二极管

图2.45　硅二极管与锗二极管的伏安特性曲线

具体方法是：用数字式万用表的二极管挡测量二极管，红表笔的插头插入"V/Ω"插孔，黑表笔的插头插入"COM"插孔，将红表笔接二极管正极（PNP型三极管接发射极，NPN型三极管接基极），黑表笔接二极管负极（PNP型三极管接基极，NPN型三极管接发射极），则显示的数字为二极管的正向压降（以V为单位），硅二极管（三极管发射结）的正向压降为0.5~0.8V，如图2.46所示；锗二极管（三极管发射结）的正向压降为0.15~0.3V，如图2.47所示。

将量程开关拨到标有二极管符号的位置上

显示屏上显示二极管的正向压降为0.723V

红表笔接三极管基极，黑表笔接三极管发射极

图2.46 测3DG8B硅三极管的发射结电压

将量程开关拨到标有二极管符号的位置上

显示屏上显示二极管的正向压降为0.172V

红表笔接三极管发射极，黑表笔接三极管基极

图2.47 测3AX31B锗三极管的发射结电压

2.7 场效应管的选用与检测

场效应管是怎样分类的？

答：场效应管种类多，可按不同方式进行分类，如按照内部结构的不同，可分为结型场效应管（JFET）和绝缘栅场效应管（MOSFET）；按其沟道所采用的半导体材料不同，可分为N沟道和P沟道两种，所谓的沟道就是电流的通道。

绝缘栅型场效应管由金属、氧化物和半导体制成，简称MOS管。MOS管按其工作状态可分为增强型和耗尽型两种，每种类型按其导电沟道不同又分为N沟道和P沟道两种。而结型场效应管均为耗尽型场效应管，按其导电沟道不同分为N沟道和P沟道两种。

场效应管的分类如图2.48所示。

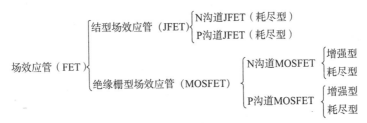

图2.48 场效应管的分类

场效应管与三极管有何区别？

答：场效应管（FET）与上节介绍的半导体三极管的控制原理不同，它是一种电压控制器件，即用输入电压的变化来控制输出电流变化的半导体器件。由于这种器件是利用电场效应来控制管子的输出电流，故称为场效应管。

2.6节中介绍的半导体三极管是一种电流型控制器件，即用输入到基极的电流来控制管子输出电流的变化。半导体三极管工作时，电子和空穴这两种载流子均参与导电过程，故常称为双极型晶体管。而场效应管工作时，管内只有一种载流子——多数载流子参与导电过程，故称为单极型晶体管。多数载流子要么是电子，要么是空穴。

场效应管一般具有3个极：栅极G、源极S和漏极D（双栅场效应管有4个极：栅极G1、栅极G2、源极S和漏极D），它们的功能分别对应于半导体三极管的基极b、发射极e和集电极c。由于场效应管的源极S和漏极D是对称的，实际使用中可以互换。

场效应管与普通半导体三极管相比，具有输入阻抗高（在$10^7 \sim 10^{12} \Omega$）、功率增益大、功耗低、噪声系数小、动态范围大、无二次击穿现象、抗干扰能力强、热稳定性好、制造工艺简单等优点。特别适合做成大规模集成电路，在各种电路中都有广泛的应用。

结型场效应管有哪些主要参数？

答：结型场效应管的主要参数有以下几点：

（1）夹断电压U_p。在U_{DS}为某一固定值下（如10V），使I_D等于某一微小电流（如50mA）时，栅-源极间所加的偏压即为夹断电压，用U_p表示。例如，3DJ2D型场效应管的夹断电压$< | -4 | V$，3DJ3B型场效应管的夹断电压$< | -9 | V$。

（2）饱和漏极电流I_{DSS}。在栅-源极之间的电压$U_{GS}=0$的条件下，且$U_{DS}>U_p$时，对应的漏极电流称为饱和漏极电流，用I_{DSS}表示，它是结型场效管所能输出的最大电流。例如，3DJ2E型场效应管的饱和漏极电流为0.3~1.2mA，3DJ4G型场效应管的饱和漏极电流为3~6.5mA，3DJ5H型场效应管的饱和漏极电流为6~10mA。

（3）直流输入电阻R_{GS}。直流输入电阻R_{GS}是在漏-源极间短路的条件下，栅-源极间加一定电压时，栅-源极间的直流电阻，用R_{GS}表示。例如，3DJ系列场效应管的直流输入电阻$\geq 10^7 \sim 10^8 \Omega$。

（4）低频跨导g_m。当U_{DS}为某一固定数值时，漏极电流的微小变化量与其对应的栅–源电压U_{GS}的微小变化量之比为跨导。跨导g_m反映了栅源电压U_{GS}对漏极电流I_D的控制作用（相当于普通晶体管的h_{FE}），单位是mS（毫西）。需要指出的是，跨导g_m与管子的工作电流有关，I_D越大，g_m就越大（注：跨导是电阻的倒数，毫安/伏（mA/V）与毫西（mS）表示的是一样的量纲）。例如，3DJ3B型场效应管的跨导为7mA/V，3DJ3C型场效应管的跨导为12mA/V。

（5）最大漏–源电压U_{DS}。最大漏–源电压是指漏极与源极之间的最大击穿电压，即管子沟道发生雪崩击穿引起I_D急剧上升时的U_{DS}值。U_{DS}的大小与U_{GS}有关，对N沟道而言，$|U_{GS}|$的值越大，则U_{DS}越小。例如，3DJ3B型场效应管的U_{DS}为20V。

绝缘栅型场效应管有哪些主要参数？

答：绝缘栅型场效应管的主要参数有直流参数，包括开启电压、夹断电压、饱和漏极电流、输入电阻；交流参数，即低频跨导；极限参数，包括反向击穿电压和最大漏极功耗。

（1）开启电压U_T。U_T是增强型MOS管的主要参数，当栅源电压U_{GS}小于开启电压的绝对值时，场效应管不能导通。例如，3C03型P沟道增强型MOS管的开启电压为$-2\sim-4V$；3D06A型N沟道增强型MOS管的开启电压为$2.5\sim5V$。

（2）夹断电压U_P。U_P是耗尽型MOS管的主要参数，当漏源电压U_{DS}值一定时，栅源电压$U_{GS}=U_P$时，漏极电流为零。例如，3D01D型N沟道耗尽型MOS管的夹断电压为$-9V$。

（3）饱和漏极电流I_{DSS}。I_{DSS}是MOS耗尽型和结型场效应管，在栅源电压$U_{GS}=0$时，所对应的漏极电流。例如，3D02D型N沟道耗尽型MOS管的饱和漏极电流为$1\sim25mA$，3D03C型N沟道增强型MOS管的饱和漏极电流为$2\sim8mA$。

（4）直流输入电阻R_{GS}。直流输入电阻R_{GS}是栅–源极之间的等效电阻。由于MOS管栅源间有SiO_2绝缘层，所以MOS场效应管的R_{GS}可达

$10^9 \sim 10^{15} \Omega$。

（5）低频跨导g_m。跨导g_m反映了栅源电压V_{gs}对漏极电流I_D的控制作用（相当于普通晶体管的h_{FE}），单位是mS（毫西）。例如，3D02D型N沟道耗尽型MOS管的低频跨导>4000mS，3D03C型N沟道增强型MOS管的低频跨导≤1000mS。

（6）最大漏极功耗P_{DM}。最大漏极功耗$P_{DM} = U_{DS} \times I_D$，相当于普通三极管的PCM。例如，3D02D型N沟道耗尽型MOS管的最大漏极功耗为100mW，3D03C型N沟道增强型MOS管的最大漏极功耗为150mW。

（7）极限漏极电流I_D。极限漏极电流I_D是漏极能够输出的最大电流，相当于普通三极管的I_C，其值与温度有关，通常手册上标注的是温度为25℃时的值。一般指的是连续工作电流，若为瞬时工作电流，则标注为I_{DM}，这个值通常大于I_D。

（8）最大漏源电压U_{DSS}。最大漏源电压U_{DSS}是场效应管漏-源极之间可以承受的最大电压（相当于普通晶体管的最大反向工作电U_{CEO}），有时也用U_{DS}表示。例如，3D02D型N沟道耗尽型MOS管的最大漏源电压为25V，3D03C型N沟道增强型MOS管的最大漏源电压为150V。

怎样选用场效应管？

答：选用场效应管时应注意以下几点：

（1）场效应管分为结型场效应管和绝缘栅型场效应管，二者的不同之处在于它们的工作原理不同。结型场效应管是利用导电沟道之间的耗尽区的大小来控制漏极电流的，而绝缘栅型场效应管则是利用感应电荷的多少来改变导电沟道的性质的。绝缘栅型场效应管又分为增强型场效应管和耗尽型场效应管，而结型场效应管均为耗尽型场效应管。因此在选用时，应根据设计电路的要求，选择合适的管型（包括结型场效应管、绝缘栅型场效应管、N沟道管或P沟道管），其主要特性参数应符合应用电路的要求，电压和电流不得超过最大允许值。其中小功率场效应管应注意其输入阻抗、低频跨导、夹断电压（或开启电压）、击穿电压等参数是否符合电路要求；大功率场效应晶体管还应注意其击穿电压、耗散功率、漏极电流等参数是否符合电路要求。

（2）选用场效应管时，还应根据应用电路的需要选择合适的管型。对低频小信号放大电路或阻抗变换电路等，选用小功率场效应管时应注意它的低频跨导、输入电阻、夹断电压、开启电压及输出阻抗等参数；对于大功率放大电路应注意击穿电压及耗散功率、漏源极最大电流等极限参数，使用时严禁超过其极限参数。例如，彩色电视机的高频调谐器、半导体收音机的变频器等高频电路，应使用双栅场效应管。

（3）音频放大器的差分输入电路及调制、放大、阻抗变换、稳流、限流、自动保护等电路，可选用结型场效应管。音频功率放大、开关电源、逆变器、电源转换器、镇流器、充电器、电动机驱动、继电器驱动等电路，可选用功率MOS场效应管。

（4）选用音频功率放大器推挽输出选用VMOS大功率场效应管时，要求两管的各项参数要一致（配对），要有一定的功率余量。所选大功率管的最大耗散功率应为放大器输出功率的0.5~1倍，漏源击穿电压应为功放工作电压的2倍以上。

 ## 怎样检测结型场效应管？

答：结型场效应管的源极和漏极在制造工艺上是对称的，故两极可互换使用，并不影响正常工作，所以一般不判别漏极和源极（漏、源极之间的正反向电阻相等，均为几十至几千欧姆），只判断栅极和沟道的类型。

由于G极与D、S极之间有PN结，PN结的正向电阻小、反向电阻大，因此两次测量PN结便可判断结型场效应管的栅极和沟道的类型。下面以BLK30A结型场效应管为例，介绍具体的检测方法。

将万用电表拨在$R \times 1k$或$R \times 100\Omega$挡上，用黑表笔（红表笔也可以）任意接触一只电极，另一支表笔依次接触其余两只电极，测其电阻值。两次测量阻值有以下情况：

（1）若两次测得阻值相同或相近，则这两极是D、S极，剩下的极为栅极，然后红表笔不动，黑表笔接已判断出的G极。如果阻值很大，此测得为PN结的反向电阻，黑表笔接的应为N，红表笔接的为P，由于前面测量已确定黑表笔接的是G极，而现测量又确定G极为N，故沟道应为P，所以该管子为P沟道场效应管；如果测得阻值小，则为N沟道场效应管。

（2）若两次测量阻值一大一小，以阻值小的那次为准，红表笔不动，黑表笔接另一个极。如果阻值仍小，并且与黑表笔换极前测得的阻值相等或相近，则红表笔接的为栅极，该管子为N沟道场效应管；如果测得的阻值与黑表笔换极前测得的阻值有较大差距，则黑表笔换极前接的极为栅极，该管子为P沟道场效应管。

例如，用MF47型万用表的$R \times 100\Omega$挡，测BLK30A结型场效应管时，所测结果如图2.49～图2.51所示。

用万用表的黑表笔接栅极，红表笔依次接触其余两只电极，测得其电阻值为1.4kΩ，如图2.49（a）、（b）所示；改用红表笔接栅极，黑表笔依次接触其余两只电极，测得其电阻值均为∞，如图2.50（a）、（b）所示。由此说明BLK30A型场效应管是N沟道场效应管。

正反两次测得源极和漏极之间的阻值相等，均为300Ω，如图2.51所示。

(a) 黑表笔接栅极，红表笔接漏极　　　　　(b) 黑表笔接栅极，红表笔接源极

图2.49　检测BLK30A型场效应管正向电阻

　　　第2章　常用元器件的选用与检测

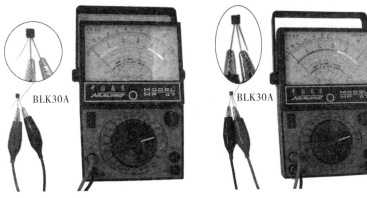

(a) 红表笔接栅极，黑表笔接漏极   (b) 红表笔接栅极，黑表笔接源极

图2.50　检测BLK30A型场效应管反向电阻

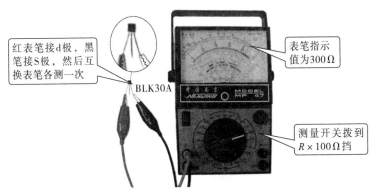

红表笔接d极，黑笔接S极，然后互换表笔各测一次

表笔指示值为300Ω

测量开关拨到 $R \times 100\,\Omega$ 挡

图2.51　正反两次测源极和漏极之间的阻值

怎样检测绝缘栅型场效应管？

答： 判别内无保护二极管的VMOS场效应管的引脚极性，可按照以下两步进行。

（1）判定栅极G。将万用表置于 $R \times 1k$ 挡，分别测量3个电极之间的电阻，如果测得某个电极与其余2个电极间的正、反向电阻均为∞，则说明该电极就是栅极G。因为从结构上看，栅极G与其余两个电极是绝缘的。

（2）确定源极S和漏极D。将万用表置于R×1k挡，先将被测VMOS管3个电极短接一下，接着以交换表笔的方法测2次电阻，在正常情况下，2次所测电阻必定一大一小，其中阻值较小的一次测量中，黑表笔所接的为源极S，红表笔所接的为漏极D。

如果被测VMOS管为P沟道型管，则S、D极间电阻大小规律与上述N沟道型管相反。因此，通过测量S、D极间正向和反向电阻，也就可以判别VMOS管的导电沟道的类型。这是因为VMOS管的S极与D极之间有一个PN结，其正、反向电阻存在差别的缘故。

例如，用万用表R×1k挡或R×10k挡，测量场效应管任意两电极之间的正、反向电阻值。正常时，除漏极与源极的正向电阻值较小外，其余各电极之间（G与D、G与S）的正、反向电阻值均应为无穷大。若测得某两极之间的电阻值接近0Ω，则说明该管已击穿损坏。

下面以2SK1507型VMOS场效应管为例，介绍其实测数据。用MF47型万用表的R×1k挡，先测量2SK1507型场效应管3个电极之间的电阻，如果测得某个电极与其余2个电极间的正、反向电阻均为∞，则说明该电极就是栅极G，如图2.52所示。

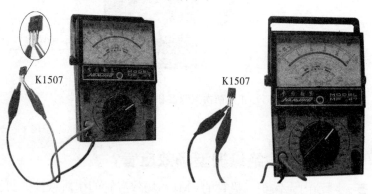

(a) 确定栅极步骤1(R×1k挡)　　(b) 确定栅极步骤2(R×10k挡)

图2.52　VMOS场效应管栅极的识别

然后用万用表的黑表笔接源极，红表笔接漏极，测得其电阻值为5kΩ，改用红表笔接源极，黑表笔接漏极，测得其电阻值均为∞，如图2.53（a）、（b）所示。

　第2章　常用元器件的选用与检测

(a) 确定源极和漏极步骤1　　　　(b) 确定源极和漏极步骤2

图2.53　VMOS场效应管源极和漏极的识别

（3）检测漏源通态电阻$R_{DS(ON)}$。如图2.54所示（以检测N沟道型管为例），将栅极G与源极S短接，万用表选用$R \times 1$挡，红表笔接漏极D，黑表笔接源极S，所测得的正常阻值应为零点几欧至十几欧。2SK1507型VMOS场效应管资料上介绍的漏源通态电阻$R_{DS(ON)}$为$1\,\Omega$，实测值为$12.8\,\Omega$。

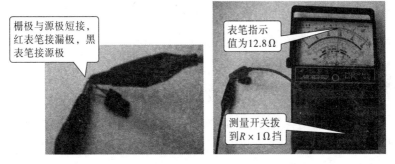

图2.54　测2SK1507型VMOS场效应管的漏源通态电阻

实测数据表明，采用上述方法所测得的漏源通态电阻$R_{DS(ON)}$值的离散性是比较大的。被测管的型号不同或所使用万用表的型号不同都会使测得的漏源通态电阻$R_{DS(ON)}$有所差异。但只要所得值在零点几欧至十几欧范围内，就可认为是正常的。

测试P沟道型管时，只要将红、黑表笔对调即可。

晶闸管是怎样分类的？

答：晶闸管有多种分类方法。按关断、导通及控制方式不同，晶闸管可分为普通单向晶闸管、双向晶闸管、特种晶闸管，特种晶闸管又分为逆导型晶闸管、门极关断晶闸管（GTO）、BTG晶闸管、温控晶闸管及光控晶闸管等多种；按电流容量大小不同，晶闸管可分为大功率晶闸管、中功率晶闸管和小功率晶闸管；按引脚和极性不同，晶闸管可分为二极晶闸管、三极晶闸管和四极晶闸管；按封装形式不同，晶闸管可分为金属封装晶闸管、塑封晶闸管和陶瓷封装晶闸管三种类型（金属封装晶闸管又分为螺栓形、平板形、圆壳形等多种，塑封晶闸管又分为带散热片型和不带散热片型两种）；按关断速度不同，晶闸管可分为普通晶闸管和高频（快速）晶闸管。

单向晶闸管的伏安特性如何？

答：单向晶闸管是PNPN4层结构，形成三个PN结，相当于PNP型三极管和NPN型三极管连接而成，它具有三个外电极：阳极A、阴极K和门极G。

单向晶闸管的伏安特性曲线如图2.55所示。由晶闸管的伏安特性曲线可知，晶闸管伏安特性包括正向特性、导通特性与反向特性三部分。正向特性是指无控制极信号时，晶闸管阳极加上正向电压，但不导通，如图2.55曲线Ⅰ所示。当阳极电压达到一定值时，晶闸管会突然由关断状态转化为导通状态，该电压称为正向转折电压；导通特性是指晶闸管导通后，控制极将失去作用，如图2.55曲线Ⅱ所示。反向阻断特性是指当晶闸管加反向电压时，管子不会导通，处于反向阻断状态，如图2.55曲线Ⅲ所示。

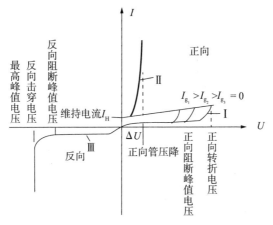

图2.55 单向晶闸管的伏安特性曲线

 ## 双向晶闸管的伏安特性如何？

答：双向晶闸管由NPNPN5层半导体材料制成，有三个电极，分别是主电极T1、主电极T2和控制极（门极）G。两个主电极不再固定划分为阳极和阴极，而是将接在P型半导体材料上的主电极称为T1极，接在N型半导体材料上的电极称为T2电极，即两个主电极没有正负之分。

双向晶闸管的伏安特性曲线具有对称性，正因为它具有对称性，可以在任何一个方向均可导通，所以它是一种理想的交流开关。其伏安特性曲线如图2.56所示。从图2.56中可以看出，双向晶闸管的伏安特性曲线是由一、三两个象限内的曲线组合而成。第一象限的曲线说明了双向晶闸管的正向特性，其正向电压用符号V_{21}表示，当这个电压逐渐增加到等于转折电压V_{BO}时，双向晶闸管就正向触发导通，其通态电流为I_{21}；第三象限的曲线说明了双向晶闸管的反向特性，其反向电压用符号V_{12}表示，当这个电压逐渐达到转折电压V_{BO}时，双向晶闸管就反向触发导通，其通态电流为I_{12}。

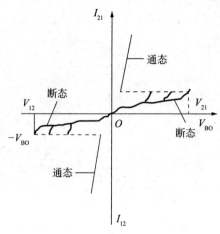

图2.56　双向晶闸管的伏安特性曲线

双向晶闸管除加到主电极的触发电压和通态电流方向相反外，它们的正、反触发导通规律却是相同的，即一、三象限的特性曲线应该是对称的。它的这种特性，使其可以用交流信号来作为触发信号，并可作为一个交流双向晶闸管开关用于交流电路，这就是双向晶闸管的特殊功能。

 晶闸管有哪些主要参数？

答：晶闸管的主要参数有额定通态平均电流I_T、维持电流I_H、正向转折电压U_{BO}、断态重复峰值电压U_{DRM}、反向重复峰值电压U_{RRM}、门极触发电压U_{GT}、控制极触发电流I_{GT}、反向击穿电压U_{BR}等。

（1）额定通态平均电流I_T。额定通态平均电流I_T是指在规定环境温度和标准散热条件下，晶闸管正常工作时，A、K（或T1、T2）极之间所允许通过电流的平均值。使用时应按实际电流与通态平均电流有效值相等的原则来选取晶闸管，通态平均电流应留一定的裕量，一般取1.5～2倍。常用的通态平均电流I_T有1A、5A、10A、20A、30A、50A、100A、200A、300A、400A、500A、600A、800A、1000A14种规格。

（2）维持电流I_H。维持电流I_H是指维持晶闸管导通的最小电流，一般为几十毫安到几百毫安，与结温有关，结温越高，则维持电流I_H越小。当正向电流小于维持电流I_H时，导通的晶闸管会自动关断。例如，3CT021型单向晶闸管的维持电流I_H是0.4~20mA，BT134-600型双向晶闸管的维持电流I_H是40mA。

（3）正向转折电压U_{BO}。正向转折电压U_{BO}又称为断态不重复峰值电压，是指在额定结温为100℃且门极（G）开路的条件下，在其阳极（A）与阴极（K）之间加正弦半波正向电压，使其由关断状态转变为导通状态时所对应的峰值电压。

（4）断态重复峰值电压U_{DRM}。断态重复峰值电压U_{DRM}是指晶闸管在正向阻断时，允许加在A、K（或T1、T2）极间最大的峰值电压。此电压约为正向转折电压减去100V后的电压值。例如，3CT031型单向晶闸管的断态重复峰值电压U_{DRM}为20V。

（5）反向重复峰值电压U_{RRM}。反向重复峰值电压U_{RRM}是指晶闸管在门极G断路时，允许加在A、K极间的最大反向峰值电压。此电压约为反向击穿电压减去100V后的电压值。例如，BT136-800型双向晶闸管的反向重复峰值电压U_{RRM}是800V。

（6）反向击穿电压U_{BR}。反向击穿电压U_{BR}又称为反向不重复峰值电压，是指在额定结温下，晶闸管阳极与阴极之间施加正弦半波反向电压，当其反向漏电电流急剧增加时所对应的峰值电压。例如，3CT012E型单向晶闸管的反向击穿电压U_{BR}为300V，BT139型双向晶闸管的反向击穿电压U_{BR}为600V。

（7）门极触发电压U_{GT}。门极触发电压U_{GT}是指在规定的环境温度和晶闸管阳极与阴极之间正向电压为一定值的条件下，使晶闸管从关断状态转变为导通状态所需要的最小门极直流电压，一般为1.5V左右。例如，BT139型双向晶闸管的门极触发电压U_{GT}是1.5V，3CT031型单向晶闸管的门极触发电压$U_{GT}\leqslant 1.5V$。

（8）门极触发电流I_{GT}。门极触发电流I_{GT}是指在规定环境温度和晶闸管阳极与阴极之间电压为一定值的条件下，使晶闸管从关断状态转变为导通状态所需要的最小门极直流电流。例如，3CT041型单向晶闸管的门极触发电流I_{GT}是0.01~20mA，BT139型双向晶闸管的门极触发电流I_{GT}是5mA。

这些参数表明了晶闸管的各项电性能，在使用时可根据所选用的晶闸管型号，查阅半导体器件手册，弄清楚各项参数的具体规定。

怎样选用晶闸管？

答：晶闸管的选用应注意以下两点：

（1）根据应用电路的具体要求选择晶闸管的类型。晶闸管有多种类型，应根据应用电路的具体要求合理选用。例如，用于交直流电压控制、可控整流、交流调压、逆变电源、开关电源保护电路等，可选用普通晶闸管；如果用于交流开关、交流调压、交流电动机线性调速、灯具线性调光及固态继电器、固态接触器等电路中，应选用双向晶闸管；如果用于交流电动机变频调速、斩波器、逆变电源及各种电子开关电路等，可选用门极关断晶闸管；如果用于锯齿波发生器、长时间延时器、过电压保护器及大功率晶体管触发电路等，可选用BTG晶闸管；如果用于电磁灶、电子镇流器、超声波电路、超导磁能储存系统及开关电源等电路，可选用逆导晶闸管；如果用于光电耦合器、光探测器、光报警器、光计数器、光电逻辑电路及自动生产线的运行监控电路，可选用光控晶闸管。

（2）根据应用电路的具体要求选择晶闸管的主要参数。晶闸管的主要参数较多，应根据应用电路的具体要求而定。在选用晶闸管时必须注意的参数主要有额定通态平均电流、正（反）向峰值电压、门极触发电压与电流，其中额定峰值电压和额定电流（通态平均电流）均应高于受控电路的最大工作电压和最大工作电流的1.5~2倍；晶闸管的正向压降、门极触发电流及触发电压等参数应符合应用电路（门极的控制电路）的各项要求，不能偏高或偏低，否则会影响晶闸管的正常工作。

使用晶闸管时应注意晶闸管的散热，在晶闸管上要配用具有规定散热面积的散热器，并使元器件和散热器之间有良好接触。对于大功率的晶闸管，要按规定进行风冷或水冷；采用适当的保护措施，限制电压、电流的变化率；要防止控制极的正向过载和反向击穿。

怎样检测单向晶闸管？

答：单向晶闸管的控制极G与阴极K之间只有一个PN结，因此它们之间的正、反向电阻和普通二极管一样，而阳极A与控制极G之间有两个反向串联的PN结，阳极A与阴极K之间的正、反向电阻均应很大，根据这个原理就可以判别出晶闸管的极性。判别方法如下：先将万用表置于$R \times 100\Omega$挡（或$R \times 1k$挡），用黑表笔接触某一电极，用红表笔依次接触另外两个电极，分别测量任意两电极之间的正、反向电阻，若找出一对电极的电阻为低阻值（$100\Omega \sim 1k\Omega$），则此时黑表笔接的是控制极G、红表笔接的是阴极K，剩下的一极为阳极A，如用MF47型万用表的$R \times 100\Omega$挡，测MCR100-8型单向晶闸管的电阻值，用万用表的黑表笔接G极，红表笔依次接触其余两只电极，测得其电阻值为$1.3k\Omega$与∞，如图2.57、图2.58所示；改用红表笔接栅极，黑表笔依次接触其余两只电极，测得其电阻值均为∞。由此说明MCR100-8型单向晶闸管中间引脚为G极。

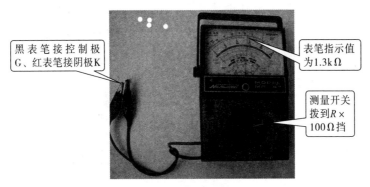

黑表笔接控制极G、红表笔接阴极K

表笔指示值为$1.3k\Omega$

测量开关拨到$R \times 100\Omega$挡

图2.57　单向晶闸管电极的判别第一步

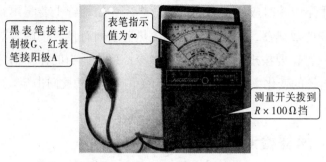

黑表笔接控
制极G、红表
笔接阳极A

表笔指示
值为∞

测量开关拨到
$R×100Ω$挡

图2.58 单向晶闸管电极的判别第二步

选用万用表的最高电阻挡，测量阳极A与控制极G之间、阳极A与阴极K之间的电阻。若阻值很小，并用低阻挡再量阻值仍较小，表明晶闸管已击穿，管子是坏的。阳极A和阴极K之间的正向电阻值（阳极接负表笔，阴极接正表笔时的阻值），反映晶闸管正向阻断特性，阻值越大，表示正向漏电流越小。阳极与阴极之间的反向阻值反映晶闸管的反向阻断特性，阻值越大，表示反向漏电流越小。

 怎样检测双向晶闸管？

答：双向晶闸管的G极与T1极靠近，距T2极较远，G极与T1极间的正、反向电阻都很小，因此用万用表的$R×100Ω$挡分别测量晶闸管的任意两引出脚间的电阻值。若测得两个电极间的正、反向电阻只有几十欧至$100Ω$，另两组为无穷大，阻值为几十欧时表笔所接的两引脚为T1和G极，如图2.59所示，图中所测阻值为$180Ω$。剩余的一脚为T2极。

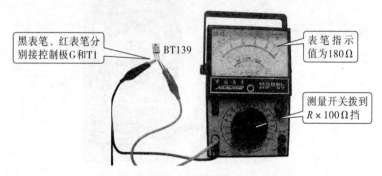

黑表笔、红表笔分
别接控制极G和T1

BT139

表笔指示
值为$180Ω$

测量开关拨到
$R×100Ω$挡

图2.59 测双向晶闸管G、T1极间正向电阻，找到T2极

找到T2极后，再判别T1和G极。用万用表的$R \times 1\Omega$挡分别测量T1与G极间的正、反向电阻，用黑表笔接T1，红表笔接G极所测的正向电阻总是要比反向电阻小一些，由此可通过测量电阻大小来识别T1和G极。如图2.60（a）、（b）所示。图2.60（a）中为28Ω，图2.60（b）中为26Ω。

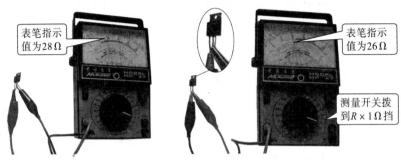

表笔指示值为28Ω

表笔指示值为26Ω

测量开关拨到$R \times 1\Omega$挡

(a) 黑表笔接G极，红表笔接T1测反向电阻28Ω (b) 红表笔接G极，黑表笔接T1测正向电阻26Ω

图 2.60　测双向晶闸管G、T1极间正、反向电阻，再判别T1和G极

2.9　三端集成稳压器的选用与检测

三端集成稳压器是怎样分类的？

答：三端集成稳压器是把功率调整管、误差放大器、取样电路等元器件均做在一个硅片中的集成芯片，它只引出电压输入端、稳定电压输出端和公共接地端三个电极。因为这种集成稳压器一共只有三个端子，所以称其为三端集成稳压器。

三端集成稳压器按照它们的性能和不同用途，可以分成两大类，一类是固定输出正压（或负压）三端集成稳压器W7800（W7900）系列，另一类是可调输出正压（或负压）三端集成稳压器W317

（W337）系列。前者的输出电压是固定不变的，后者可在外电路上对输出电压进行连续调节。

三端固定集成稳压器有哪些主要参数？

答：三端固定集成稳压器的主要技术参数有以下几点。

（1）最大输入电压 U_{imax}。最大输入电压 U_{imax} 是指稳压集成电路输入端允许加的最大电压。它完全取决于稳压集成电路本身的击穿电压。使用中应注意整流滤波后的最大直流电压不能超过比值。若输入电压超出此值，则会造成稳压集成电路击穿损坏。

（2）最小输入输出压差 $(U_i-U_o)_{min}$。最小输入输出压差 $(U_i-U_o)_{min}$ 表示能保证稳压集成电路正常工作所要求的输入电压与输出电压的最小差值，其中，U_i 表示输入电压，U_o 表示输出电压。此参数与输出电压值来决定稳压所需的最低输入电压值。如果输入电压 U_i 过低则稳压集成电路输出电压纹波变大，稳压性能变差。

（3）输出电压范围。输出电压范围是指稳压集成电路符合指示要求时的输出电压范围。对于三端固定输出稳压器，其电压偏差范围一般为 ±5%。

（4）最大输出电流 I_{omax}。最大输出电流 I_{omax} 是指稳压集成电路能够输出的最大电流值。实际使用时，应注意外接负载的大小，使稳压集成电路输出电流不能超出此值。

（5）最大输出功率 P_{omax}。最大输出功率 P_{omax} 表示稳压集成电路所能输出的最大功率，其值等于输出电流乘以稳压集成电路自身的压降。P_{omax} 与使用环境温度、外加散热片尺寸大小等有关。一种直观的检查方法是，稳压集成电路在稳定工作时，其外壳温热而不烫手。

怎样选用三端集成稳压器？

答：选用三端集成稳压器时应注意以下两点。

（1）根据所用电路的要求选用合适的类型。对于电源的精度要求不高的普通型稳压电源电路，可以选用78系列（正电压型）或79系列（负电压型）固定电压稳压集成电路。若是可调式稳压电源电路，则可选用17系列（正电压型）或37（负电压型）系列可调稳压集成电路。

（2）根据负载电路要求选用合适的主要参数。当稳压集成电路类型确定以后，还应根据负载电路选择集成稳压器的主要参数，包括输入电压、输出电压、输出电流、电压差、电压调整率、电流调整率等。

选择的集成稳压集成电路的输入电压应与整流滤波电路的输出电压（或电池的电压）相适应，其输出的电压应与负载电路的工作电压值相同，其输出电流应大于负载电路的最大工作电流。

怎样检测三端固定集成稳压器？

答：（1）用电压挡检测。用万用表电压挡检测判断三端稳压器的方法如图2.61、图2.62所示。以78015为例，在它的1、2脚加上直流电压U_i（一定要注意极性，U_i应至少比稳压器的稳压值高2V，但最高不要超过35V），再将万用表的量程开关拨至直流电压挡，测量78015的3脚与2脚之间的电压，若万用表的读数与稳压值相同，则证明此稳压集成电路是好的。

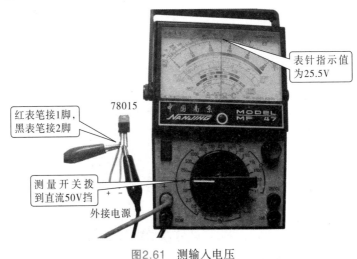

表针指示值为25.5V

78015

红表笔接1脚，黑表笔接2脚

测量开关拨到直流50V挡

外接电源

图2.61　测输入电压

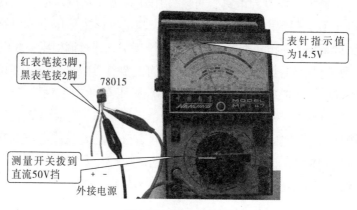

红表笔接3脚，
黑表笔接2脚

78015

表针指示值
为14.5V

测量开关拨到
直流50V挡

+ ‑

外接电源

图2.62　测输出电压

（2）用电阻挡检测。如何判别三端固定集成稳压器（如78012AP）的管脚，一般规律应该是管脚朝下，标记"78012AP"面对自己，从左边管脚开始是：输入端、公共端（地、接机壳）、输出端。为了验证此说明是否正确，可用万用表电阻挡来测量，下面是用MF47型万用表$R \times 1k$挡测定的数据：用红表笔接78015的散热板（带小圆孔的金属片），黑表笔分别接另外三个引脚，测出的阻值分别为34k、0Ω、11k，这样即可判断出：0Ω的管脚为公共端（地、接机壳），34k（阻值最大的）管脚为输入端，11k的管脚为输出端（不同的电表，不同厂家的产品，测出的数值可能有出入，但基本规律不变，如图2.63、图2.64所示。7800系列产品输入端为15~45k，输出端为4~12k）。

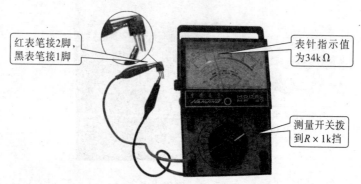

红表笔接2脚，
黑表笔接1脚

表针指示值
为34kΩ

测量开关拨
到$R \times 1k$挡

图2.63　测输入端与公共端的电阻值

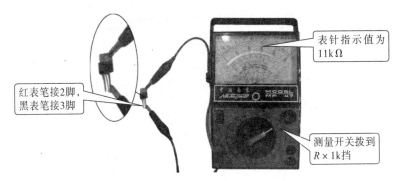

图2.64　测输出端与公共端的电阻值

 怎样检测三端可调集成稳压器？

答：如何判别三端可调集成稳压器（如L317）的管脚，一般规律应该是管脚朝下，标记"L317"面对自己，从左边管脚开始是：调整端、输出端、输入端。也可用万用表电阻挡来测量，下面是用MF47型万用表$R \times 1$k挡测定的数据：用红表笔接L317的调整器端，黑表笔分别接到输入端和输出端，测出的阻值分别为180k与43k，这样即可判断出180k（阻值最大的）管脚为输入端，43k的管脚为输出端（不同的电表，不同厂家的产品，测出的数值可能有出入，但基本规律不变），如图2.65、图2.66所示。若用黑表笔接L317的调整器端，红表笔分别接到输入端和输出端，测出的阻值均为无穷大，如图2.67所示。

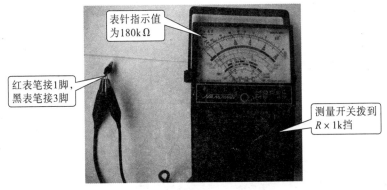

图2.65　红表笔接调整端测输入端与调整端的电阻值

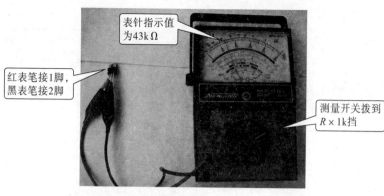

表针指示值
为43kΩ

红表笔接1脚,
黑表笔接2脚

测量开关拨到
R×1k挡

图2.66　红笔接调整端测输出端与调整端的电阻值

(a) 黑表笔接调整端, 红表笔接输出端　　(b) 黑表笔接调整端, 红表笔接输入端

图2.67　黑表笔接调整端测输入、输出端与调整端的电阻值

第 3 章
手工焊接技术

3.1 焊料及焊剂的选用

焊料有哪几种?

答：焊料是用于填加到焊缝、堆焊层和钎缝中的金属合金材料的总称。包括焊丝、焊条、钎料等。

焊料根据熔点不同，可分为硬焊料和软焊料，熔点在450℃以上的称为硬焊料，熔点在450℃以下的称为软焊料。

焊料根据组成成分不同，可分为锡铅焊料、银焊料、铜焊料等。在锡焊工艺中，一般使用锡铅合金焊料。焊锡的形状有片状、块状、棒状、带状和丝状等多种，常用的是焊锡丝，有的焊锡丝中心包着松香助焊剂，称为松香芯焊锡丝，手工烙铁锡焊时常用。松香芯焊锡丝的外径通常有0.5mm、0.6mm、0.8mm、1.0mm、1.2mm、1.6mm、3.0mm、3.3mm、3.6mm等规格。常用焊料如图3.1所示。

(a)条状焊锡   (b) 无铅锡线   (c) 锡铅焊丝

图3.1 常用焊料

怎样选用焊料?

答：在电子制作与电器维修过程中，一般都选用锡铅焊料，也称焊锡。它是由锡、铅等元素组成的低熔点合金，这些元素都属于软金属，熔点一般在250℃以下。使用25W外热式或20W内热式电烙铁就可在常温下进行焊接。在锡铅焊料中由于熔化的锡有良好的浸润性，而熔化的铅又具有良好的热流动性，所以它们按适当比例组成合金，就可作为锡铅焊料，使焊接面与被焊金属材料紧密结合成一体。目前市场上锡铅焊料的型号标志，以焊料两字汉语拼音的第一个字母"HL"及锡铅两个基本元素的符号SnPb，再加上元素含量的百分比（一般为含铅量的百分比）组成。例如：HLSnPb39表示Sn占61%，Pb占39%的锡铅焊料。

在选用锡铅焊料时应注意以下几点：

（1）焊接无线电元器件及安装导线时，可选用HLSnPb58-2型锡铅焊料，这种焊料成本低，且能满足一般焊接点的焊接要求。

（2）焊接电缆护套铅管等，宜选用HLSnPL68-2型锡铅焊料。该焊料铅含量较高，可使焊接部位较柔软，耐酸性好。该焊料中含有一定量的锑，可增加焊接强度。

（3）手工焊接一般焊接点、印制电路板上的焊盘及耐热性能差的元器件和易熔金属制品，应选用HLSnPb39。该焊料熔点低，焊接强度高，焊料的熔化与凝固时间极短，有利于缩短焊接时间。为了便于使用，这种锡铅焊料常做成条状或盘丝状。盘丝状锡焊料是一种空心锡焊丝，芯内储有松香焊剂。

（4）焊接镀银件时要使用含银的锡铅焊料，这样可以减少银膜的溶解，使焊接牢固。例如，焊接陶瓷件的渗银层时，就应选用这种焊料。

（5）焊接某些对温度十分敏感的元器件材料时，要选用低熔点的焊料。这种焊料是在锡铅中加入铋、镉、锑等元素，从而实现低温焊接。

 焊剂有哪几种?

答：焊剂又称为助焊剂或钎剂，通常是以松香为主要成分的混合物，是保证焊接过程顺利进行的辅助材料。焊剂的种类很多，大致可分为有机焊剂、无机焊剂和树脂型焊剂三大类。

（1）有机焊剂。有机焊剂由有机酸、有机类卤化物以及各种胺盐、树脂合成类组成。它的特点是助焊性能好、可焊性高。不足之处是有一定的腐蚀性，且热稳定性差。一经加热，便迅速分解，然后留下无活性残留物，且残留物不易清洗干净。因此在电子制作中很少采用，一般作为活化剂与松香一起使用。

（2）无机焊剂。无机焊剂的最大优点是有较强的助焊作用，但是也具有强烈的腐蚀性。无机焊剂其主要成分是氯化锌和氯化氨，以及它们的混合物。如果用于印制电路板的焊接，将破坏印制电路板的绝缘性能。对残留焊剂如果清洗不干净，就会造成被焊物的损坏。因此多数用在可清洗的金属制品焊接中。市场上出售的各种焊油多数属于这类。

（3）树脂型焊剂。树脂型焊剂的主要成分是松香，松香是天然树脂，是一种在常温下呈浅黄色至棕红色的透明玻璃状固体。松香的主要成分为松香酸，在74℃时熔解并呈现出活性，随着温度的升高，酸开始起作用，使参加焊接的各金属表面的氧化物还原、熔解，起到助焊的作用。固体状松香的电阻率很高，有良好绝缘性，而且化学性能稳定，对焊点及电路没有腐蚀性。松香本身就是很好的固体助焊剂，可以直接用电烙铁熔化、蘸着使用，焊接时略有气味，但无毒。早期的电子技术人员在没有松香焊锡丝而使用实心的焊锡条时，只要有一块松香助焊就可以焊出非常美观的焊点来。松香在焊接时间过长时就会挥发、炭化，因此作焊剂使用时要掌握好与烙铁接触的时间。焊接用的松香外形如图3.2所示。

图3.2　焊接用的松香

几种常用焊剂的配方如表3.1所示。

表3.1　几种常用焊剂的配方

名　称	配　方
松香乙醇焊剂	松香15~20g，无水乙醇70g，溴化水杨酸10~15g
中性焊剂	凡士林（医用）100g，乙醇胺10g，无水乙醇40g，水杨酸10g
无机焊剂	氯化铵56g，氧化锌40g，盐酸5g，水50g

常用的松香乙醇焊剂是指用无水乙醇溶解纯松香，配制成浓度为25%~30%的乙醇溶液。这种焊剂的优点是没有腐蚀性、绝缘性能高、长期稳定以及耐湿。焊接后清洗容易，并能形成膜层覆盖焊点，使焊点不被氧化和腐蚀。松香乙醇助焊剂是电子制作及家用电器维修中常用的一种焊剂。

 焊剂有哪些作用？

答：焊剂主要用于锡铅焊接中，有助于清洁被焊接面，防止氧化，增加焊料的流动性，使焊点易于成形，提高焊接质量，焊剂的作用有以下几点：

（1）清洁被焊接面。在进行焊接时，必须采取措施清洁被焊接面，将氧化物和杂质除去。

除去氧化物与杂质，通常有两种方法，即机械方法和化学方法。机械方法是用砂纸和刀将其除掉；化学方法则是用焊剂清除，这样不仅不损坏被焊物，而且效率高，因此焊接时，一般都采用这种方法。

（2）防止氧化。在焊接时，焊剂必定会先于焊料熔化，很快地流浸、覆盖于焊料及被焊金属的表面，起到隔绝空气防止金属表面氧化的作用。

（3）促使焊料流动，减少表面张力。焊料熔化后将贴附于金属表面，由于焊料本身表面张力的作用，力图变成球状，从而减小了焊料的附着力，而焊剂则有减少焊料表面张力、促使焊料流动的功能，故使焊料附着力增强，使焊接质量得到提高。

（4）把热量从烙铁头传递到焊料和被焊物表面。因为在焊接中，烙铁头的表面及被焊物的表面之间存在许多间隙，在间隙中有空气，空气又为隔热体，这样必然使被焊物的预热速度减慢。而助焊料的熔点比焊料和被焊物的熔点都低，故能够先熔化，并填满间隙和润湿焊点，使电烙铁的热量通过它很快地传递到被焊物上，使预热的速度加快。

 ## 怎样选用焊剂？

答：在选用焊剂时，不仅要考虑被焊金属材料的焊接性能及氧化、污染程度，同时还应从焊剂对元器件损坏的可能性等方面进行全面考虑。所以可根据这些金属的焊接性能的不同和焊剂对元器件损坏的可能性来选用焊剂。

（1）手工焊接时通常都选用松香乙醇焊剂（将松香溶于乙醇）或松香焊剂。由于纯松香焊剂活性较弱，只要是被焊物金属表面是清洁的，无氧化层，其可焊性就可以得到保证。同时能保证电路中的元器件不被腐蚀，电路板的绝缘性能不下降。为了能在焊接过程中，清除金属氧化物及氢氧化物，使被焊金属与焊料相互扩散，生成合金，可在松香焊剂中加入活性剂，以改善松香助焊剂的活性，这样就构成了活性焊剂，如201-1焊剂等。

（2）对于铂、金、银、铜、锡等金属，由于这些金属材料的焊接性较强，为减少焊剂对金属材料的腐蚀，在焊接过程中，多使用松香或松香乙醇溶液作为焊剂。也可直接采用带松香的锡焊丝进行焊接。

（3）对于铅、黄铜、青铜、镀镍等金属，由于这些金属材料的焊接性较差，若仍使用松香作为焊剂，则焊接起来比较困难。所以在焊接这几种金属时应选用有机焊剂，如常用的中性焊剂和活性锡焊丝等。活性锡焊丝的丝芯由盐酸二乙胺盐加松香制成，焊接时能减少钎料表面的张力，促进氧化物的还原作用。活性锡焊丝的焊接性能比一般锡焊丝要好，最适合于焊接开关、接插件等热塑型塑件。需要注意的是，焊后要清洗干净，以防焊剂残留物对元器件产生腐蚀。

（4）对于镀锌、铁、锡镍合金等，由于这些金属材料的焊接性也较差，为保证这些金属的可焊性，可以选择一些酸性助焊剂。但要注意焊接完毕后，必须对残留焊剂进行清洗，以减少对被焊物的腐蚀。

3.2 电烙铁的使用

怎样选用电烙铁的种类？

答：在进行电子制作与电器维修时，应根据被焊接的元器件的需要来选择不同的电烙铁。主要从烙铁的种类、功率及烙铁头的形状三个方面考虑。

电烙铁的种类在第1章中已有介绍，如何选用电烙铁的种类，应根据实际情况灵活选用。一般的焊接应首选内热式电烙铁。对于大型元器件及直径较粗的导线应考虑选用功率较大的外热式电烙铁。对要求工作时间长，被焊元器件又多，则应考虑选用长寿命型的恒温电烙铁，如焊表面封装的元器件。

对于既能用内热式电烙铁焊接，又能用外热式电烙铁焊接的焊点，应首选内热式电烙铁。因为它体积小、操作灵活、热效率高、热得快，使用起来方便快捷。

若要对表面安装元器件进行焊接，可采用工作时间长而温度较稳定的恒温电烙铁。

怎样选用电烙铁的功率？

答：选用电烙铁的功率应根据焊接对象灵活选用。

焊接采用小型元器件的普通印制电路板和集成电路电路板时，应选用20～25W内热式电烙铁或30W外热式电烙铁。这是因为小功率的电烙铁具有体积小、重量轻、发热快、便于操作、耗电省等优点。

对一些采用较大元器件的电路如电子管扩音器及机壳底板的焊接则应选用功率大一些的电烙铁，如50W以上的内热式电烙铁或75W以上的外热式电烙铁。如果被焊元器件较大，而使用的电烙铁功率较小时，则焊接温度过低，焊料熔化较慢，焊剂不能正常发挥，则焊点不光滑、不牢固，容易造成假焊或虚焊，直接影响焊接质量；如果电烙铁的功率选择太大，容易烫坏晶体管或其他元器件，甚至使印刷电路板的铜箔翘起或脱落。

例如，焊接集成电路、晶体管及受热易损件时，应选用20W的内热式电烙铁或25W的外热式电烙铁；焊接导线及同轴电缆、机壳底板等时，应选用45~75W的外热式电烙铁或50W的内热式电烙铁；焊接较大元器件时，如输出变压器的引脚、大电解电容的引脚及大面积公共地线，应选用75~100W的电烙铁；维修、调试一般电子产品宜选用20W内热式或恒温式电烙铁。

 ## 怎样选择电烙铁的烙铁头？

答：烙铁头的形状直接影响焊接效果，为适应不同焊点的要求，必须合理选用烙铁头的形状与尺寸，图3.3所示为几种常用烙铁头的外形。其中，圆斜面式是市售烙铁头的一般形式，适用于在单面板上焊接不太密集的焊点；凿式和半凿式多用于电器维修工作；尖锥式和圆锥式烙铁头适用于焊接高密度的焊点和小而怕热的元器件。当焊接对象变化大时，可选用适合于大多数情况的斜面复合式烙铁头。

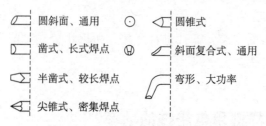

图 3.3　几种常用烙铁头的外形

烙铁头的作用是储存热量和传导热量，选择烙铁头的依据是：应使它尖端的接触面积小于焊接处（焊盘）的面积。烙铁头接触面过大，会使过量的热量传导给焊接部位，损坏元器件及印制板。烙铁头的温度与烙铁头的体积、形状、长短等有关，一般说来，烙铁头越长、越尖，温度越低，需要焊接的时间越长；反之，烙铁头越短、越粗，则温度越高，焊接的时间越短。

 ## 怎样修整电烙铁的烙铁头？

答：烙铁头一般是用紫铜材料制成的，内热式电烙铁的烙铁头还经过一次电镀（所镀材料为镍或纯铁），目的是保护烙铁头不受腐蚀。还有一种烙铁头是用合金制成，该种烙铁头的寿命比紫铜材料烙铁头的寿命要长得多，多用于固定产品印制电路板的焊接。但目前市售的烙铁头大多只是在紫铜表面镀一层锌合金。镀锌层虽然有一定的保护作用，但经过一段时间的使用以后，由于高温和焊剂的作用，烙铁头被氧化，使表面凹凸不平，这时就需要修整。

修整的方法一般是将烙铁头拿下来，根据焊接对象的形状及焊点的密度，确定烙铁头的形状和粗细。夹到台钳上用粗锉刀修整，然后用细锉刀修平，最后用细砂纸打磨光。修整过的烙铁头要马上镀锡，方法是将烙铁头装好后，在松香水中浸一下，然后接通电源，待烙铁热后，在木板上放些松香及一些焊锡，用烙铁头沾上锡，在松香中来回摩擦，直到整个烙铁头的修整面均匀地镀上一层焊锡为止。一支烙铁头由于重复加工修整、上锡，结果可能用不了多久便要报废，同时烙铁的修整工作也给焊接带来很大的麻烦。

为解决烙铁头的修整问题，近年来市场上有一种长寿烙铁头。长寿烙铁头的基体金属还是紫铜，只是在工作端部被镀上了一层用来阻挡焊锡侵蚀的纯铁，为了保持烙铁头对焊锡的吸附性，再在铁的外面使用活性较大的助焊剂（氧化锌之类）热镀上一层纯锡。由于铁在烙铁的工作温度下基本上不会与锡发生反应，从而解决了以上问题。

使用长寿烙铁头时，要注意保护其表面的镀层，千万不能像普通烙铁头那样在砂纸上磨或用锉刀锉，其尖端附着的脏物只要在湿布或一种专用的湿纤维素海绵上稍加擦拭，即可露出原来光亮的镀锡表面。另外，暂停操作时，应该尖端向下搁置在烙铁架上，让烙铁尖总是被焊锡的液滴包裹着，以免烙铁头被"烧死"。长寿烙铁头运载焊料的能力比普通烙铁头略差一些，但配合焊锡丝使用，影响不大。

使用电烙铁前应进行哪些检查？

答：电烙铁在使用前要进行质量与安全检查，具体方法是：万用表$R×10k$挡，分别测量插头两根引线和插头与电烙铁头（外壳）之间的绝缘电阻，用万用表$R×1k$挡测两根引线之间的电阻值，其电阻值因电烙铁功率不同有差异，20~35W电烙铁的阻值为3.5~1.5kΩ。插头与电烙铁头之间的绝缘电阻应该为无穷大，如果测量有电阻，说明这一电烙铁存在漏电故障，如图3.4所示。

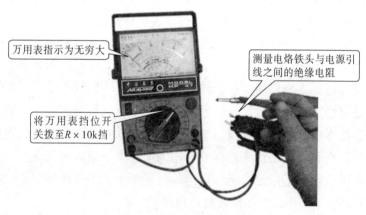

图3.4　电烙铁的安全检查

怎样选择电烙铁的握法？

答：为了能使被焊件焊接牢靠，又不烫伤被焊件周围的元器件及导线，因此就要根据电烙铁的大小和被焊件的位置及大小，适当地选择电烙铁的握法。电烙铁的握法可分反握、正握与握笔三种，如图3.5所示。反握是用五指把电烙铁的手柄握在掌内。它适用于大功率电烙铁的操作，焊接散热量较大的被焊件，而且不易感到疲劳；正握的电烙铁功率也比较大，且多为弯头形电烙铁；握笔法适用于小功率的电烙铁（35W以下），焊接热量小的被焊件。它是印刷电路板焊接中最常用的一种握法，如焊接收音机、各种小制作及各种维修等。

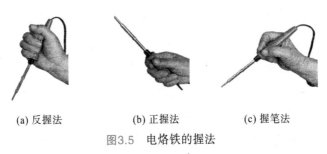

(a) 反握法　　　　(b) 正握法　　　　(c) 握笔法

图3.5　电烙铁的握法

 怎样给新买来的电烙铁的烙铁头上锡？

答：新买来的电烙铁必须先给烙铁头上锡，方法是通电后，待电烙铁刚热时，将烙铁头接触松香，使之含些松香，待电烙铁全热后，给烙铁头吃些焊锡，这样电烙铁头上搪了焊锡。保持烙铁头部始终有焊锡，这样可以防止烙铁头被烧死。

 电烙铁在使用中应注意哪几点？

答：电烙铁在使用中应注意以下几点：

（1）不要随意敲击。由于电烙铁的加热器是由很细的电阻丝绕制而成的，容易断。所以在使用过程中要轻拿轻放，不要随意敲击。

（2）电烙铁应放在烙铁架上。不焊接时，电烙铁不能到处乱放，应放在烙铁架上。

（3）防止电源线搭在烙铁头上。在不焊接时，要注意不能让电源线搭在烙铁头上，以防烫坏电源线的绝缘层而发生触电事故。

电烙铁在使用中有哪些常见故障？如何排除？

答：电烙铁在使用过程中常会出现烙铁头带电、通电后不热、烙铁头不吃锡等故障。

（1）烙铁头带电。烙铁头带电故障的原因除电源线错接在接地线接线柱上外，还有一个原因就是当电源线从烙铁心接线柱上脱落后，又碰到了接地线的螺丝上，从而造成烙铁头带电。出现这种故障容易造成触电事故，并会损坏元器件。为防止电源线脱落，平时应检查电烙铁手柄上的压线螺钉是否有松动和丢失，若有松动或丢失，应及时配好。

（2）电烙铁通电后不热。当电烙铁通电后，发现烙铁头不热，一般是电源线脱落或烙铁心线断裂。遇到此故障可用万用表的 $R \times 1k$ 挡测量电源插头的两端，如果万用表指针不动，说明有断路故障。首先应检查插头本身的引线有否断路现象，如果没有，便可卸下胶木柄，再用万用表测量烙铁心的两根引线，如果万用表指针仍然不动，说明烙铁心损坏，应更换烙铁心。35W 内热式烙铁心两根引线间的阻值为 $1.5k\Omega$ 左右，若测得阻值正常，则说明烙铁心是好的，故障出现在电源引线及插头本身，多数故障为引线断路。

更换烙铁心应将新的同规格的烙铁心插入连接杆，将引线固定在固定螺钉上，并拧紧接线柱，同时要注意把烙铁心引线多余的部分剪掉，以防止两根引线短路。

（3）烙铁头不吃锡或者出现凹坑。当烙铁头使用一段时间后，就会因氧化而不沾锡。这就是"烧死"现象，也称为不吃锡。当出现不吃锡的故障时，可以用细砂纸或锉将烙铁头重新打磨或锉出新茬，然后重新镀上焊锡就可以继续使用了。平时也可把钢丝清洁球放在烙铁架盒内，将工作中的烙铁头在清洁球上扎几下，便可清除烙铁头的氧化物。另外，还可手握电烙铁手柄，将氧化的烙铁头浸入盛有乙醇的容器中，经1~2min后取出，氧化物就被彻底地清除了。为减少烙铁头不吃锡现象的产生，应尽量做到不焊接时，不要给电烙铁通电。

若烙铁头上有杂质，可将一小块海绵用水浸透后放入一小铁盒内，再将工作中的烙铁头在海绵上轻快地正反拉几下，烙铁头就会光亮如新。

当电烙铁使用一段时间后，烙铁头就会出现凹坑氧化腐蚀层，使烙铁头的形状发生变化。遇到此种情况时，可用锉刀将氧化层及凹坑锉掉，并锉成原来的形状。然后再镀上焊锡，就可以重新使用了。为减少烙铁头出现凹坑现象的产生，应尽量采用腐蚀性小的助焊剂。

3.3　手工焊接方法与要领

怎样进行点锡焊接？

答：手工焊接的基本方法有两种：一种是带锡焊接法，适合使用实心焊锡条焊接；另一种点锡焊接法，适合使用松香焊锡丝焊接。前者是一种传统的方法，后者是目前常用的方法。

点锡焊接法也称为双手焊接法，焊接时右手握着电烙铁，左手捏着松香芯焊锡丝，在焊接时两手要相互配合、协调一致。不仅如此还要掌握正确的操作方法及焊接要领，这样才能做到焊点光亮圆滑、大小均匀，杜绝虚焊、假焊出现。左手拿松香焊锡丝的方法一般有两种，如图3.6所示。连续锡丝拿法：用拇指和四指握住焊锡丝，其余三手指配合拇指和食指把焊锡丝连续向前送进，如图3.6（a）所示。它适用于成卷焊锡丝的手工焊接；断续锡丝拿法：用拇指、食指和中指夹住焊锡丝。这种拿法，焊锡丝不能连续向前送进，适用于小段焊锡丝的手工焊接，如图3.6（b）所示。

 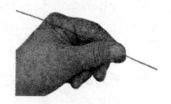

(a) 连续锡丝拿法　　　　　　　　　(b) 断续锡丝拿法

图3.6　松香焊锡丝的拿法

点锡焊接法具有焊接速度快、焊点质量高等特点，适用于多元件快速焊接，具体焊接过程可分为如下4个过程。

（1）加热过程。用加热的烙铁头同时接触元器件引脚与印刷电路板的焊盘，电烙铁与印刷电路板平面呈45°左右夹角，加热1~2s，为元器件引脚和印刷电路板上的焊盘均匀受热，见图3.7（a）。

（2）送丝过程。当加热到一定温度时，左手将松香芯焊锡丝从左侧送入元器件引脚根部，而不是送到烙铁头上。当松香芯焊锡丝开始熔化后，焊点很快形成。这个过程时间的长短根据焊点所需焊锡量的多少而定，因此一定要控制好送丝的时间，使焊点大小均匀。送丝过程见图3.7（b）。要特别注意最佳送丝位置在烙铁头、焊孔、元器件引线三者交汇处。

（3）撤丝过程。当焊点形成大小适中时，将左手捏着的焊锡丝迅速撤去，并保持烙铁的加热状态，见图3.7（c）。

（4）撤电烙铁。在撤丝后继续保持加热状态1s左右，以便使焊锡与被焊物进行充分的热接触，从而提高焊接的可靠性。这个过程完成后迅速将电烙铁从斜上方45°方向脱开，留下一个光亮圆滑的焊点，到此全过程结束，见图3.7（d）。注意：焊点是靠焊锡完全熔化后自身的流动性形成的，因此焊点不理想时不要用烙铁抹来抹去。

用点锡焊接法焊接送焊锡丝时，所用焊锡丝的中间应有松香，否则不但焊接时有困难，还难以保证焊接的质量。

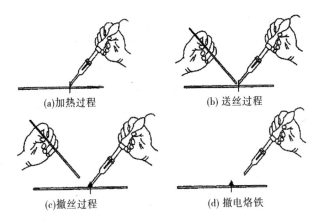

(a)加热过程　　　　(b) 送丝过程

(c)撤丝过程　　　　(d) 撤电烙铁

图3.7　点锡焊接法

怎样进行带锡焊接？

答：焊接时先使烙铁刃口挂上适量的焊锡，然后将烙铁刃口准确接触焊点，时间在3s以内，焊点形成后迅速移走电烙铁。焊接时，要注意烙铁刃口与印刷电路板平面呈45°左右夹角，如图3.7（a）所示。如果夹角过小，则焊点就小；如果夹角过大，则焊点就大。这种焊接方法，烙铁挂锡的量应恰好足够一个焊点用，锡太多了会使焊点太大，锡太少了焊点的焊锡量又不够，焊接时应通过练习掌握带锡的数量。用此法焊接时要不时地让烙铁头在松香里蘸一下，让焊锡、烙铁头总是被一层松香的油膜包裹着，否则，烙铁挂锡时锡珠不形成珠，就无法控制挂锡量。

手工焊接操作步骤如何？

答：在电子制作中，常把手工锡焊过程归纳成8个字："一刮、二镀、三测、四焊"。

（1）刮。就是在焊接前做好被焊元器件或导线等表面的清洁工作。对于集成电路的引脚，一般用乙醇擦洗；对于镀金银的合金引脚，不能把镀层刮掉，可用橡皮擦去表面脏物；如果发现元器件的引脚有氧化层，则采用小刀或细砂纸将氧化层刮去，有油污的要擦去。

（2）镀。就是在刮净的元器件部位上镀锡，镀锡是手工焊接过程中很重要的一步。具体做法是蘸松香乙醇溶液涂在刮净的元器件部位上，再将带锡的热烙铁头压在元器件上，并转动元器件，使其均匀地镀上一层很薄的锡层。若是多股金属丝的导线，打光后应先拧在一起，然后再镀锡。

（3）测。就是指对搪过锡的元件进行检测，利用万用表检测所有镀锡的元器件是否质量可靠，若有质量不可靠或已损坏的元器件，应用同规格元器件替换。

（4）焊。就是指最后把测试合格的、已完成上述三个步骤的元器件焊到电路中。

焊接完毕要进行清洁和涂保护层，并根据对焊接件的不同要求进行焊接质量的检查。

手工焊接要领是什么？

答：手工焊接过程中一定要掌握以下技术要领，这样才能保证焊接质量。

● 被焊金属表面要清洁

金属与空气相接触时，在其表面会生成一层氧化膜。这层氧化膜在焊接过程中会影响被焊接的金属材料和焊锡之间的良好接触。保持焊件表面清洁是获得合格焊点的前提，为使焊接性能良好，在焊接过程中必须保证被焊件的金属表面要清洁。保持焊件表面清洁的办法是除去氧化层，进行镀锡处理。

● 焊剂、焊料要应用适当

焊剂是一种略带酸性的易溶物质，它在加热熔化时可以溶解被焊接金属物面上的氧化物和污垢，使焊接界面清洁，并帮助熔化的焊锡丝流动，从而使焊锡丝与被焊接的金属牢固结合。适当使用焊剂能保证焊接质量。若使用过量，由于其酸性作用，时间久了会将电路板或元器件腐蚀，导致电路不能正常工作。对开关元件的焊接，过量的焊剂容易流到触点处，从而造成接触不良。例如，过量的松香不仅造成焊点周围需要清洗，而且延长了加热时间（松香熔化、挥发会带走热量），降低了工作效率。但加热时间不足时，容易夹杂到焊锡中形成"夹渣"缺陷。因此在使用焊剂时要依据金属表面的清洁程度及被焊器件的面积大小来适量选用。

合适的焊剂量应该是松香水仅能浸湿将要形成的焊点，不要让松香水透过印制板流到元器件面或插座孔里（如IC插座）。对使用松香芯的焊丝来说，基本不需要再涂松香水。

焊料的用量应根据焊点的大小来确定。若焊点小，可用电烙铁头蘸取适量焊锡再蘸取焊剂后，直接放到焊点上，待焊点着锡熔化后将电烙铁移走即可。焊料使用应适中，不能太多也不能太少。过量的焊锡造成浪费而且增加了焊接时间，相应地降低了工作效率，且会因焊点太大而影响美观，同时还易形成焊点与焊点的短路。例如，在高密度的电路中，过量的锡很容易造成不易觉察的短路。若焊锡太少，又易使焊点不牢固，特别是在板上焊导线时，焊锡不足往往造成导线脱落，如图3.8所示。

(a) 焊锡量不足　　　(b) 焊锡量适当　　　(c) 焊锡量过多

图3.8　焊锡量的掌握

●焊接的温度与时间要控制适当

在焊接时，为使被焊件达到适当的温度，使固体焊料迅速熔化，产生湿润，就要有足够的热量和温度。若温度过低，焊锡流动性差，易形成虚焊。若温度过高，将使焊锡流淌，焊点不易存锡，焊剂分解加快，使金属表面温度过高，很易产生炭化，造成虚焊。因此在焊接过程中要依据被焊接物的大小来选择适当功率的电烙铁。一般在焊接微小元器件及集成电路时，宜使用25W左右的电烙铁。

　　焊接时间是指被焊金属材料达到焊接温度时间、锡料熔化时间、焊剂发挥作用及金属生成合金时间几个部分。焊接时间要掌握适当，过长易损坏焊接部位及元器件，过短则达不到焊接要求。焊接的时间可根据被焊件的形状、大小不同而有差别，但总的原则是看被焊件是否完全被焊料湿润（焊料的扩散范围达到要求后）的情况而定。通常情况下烙铁头与焊接点接触时间是以使焊点光亮、圆滑为宜。若焊点不亮并形成粗糙面，说明温度不够，时间过短，此时需增加焊接温度，只要将烙铁头继续放在焊点上多停留些时间即可。

　　●加热方法要正确

　　用烙铁头加热时，要靠增加接触面积加快传热。焊接时烙铁头与引线和印制铜箔同时接触，是正确焊接加热法，如图3.9（c）所示。图3.9（a）所示为烙铁头与引线接触而与铜箔不接触。而图3.9（b）所示是烙铁头与铜箔接触而没有与引线接触，这两种方法都是不正确的，不可能牢固地焊接。

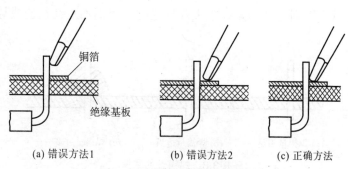

图3.9　元器件的焊接加热要领

　　●烙铁撤离方向要讲究

　　烙铁撤离动作要迅速敏捷，而且撤离时的角度和方向与焊点的形成有一定的关系，否则不容易得到合格焊点。烙铁撤离角度如图3.10所示。拿走电烙铁时，要从下向上提起，以斜上45°角撤离。这样才能保证焊点光亮、饱满。

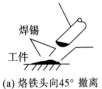

(a) 烙铁头向45°撤离　　(b) 向上撤离　　(c) 水平方向撤离

焊锡

工件

焊锡挂在烙铁头上

图3.10　烙铁撤离角度

● 焊点凝固前不要触动

焊锡的凝固过程是结晶过程，在结晶过程中若受到外力（焊件移动）会改变结晶条件，形成大粒结晶，焊锡迅速凝固，造成所谓"冷焊"，即表面光泽呈豆渣状。若焊点内部结构疏松，容易有气隙和裂缝，从而造成焊点强度降低，导电性能差，被焊件在受到振动或冲击时就很容易脱落、松动。同时微小的振动也会使焊点变形，导致虚焊。

● 焊点不合格的要重焊

当焊点一次焊接不成功或上锡量不足时，便要重新焊接。重新焊接时，需待上次焊锡一起熔化并融为一体时，才能把烙铁移开。

● 焊后管脚要处理

焊接完毕后要将露在印制电路板面上多余引脚"齐根"剪去。将焊点周围焊剂擦洗干净，并检查电路有无漏焊、错焊、虚焊等现象。若元器件引脚周围有明显的黑圈，该点即属于虚焊。也可用镊子将每个元器件拉扯，看是否有松动现象。

 如何对焊点进行清洗？

答：由于在焊接过程中都要使用焊剂，焊剂在焊接后一般并未充分挥发，反应后的残留物对被焊件会产生腐蚀作用，影响电气性能。因此，焊接后一般要对焊点进行清洗。

清洗方法一般分为液相法和气相法两大类。采用液体清洗剂溶解、中和或稀释残留的焊剂和污物从而达到清洗目的的方法称为液相清洗法，常用的液相清洗剂有工业纯乙醇、60#和120#航空汽油。

采用低沸点溶剂，使其受热挥发形成蒸气，将焊点及其周围焊剂残留物和污物一同带走达到清洗目的的方法称为气相清洗法。常用的气相清洗剂氟利昂，由于氟利昂对大气层有严重的破坏作用，所以已被国家禁止使用。近年来，国内外研制的中性焊剂可使清洗工艺简化，甚至不用清洗。

无论用何种方法清洗，都要求所用清洗剂对焊点无腐蚀作用，而对焊剂残留物则具有较强的溶解能力和去污能力。

印制电路板焊接前应进行哪些检查？

答：印制电路板的焊接是电子制作中一项必不可少的技术。在焊接之前，必须将所焊接的印制电路板与电路原理图进行对照，检查元器件的型号、规格和数量是否符合要求，检查印刷电路板有无断路、短路，是否涂有助焊剂或阻焊剂等。

怎样对要焊接的印制电路板进行处理？

答：印制电路板制好后，首先应彻底清除铜箔面氧化层，一般情况下可用擦字橡皮擦，这样不易损伤铜箔；有些印制电路板，由于受潮或存放时间较久，铜箔面氧化严重，用橡皮不易擦净，可先用细砂纸轻轻打磨，而后再用橡皮擦，直至铜箔面光洁如新。

清洁好的印制电路板，最好涂上一层松香水作为助焊保护层。松香水的配制方法是：将松香碾压成粉末，溶解于2～3倍的乙醇中即可。松香水浓一些效果较好。用干净毛笔或小刷子蘸上松香水，在印制电路板的铜箔面均匀地涂刷一层，然后晾干即可。松香水涂层很容易挥发硬结，覆盖在电路板上既是保护层（保护铜箔不再氧化），又是良好的助焊剂。

怎样对要焊接的元器件引脚和连接导线线头进行处理？

答：所有元器件的引脚和连接导线的线头，在焊入电路板之前，都必须清洁后镀上锡。主要原因是：长时间放置的元器件，在引脚表面会产生氧化膜，若不加以处理，会使引脚的可焊性严重下降。引脚的处理主要包括校直、表面清洁及搪锡三个步骤。要求引脚处理后，不允许有伤痕，镀锡层均匀，表面光滑，无毛刺和焊剂残留物。

元器件装配到印制电路板之前如何进行引脚成形？

答：元器件装配到印制电路板之前，一般都要进行加工处理，然后进行插装。良好的成形及插装工艺，不但能使制作出来的作品具有性能稳定、防振、减少损坏的好处，而且还能得到机内整齐美观的效果。引脚成形的基本要求是根据焊点之间的距离，做成需要的形状，目的是使它能迅速而准确地插入孔内，元器件引线成形示意图如图3.11所示。

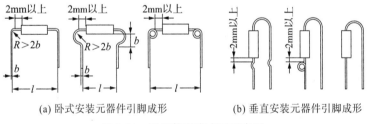

(a) 卧式安装元器件引脚成形　　　(b) 垂直安装元器件引脚成形

图3.11　元器件引脚成形示意图

引脚成形的具体要求如下：元器件引线开始弯曲处，离元器件端面的最小距离应不小于2mm；弯曲半径不应小于引线直径的2倍；怕热元器件要求引线增长，成形时应绕环；元器件标称值应处在便于查看的位置；成形后不允许有机械损伤。

为保证引脚成形的质量和一致性，应使用专用工具和成形模具来完成元器件引脚的成形，在没有专用工具或加工少量元器件时，可采用手工成形，使用尖嘴钳或镊子等一般工具便可完成。手工成形示意图如图3.12所示。

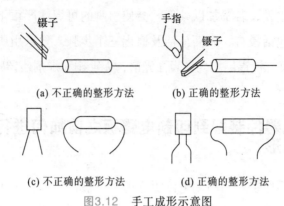

(a) 不正确的整形方法　　　　(b) 正确的整形方法

(c) 不正确的整形方法　　　　(d) 正确的整形方法

图3.12　手工成形示意图

在印制电路板焊接元器件有何要求？

答：在印制电路板焊接元器件时有以下几点要求：

（1）电阻器。尽可能使每个电阻器的高低一致，并要求标记向上，方向一致。

（2）电容器。特别注意有极性电容器的极性，一定不能接反，标记方向容易看见。

（3）二极管。特别注意二极管的正极和负极，焊接时间一般不能超过2s，型号标记易看。

（4）三极管。注意b、c、e三脚引线位置插接正确，焊接时间尽可能短，焊接时用镊子夹住引线脚以便于散热。焊接大功率三极管时，若需加装散热片，应将接触面平整、磨光滑后再固紧，若要求加绝缘薄膜垫时，切记不能忘记，否则将出现烧毁的事故。管脚与印刷电路板需连接时，要用带绝缘的塑料导线。

（5）元器件的装焊顺序依次是电阻器、电容器、二极管、晶体管、集成电路、大功率管等。其他元器件则是按照先小、轻，后大、重的顺序进行。焊接电视机印制电路板上的元器件如图3.13所示。

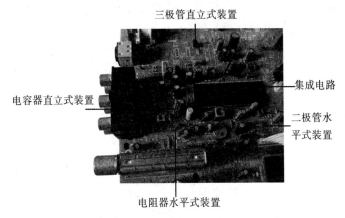

图3.13　焊接电视机印制电路板上的元器件

印制电路板焊接时应注意哪些事项？

答：印制电路板焊接时应注意以下事项：

（1）一般应选用内热式20～35W或调温式电烙铁，烙铁头形状应根据印刷电路板焊盘的大小采用圆锥形，加热时烙铁头温度调节到不超过300℃。

（2）加热时应尽量避免让烙铁头长时间停留在一个地方，以免导致局部过热，损坏铜箔或元器件。

（3）焊接时不要使用烙铁头摩擦焊盘的方法来增加焊料的润湿性能，而是采用表面清理和预镀锡的方法处理。

（4）焊接金属化孔时，应该使焊锡润湿和填充满整个孔，不要只焊接到表面的焊盘。

如何手工进行连接线焊接？

答：单根导线买回来的时候是卷扎成捆的，使用时要把它拉直才显得美观，比较简单的方法是将线头两端的绝缘物刮去一小段之后，一头夹在老虎钳上固定，另一头用钳子钳住拉直，再用一圆木棍在线上轻轻来回磨压几下就可压直。切忌过分用力，否则绝缘物会被拉长。裸线也可用该方法处理。

拉直后的导线要在焊接前剥去两端绝缘外皮8~10mm，再予以预上锡处理。剥去外皮可直接使用剥线钳，也可先用小刀在待剥处沿绝缘层外圆切一环状沟，注意刀口不能和芯线垂直切割，否则会伤及芯线，将来在焊接的时候或焊接后受到外力就很容易扯断，引起电路故障，因此刀口要斜着切出。

剥去绝缘外皮的导线还要进行预上锡处理。已镀银或锡的芯线线头上锡时，不需焊剂，其他要按一般方法上锡。多股线的线头上锡前，要将线头捻紧，不要散开，以免妨碍上锡及焊接。线芯氧化或有漆的多股软导线上锡最为复杂，要先除去每股线芯的绝缘或氧化层，分别上好锡，捻紧后再上一次锡才成。虽然复杂，但必须这么一步一步地切实做好，这是焊接的基本方法。

导线的焊接一般分为导线与导线的焊接和导线同接线端子的焊接。

● 导线与导线的焊接

导线之间的焊接以绕焊为主，具体方法是：先在导线上去掉一定长度的绝缘皮；然后在导线端头上锡，并穿上合适的套管；再将两根导线绞合，施焊；最后趁热套上套管，冷却后套管固定在接头处。

对调试或维修中的临时线，也可采用搭焊的办法，只是这种接头强度和可靠性都较差，不能用于生产中的导线焊接。

● 导线同接线端子的焊接

导线同接线端子的焊接方法有三种：

（1）绕焊。把经过镀锡的导线端头在接线端子上缠几圈，用钳子拉紧缠牢后进行焊接。注意导线一定要紧贴端子表面，绝缘层不要接触端子，一般图中的L取1~3mm为宜，这种连接可靠性最好（L为导线绝缘皮与焊面之间的距离）。

（2）钩焊。将导线端子弯成钩形，钩在接线端子上并用钳子夹紧后施焊，端头处理与绕焊相同。这种方法强度低于绕焊，但操作简便。

（3）搭焊。把经过镀锡的导线搭到接线端子上施焊。这种连接最方便，但强度、可靠性最差，仅用于临时连接或不便于缠、钩的地方及某些接插件上。

如何手工进行连漆包线或纱包线焊接？

答：有一些电感类元器件是用漆包线或纱包线绕制的，如输入、输出变压器是用漆包线绕制的；高频扼流圈是用单股纱包线或漆包线绕制的；天线输入线圈一般是用多股纱包线绕制的，也有用漆包线绕制的。

漆包线是在铜丝外面涂了一层绝缘漆，纱包线则是在单股或多股漆包线外面再缠绕上一层绝缘纱。由于漆皮和纱层都是绝缘的，焊接前一定要把引脚线上的漆皮和纱层去除干净。去除漆皮和纱层一般常用刀刮法，即用小刀或断锯条将漆皮刮掉，边刮边旋转漆包线一周以上，将线头四周的漆皮刮除干净。单股纱包线也可用此法，将纱层与漆皮一起直接刮去；对于多股纱包线，应先将纱层逆缠绕方向拆至所需长度后剪掉，然后再按上述方法刮去纱层和漆皮。

去除漆皮和纱层还可用火烧法，即用火柴或打火机将线头上的漆皮和纱层烧掉。然后抹去线头上残留的灰末。对于较细的漆包线和纱包线，注意烧的时间不可太长，以免烧化铜丝。

采用刀刮法或火烧法去除漆皮和纱层后，应立即用蘸有焊锡和松香的电烙铁在线头上镀锡备焊。镀锡方法与元器件引脚镀锡方法相同。

手工焊接集成电路时应注意哪些事项？

答：在焊接集成电路时，还应注意以下事项：

（1）如果集成电路的引脚是镀金的，则不要用刀刮，采用干净的橡皮擦干净就可以了。

（2）对CMOS集成电路，如果率先已将各引脚短路，焊前不要拿掉短路线。

（3）宜使用低熔点焊剂，温度一般不要高于150℃。

（4）工作台上如果铺有橡皮、塑料等易于积累静电的材料，集成电路板及印制板等不宜放在台面上。

（5）由于集成电路属于热敏感器件，因此要严格控制其焊接温度和焊接时间，否则很容易损坏集成电路。

怎样利用热风枪进行集成电路的拆卸与焊接？

答：利用热风枪进行集成电路的拆卸与焊接，这是拆卸与焊接片状IC最有效的方法，因而在拆卸与焊接片状IC时经常采用。热风枪的外形如图3.14所示。吹风加热法无需上锡，拆卸迅速，不留后患。具体操作步骤如下：根据不同尺寸的IC，选择合适的喷嘴；设置好温度和气压，温度范围为200℃±20℃，空气流等级为4级；热风器通电后，右手握热风器喷头的手柄，左手拿着镊子，用空气流预热IC约5s，然后用喷嘴加热，直到能从板上提起这块IC为止，再用镊子把这块IC取出来。

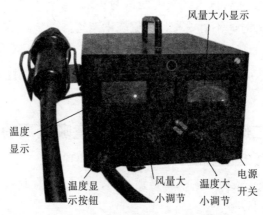

图3.14　蓝特852型热风枪外形

怎样利用电烙铁进行集成电路的拆卸与焊接？

答：利用电烙铁进行集成电路的拆卸与焊接一般需要两支电烙铁。先用一手拿焊锡，一手拿电烙铁，把被拆卸的IC各边都注上锡。然后，每一只手各持一把电烙铁，在IC的各脚上来回迅速划动，使每一脚上的锡都处于熔化状态。再后，往适当的方向移动一下，IC就会移位，等引脚全部离开焊接处后，这个IC就被拆卸下来了，如图3.15所示。

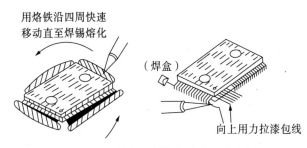

图3.15　用烙铁法拆卸集成电路示意图

焊接时先焊对角的两只引脚定位，然后再从左至右，或自上而下逐个焊接。也可采用安全的焊接顺序：即从接地引脚→输出引脚→电源引脚→输入引脚→其他引脚。焊接时电烙铁头一次沾锡量以能焊2或3只引脚为准，电烙铁先接触印制电路板上的铜箔，等焊锡熔入集成电路管脚底部时，电烙铁头再接触引脚，接触时间不宜超过3s，并且要让焊锡均匀包住引脚。焊后要检查有否漏焊、虚焊之处，清理焊点。在焊接场效应管、集成电路时应选用20~25W的内热式电烙铁，为避免因电烙铁的感应电压损坏集成电路，为此要给电烙铁接好地线，或用烙铁余热焊接，必要时还要采取人体接地的措施。

合格焊点的要求有哪些？

答：合格焊点的要求有以下几点：

（1）具有良好的电气性能。高质量的焊点应是焊料与被焊金属表面浸润性好，才能保证导电良好。不能简单地将焊料堆附在被焊金属表面而形成虚焊。

（2）具有一定的机械强度。焊点不仅起电气连接的作用，同时也是固定元器件、保证机械连接的手段，因而要达到一定的机械强度，除焊料与被焊金属表面浸润性好之外，还要适当增大焊接面积。

（3）焊点表面光滑并有光泽。良好的外表是焊接高质量的反映，表面有金属光泽，是焊接温度合适、生成合金层的标志，而不仅仅是外表美观的要求。另外，要求焊点大小要均匀，焊接点表面要清洁，无残留焊剂且不能有毛刺、沙眼、气孔等状况。

（4）焊点接触电阻要小。焊接点必须焊牢焊透，焊液必须充分渗透，不允许出现漏焊、虚焊、夹生焊点。

（5）焊点不应有毛刺和空隙。毛刺因助焊剂过少而引起，空隙由气泡造成。

（6）焊点间不应有搭焊、碰焊、桥连、溅锡等容易发生短路的现象。

典型焊点的外观要求如图3.16所示。图3.16是两种典型焊点的外观，其共同要求是：形状为近似圆锥而表面微凹呈慢坡状（以焊接导线为中心，对称呈裙状拉开）。焊料的连接面呈半弓形凹面，焊料与焊件交界处平滑，接触角尽可能小；焊点表面有光泽且平滑；无裂纹、针孔、夹渣。虚焊点表面往往呈凸形，可以鉴别出来。

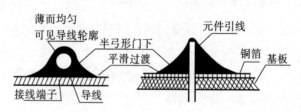

图3.16　焊点的外观特征

怎样防止虚焊？

答：为使焊点具有良好的导电性能，必须防止虚焊。虚焊是指焊料与被焊物表面没有形成合金结构，只是简单地依附在被焊金属的表面上，如图3.17所示。

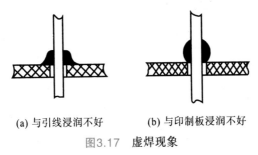

(a) 与引线浸润不好　　　(b) 与印制板浸润不好

图3.17　虚焊现象

造成虚焊的原因主要有：所使用的焊锡质量不好；所使用助焊剂的还原性不良或用量不够；被焊接的元器件引脚表面未处理干净，可焊性较差；电烙铁头的温度过高或过低，温度过高会使焊锡熔化过快过多而不容易着锡，温度过低会使焊锡未充分熔化而呈豆腐渣状；电烙铁表面有氧化层；对元器件的焊接时间掌握得不好；未等所焊的焊锡凝固，就移走电烙铁，因而造成被焊元器件的引脚移动；印制电路板上铜箔焊盘表面有油污或氧化层未处理干净，或沾上阻焊剂等，使焊盘的可焊性变差。因此为防止虚焊应注意以下几点：

（1）选用合适的焊料与焊剂。具体要求参看前面的有关问答。

（2）保证金属表面清洁。若焊件和焊点表面带有锈渍、污垢或氧化物，应在焊接之前用刀刮或砂纸磨，直至露出光亮金属，才能给焊件或焊点表面镀上锡。

（3）掌握焊接时间与温度。为了使温度适当，应根据元器件大小选用功率合适的电烙铁，并注意掌握加热时间。用功率小的电烙铁去焊接大型元器件或在金属底板上焊接地线，易形成虚焊。

（4）上锡适量。根据焊点的大小来决定烙铁沾的锡量，使焊锡足够包裹住被焊物，形成一个大小合适且圆滑的焊点。

消除虚焊的正确方法是"一熔、二看、三补焊"。焊点经烙铁熔化（不要加锡）后，锡层下落、焊点所包的引脚部分外露；移开烙铁，查看新露出的引脚部位是否挂锡；如果挂有锡层，则表明该原焊点正常，加焊锡和焊剂（松香）补焊即可；如果没有锡层，则该点虚焊，要用断锯条刮净引脚，再加锡补焊。

拆焊的工具有哪些？

答：已焊好的焊点进行拆除的过程称为拆焊。在电子产品的调试、维修、装配中，常常需要更换一些元器件，即要进行拆焊。拆焊是焊接的逆向过程，由于拆焊方法不当，往往会造成元器件的损坏，如印制导线的断裂和焊盘的脱落，尤其是更换集成电路时，所以拆焊就更有一定的难度和拆焊技巧。

常用的拆焊工具除电烙铁外还有以下几种。

● 热风枪

热风枪是一种贴片元器件和贴片集成电路的拆焊、焊接专用工具。其特点是采用非接触印刷电路板的拆焊、焊接方式，使印刷电路板免受损伤；热风的温度及风量可调节，不易损坏元器件。蓝特852型热风枪如图3.14所示。

在使用时应注意以下事项：

（1）温度旋钮和风量旋钮的选择要根据不同集成组件的特点而定，以免温度过高损坏组件或风量过大吹丢小的元器件。

（2）用热风枪吹焊SOP（小外形封装）、QFP（方形扁平式封装）和BGA（球栅阵列封装）的片状元器件时，初学者最好先在需要吹焊的集成电路四周贴上条形纸带，这样可以避免损坏其周围元器件。

（3）注意吹焊的距离适中。距离太远元器件吹不下来，距离太近又会损坏元器件。

（4）风嘴不能集中于一点吹，应按顺时针或逆时针的方向均匀转动手柄，以免吹鼓、吹裂元器件。

（5）不能用热风枪吹接插件的塑料部分，热风枪的喷嘴不可对准人和设备，以免烫伤人或烫坏设备。

（6）不能用风枪吹灌胶的集成电路，应先除胶，以免损坏集成电路或板线。

（7）吹焊组件要熟练准确，以免多次吹焊损坏组件。

（8）吹焊完毕时，要及时关小热风枪温度旋钮，以免持续高温降低手柄的使用寿命。

●吸锡电烙铁

吸锡电烙铁在构造上的主要特点是把加热器和吸锡器装在一起。因而可以利用它很方便地将要更换的元器件从电路板上取下来，而不会损坏元器件和电路板。对于更换集成电路等多管脚的元器件，优点更为突出。吸锡电烙铁又可作为一般电烙铁使用，所以它是一件非常实用的焊接工具。

吸锡式电烙铁的使用方法是：接通电源，预热5~7min后向内推动活塞柄到头卡住，将吸锡烙铁前端的吸头对准欲取下的元器件的焊点，待锡钎料熔化后，小拇指按一下控制按钮，活塞后退，锡钎料便吸进储锡盒内。每推动一次活塞（推到头），可吸锡一次。如果一次没有把锡料吸干净，可重复进行，直到干净为止。

●吸锡器

用于吸取熔化的焊锡，要与电烙铁配合使用。先使用电烙铁将焊点熔化，再用吸锡器吸除熔化的焊锡。

●专用拆焊的烙铁头

图3.18（a）所示为适合拆焊双列直插式集成电路的烙铁头；图（b）所示为适合拆焊四列扁平式集成电路的烙铁头；图（c）所示为适合拆焊多脚焊点的烙铁头；图（d）所示为适合拆焊双列扁平集成电路的烙铁头。

●空心针头、铜编织网、气囊吸锡器

空心针头、铜编织网、气囊吸锡器的外形如图3.18（e）、（f）、（g）所示。空心针头可选医用不同号的针头代用；铜编织网可选专用吸锡铜网（价格较贵），也可用普通电缆的铜编织网代用；气囊吸锡器一般为橡胶气囊。

(a)拆焊双列直插式集成电路的烙铁头　(b)拆焊四列扁平式集成电路的烙铁头

(c)拆焊多脚焊点的烙铁头　　(d)拆焊双列扁平集成电路的烙铁头

(e)空心针头　　(f)铜编织网　　(g)气囊吸锡器

图3.18　常用的拆焊工具

拆焊的方法有几种？

答：拆焊的方法有以下几种。

● 分点拆焊法

对卧式安装的阻容元器件，两个焊接点距离较远，可采用电烙铁分点加热，逐点拔出。如果引线是弯折的，用烙铁头撬直后再行拆除。

分点拆焊法的示意图如图3.19所示。具体方法是将印制板竖起，一边用烙铁加热待拆元件的焊点，一边用镊子或尖嘴钳夹住元器件引线轻轻拉出，然后再拆除另一引脚的焊点，最后将元器件拆下便可。

(a)烙铁点焊元器件一引脚　　　　　(b)拔出引脚

图3.19　分点拆焊示意图

●集中拆焊法

晶体管及立式安装的阻容元器件之间焊接点距离较近，可用烙铁头同时快速交替加热几个焊接点，待焊锡熔化后一次拔出。对多接点的元器件，如开关、插头座、集成电路等，可用专用烙铁头同时对准各个焊接点，一次加热取下。集中拆焊法如图3.20所示。

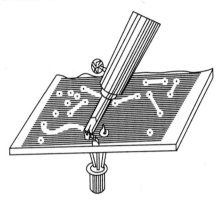

图3.20　集中拆焊示意图

●采用铜编织线进行拆焊

将铜编织线蘸上松香助焊剂，然后放在将要拆焊的焊点上，再把电烙铁放在铜编织线上加热焊点，待焊点上的焊锡熔化后，铜编织线就会把焊锡吸附（焊锡被熔到铜编织线上），如果焊点上的焊料一次没有被吸完，则可进行第二次、第三次，直到全部吸完为止。当铜编织线吸满焊料后，就不能再用，就需要把已经吸满焊料的那部分剪去。如果一时找不到铜编织线，也可采用屏蔽线编织层和多股导线，使用方法与使用铜编织线拆焊的方法完全相同。铜编织线拆焊法如图3.21（a）所示。

●采用医用空心针头进行拆焊

将医用针头用钢挫把针尖挫平，作为拆焊工具。具体的实施过程是，一边用烙铁熔化焊点，一边把针头套在被焊的元器件引脚焊点上，直至焊点熔化时，将针头迅速插入印制电路板的焊盘插孔内，使元器件的引脚与印制电路板的焊盘脱开。针头拆焊法如图3.21（b）所示。

● 采用气囊吸锡器进行拆焊

将被拆的焊点加热，使焊料熔化，然后把吸锡器挤瘪，将吸嘴对准熔化的焊料，并同时放松吸锡器，此时焊料就被吸进吸锡器内。若一次没吸干净，可重复进行2或3次，照此方法逐个吸掉被拆焊点上的焊料便可。气囊吸锡器拆焊法如图3.21（c）所示。

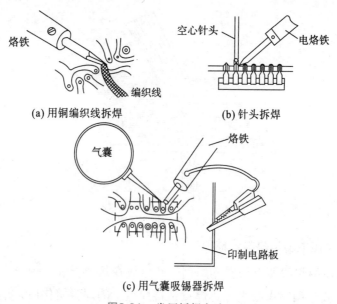

(a) 用铜编织线拆焊　　　　　　(b) 针头拆焊

(c) 用气囊吸锡器拆焊

图3.21· 常用拆焊方法

 拆焊时应注意哪些事项？

答：拆焊时应注意以下事项：

● 严格控制加热的温度和时间

用烙铁头加热被拆焊点时，当焊料一熔化，应及时沿印制电路板垂直方向拔出元器件的引脚，但要注意不要强拉或扭转元器件，以避免损伤印制电路板的印制导线、焊盘及元器件本身。

● 拆焊时不要用力过猛

在高温状态下，元器件封装的强度会下降，尤其是塑封器件。拆焊时不要强行用力拉动、摇动、扭转，这样会造成元器件和焊盘的损坏。

● 吸去拆焊点上的焊料

拆焊前，用吸锡工具吸去焊料，有时可以直接将元器件拔下。即使还有少量锡连接，也可以减少拆焊的时间，减少元器件和印制板损坏的可能性。在没有吸锡工具的情况下，则可以将印制电路板或能移动的部件倒过来，用电烙铁加热拆焊点，利用重力原理，让焊锡自动流向电烙铁，也能达到部分去锡的目的。

● 把焊盘插线孔清干净

当拆焊完毕，必须把焊盘插线孔内的焊料清除干净，否则就有可能在重新插装元器件时，将焊盘顶起损坏（因为有时孔内焊锡与焊盘是相连的）。

拆焊后重新焊时应注意哪些事项？

答：拆焊后一般都要重新焊上元器件或导线，操作时应注意以下几个问题：

（1）重新焊接的元器件引线和导线的剪截长度、离底板或印制板的高度、弯折形状和方向，都应尽量保持与原来的一致，使电路的分布参数不致发生大的变化，以免使电路的性能受到影响，特别对于高频电子产品更要重视这一点。

（2）印制电路板拆焊后，如果焊盘孔被堵塞，应先用锥子或镊子尖端在加热条件下，从铜箔面将孔穿通，再插进元器件引线或导线进行重焊。特别是单面板，不能用元器件引线从印制板面捅穿孔，这样很容易使焊盘铜箔与基板分离，甚至使铜箔断裂。

（3）拆焊点重新焊好元器件或导线后，应将因拆焊需要而弯折、移动过的元器件恢复原状。一个熟练的维修人员拆焊过的维修点一般是不容易看出来的。

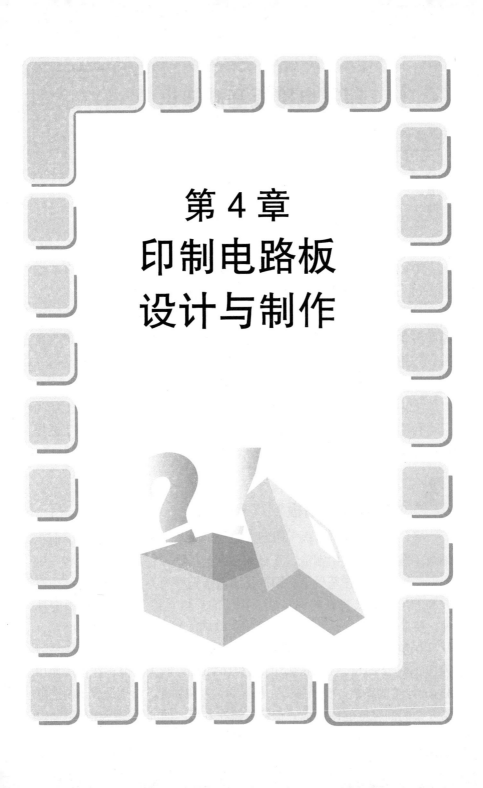

第 4 章
印制电路板
设计与制作

4.1 印制电路板基础知识

印制电路板有哪些功能？

答：印制电路板在电子设备中有如下功能：

（1）固定电子元器件。印制电路板提供集成电路等各种电子元器件固定、组装的机械支撑，可实现电子元器件的自动化安装。

（2）实现元器件的电气连接或电绝缘。印制电路板能实现集成电路等各种电子元器件之间的电气连接或电绝缘。提供所要求的电气特性，如特性阻抗等。与手工焊线连接相比，印制电路板的连接具有一致性、重复生产性、高可靠性的特点，避免了人为的连接错误。

（3）为元器件的插装提供识别字符和图形。在印制电路板上能为元器件的插装、检查、维修提供识别字符和图形，为自动锡焊工艺提供非焊接地区的阻焊图形。

什么是覆铜板？

答：制造印制电路板（印制电路板）的基本材料是覆铜板，而覆铜板（敷铜板）是由铜箔、基板和黏合剂构成，它是用黏合剂将一定厚度的铜箔覆盖在基板上。铜箔是制造覆铜板的关键材料，它必须有较高的导电率及良好的焊接性。铜箔的质量直接影响到覆铜板的性能。要求铜箔表面不得有划痕、砂眼和皱褶，金属纯度不低于99.8%，厚度误差不大于±5 μm。按照部颁标准规定，铜箔厚度的标称系列为18 μm、25 μm、35 μm、70 μm和105 μm。我国目前正在推广使用35 μm厚度的铜箔。铜箔越薄，越容易蚀刻和钻孔，特别适合于制造电路复杂的高密度的印制板。铜箔覆盖在基板一面的覆铜板称为单面覆铜板，基板的两面均覆盖铜箔的覆铜板称为双面覆铜板。常用覆铜板的厚度有1.0mm、1.5mm和2.0mm三种。

 ## 覆铜板有哪几种？

答：覆铜板的种类也较多，按覆铜板材料的不同可分为以下几种：

（1）酚醛纸基覆铜板（TFZ-62、TFZ-63覆铜板）。酚醛纸基覆铜板又称纸质板。是由绝缘浸渍纸（TFZ-62）或棉纤维（TFZ-63）浸以酚醛树脂，经热压而成的板状纸品。它两面为无碱玻璃布，在其一面或两面覆以电解紫铜箔。这种覆铜板的优点是价格便宜，缺点是机械强度低、易吸水变型和耐高温性能差（一般不超过100℃），广泛用于低档民用电器产品中。

（2）环氧酚醛玻璃布覆铜板（THFB-65覆铜板）。环氧酚醛玻璃布覆铜板与酚醛纸基覆铜箔板不同的是，它是采用无碱玻璃浸以环氧树脂，性能优于酚醛纸基覆铜板。由于环氧树脂的黏结能力强，电绝缘性能好，又耐化学溶剂和油类腐蚀，机械强度、耐高温和潮湿性较好，但价格高于酚醛纸板。广泛应用于工作环境较好的仪器、仪表及中档民用电器中。

（3）环氧双氰胺玻璃布覆铜板。这种覆铜板是由玻璃布浸以双氰胺固化剂的环氧树脂，并覆以电解紫铜，经热压而成的。这种覆铜板基板的透明度好，耐高温和潮湿性优于环氧纸基覆铜板，具有较好的冲剪、钻孔等机械加工性能。被用于电子工业、军用设备、计算机等高档电器中。

（4）聚四氟乙烯覆铜板。此种覆铜板是以聚四氟乙烯覆铜板为原料，敷以铜箔热压而成的。它具有优良的介电性能和化学稳定性，介电常数低，介质损耗低，是一种耐高温、高绝缘的新型材料。应用于微波、高频、家用电器、航空航天、导弹、雷达等产品中。

（5）聚酰亚胺柔性覆铜板。其基材是软性塑料（聚酯、聚酰亚胺、聚四氟乙烯薄膜等），厚度0.25～1mm。在其一面或两面覆以导电层以形成印制电路系统。使用时将其弯成适合形状，用于内部空间紧凑的场合，如硬盘的磁头电路和电子相机的控制电路。

覆铜板的标称厚度如表4.1所示。

表4.1　覆铜板的标称厚度

名　称	标称厚度(mm)	铜箔厚度(μm)
酚醛纸基覆铜板	1.0、1.5、2.0、2.5、3.0、3.2、6.4	50~70
环氧酚醛玻璃布覆铜板	1.0、1.5、2.0、2.5、3.0、3.2、6.4	35~70
环氧双氰胺玻璃布覆铜板	0.2、0.3、0.5、1.0、1.5、2.0、3.0、5.0、6.4	35~50
聚四氟乙烯覆铜板	0.25、0.3、0.5、0.8、1.0、1.5、2.0	35~50
聚酰亚胺柔性覆铜板	0.2、0.5、0.8、1.2、1.6、2.0	35

什么叫焊盘?

答：一块完整的印制电路板主要由焊盘、孔（包括安装孔、定位孔、过孔与工艺孔等）印制线、元件面和焊接面等组成。印制电路板如图4.1所示。

焊盘是指元器件的引线孔周围的金属部分，是为焊接元器件引线及跨接线而用。焊盘的形状如图4.1（a）所示。焊盘的尺寸取决于引线孔的尺寸，一般焊盘内径比引线孔直径大0.1～0.4mm，引线孔直径比元器件引线直径大0.2～0.3mm。若穿孔太大则会产生焊接不良，机械强度不够等弊病。焊盘的圆环宽度通常为0.5～1.5mm。焊盘的形状通常有：岛形焊盘、圆形焊盘、方形焊盘与椭圆形焊盘等。

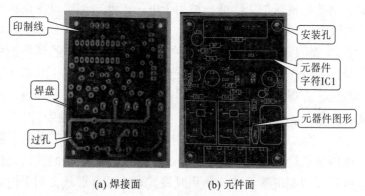

(a) 焊接面　　　　　(b) 元件面

图4.1　印制电路板

印制电路板上有几种孔？

答：印制电路板上有许多孔，包括安装孔、定位孔与过孔等，其中安装孔是用于固定大型元器件和印制电路板的小孔，大小根据实际而定；定位孔用于印制电路板加工和检测定位的小孔，可用安装孔代替，一般采用三孔定位方式，孔径根据装配工艺确定；过孔是在双面印制电路板上，将上下两层印制线连接起来且内部充满或涂有金属的小洞。有的过孔可作为焊盘使用，有的仅起连接作用，使过孔内涂金属的过程称为孔金属化。

什么是印制电路板的元件面和焊接面？

答：在印制电路板上用来安装元器件的一面称为元件面，单面印制电路板上无印制线的一面就是元件面。双面印制电路板上的元件面一般印有元器件图形、字符等标记。

在印制电路板上用来焊接元器件引脚的一面称为焊接面，该面一般不做任何标记。

怎样进行印制电路板的质量检验？

答：（1）外观检验。检验印制电路板先用肉眼观察印制电路板上所有待制部分是否有违背原设计要求、所制部位是否有遗漏未完成，如导线上有无断线或者砂眼、有无遗漏的安装孔等。

（2）连通性检验。一般借助万用表来检验印制电路图形是否连通。

（3）可焊性检验。可焊性检验通常用润湿、半润湿、不润湿来区别。润湿是指焊料在待焊处能充分漫流形成黏性连接；半润湿是指由于润湿不佳而造成焊料回缩现象，大部分焊料都形成了焊料球；不润湿是指印制电路板上完全不润湿，表面丝毫未涂上焊料。

4.2 印制电路板手工设计

怎样选用覆铜板？

答：覆铜板的选用将直接影响电器的性能及使用寿命。在设计印制电路板时，应根据产品的电气特性和机械特性及使用环境选用不同的覆铜板。主要依据是：电路中有无发热元器件（如大功率元器件）及电路的工作频率；结构要求印制电路板在电器中的放置方式（垂直或水平）及板上有无质量较重的器件；是否工作在潮湿、高温的环境中。设计时还必须考虑性能价格比，如果全部选用各项指标都是上等的板材，而忽略了不同板材在价格上的差异，就容易造成产品质量没有明显提高而成本费用却大幅度增加的情况。以袖珍晶体管收音机为例，由于机内电路板本身尺寸小，印制线条宽度较大，使用环境良好，整机售价低廉，所以在选材时应主要考虑价格因素，选用酚醛纸质基板即可，没有必要选用高性能的环氧玻璃布基板。又如，在微型计算机等高档电子设备中，由于元器件的装配密度高，印制线条窄，板面尺寸大，电路板的制造费用只在整机的成本中占有很小的比例，所以在设计选材时，应该以覆铜板的各项技术性能作为考虑的主要因素，不能片面地要求成本低廉。

怎样选择印制板的厚度？

答：在选择印制板的厚度时，主要根据印制板尺寸和所选元器件的质量及使用条件等因素确定。如果印制板的尺寸过大或板上的元器件过重（如大容量的电解电容器或大功率器件等），就应该适当增加板的厚度或对电路板采取加固措施，否则电路板容易产生翘曲。表4.1列出了覆铜板材的标准厚度。另外，当电路板对外通过插座连线时，必须注意插座槽的间隙一般为1.5mm。若印制板过厚则插不进去，过薄则容易造成接触不良。

怎样选择印制板的形状？

答：印制板的形状通常由整机结构和内部空间位置的大小决定。外形应该尽量简单，一般为矩形，避免采用异形板。采用矩形，可以大大简化板边的成形加工量。在收录机、电视机等大批量生产的产品中，整机的不同部位上往往需要几块大小不一的印制电路板。为了降低电路板的制作成本，提高自动装配焊接的比例，通常把两三块面积较小的印制板与主电路板拼组成一个大的矩形，制作成一块整板，待装配、焊接以后，再沿着工艺孔或工艺槽掰开。

怎样确定印制板尺寸？

答：印制板尺寸的确定要考虑到整机的内部结构和印制板上元器件的数量、尺寸及安装排列方式，板上元器件的排列彼此间应留存一定的间隔，特别是在高压电路中，要注意留存足够的间距，在考虑元器件所占面积时，要注意发热元器件需安装散热器的尺寸，在确定印制板的净面积后，还应向外扩出5~10mm（单边），便于印制板在整机安装中固定。如果印制板的面积较大、元器件较重或在振动环境下工作，应该采用边框、加强筋或多点支撑等形式加固。当整机内有多块印制板，特别当这些印制板是通过导轨和插座固定时，应该使每块板的尺寸整齐一致，这有利于它们的固定与加工。

印制电路板设计应遵守哪些基本原则？

答：在设计印制电路板时，应遵守以下基本原则：

● 电气连接与电原理图相符

在印制电路板上布设印制导线的电气连接必须与电原理图相符。若因布线的局限以及出于对电气或机械性能的考虑，如功率元件或较重的机电器件的安装，在印制电路板上不便布设而需另加连线时，应在电气装配图中标出，并说明其连接的方式。

● 元器件布局要合理

电路中元器件的布置应充分考虑每个单元电路彼此之间的联系，由输入端（或高频）向输出端（或低频）的顺序来设置，元器件所占地方的大小应心中有数，并兼顾上下左右，以防前紧后松或前松后紧。先考虑以三极管、集成电路为中心的单元电路所在位置，然后将其外围元器件尽量安排在周围。元器件间应留有一定距离，防止相互碰靠，造成干扰、短路或影响散热。

在同一印制电路板上的元器件，要尽量按其发热量大小与耐热程度区分排列，发热量较大的元件，应加装散热器，或尽可能放置在有利于散热的位置以及靠近机壳处；发热量较小的小信号三极管、小规模集成电路等，则放在印制板中间或有碍冷却气流不畅的地方。热敏元件要远离发热元件。对于比较大、重的元件，要另加支架或紧固件，不能直接焊在印制电路板上。

元器件应尽可能平行或垂直排列，集成电路的方向应一致，应尽量减少和缩短各单元电路之间的连线和引线。印制电路板引出线的数量应尽量少，以减少插头和插座触头的数目，提高工作可靠性。位于边缘的元件，离印制电路板边缘的距离至少应大于2mm（一般应空出5~10mm），以便于印制板的固定。

对称式的电路，如推挽功放、差动放大器、桥式电路等，应注意元件的对称性，尽可能使其分布参数一致。

当电路元器件多、较复杂时，尚应考虑能清楚标注元器件字符的地方。

● 印制线路的连接应尽量短

当元器件位置确定后，其外引脚的焊盘亦随之定位，则焊盘间便可用印制线将其连接起来。印制线应尽量短，其线之宽细视其用途而定：对于放大、振荡等电路，印制线可粗些，一般在0.5～1mm线宽；对于数据信号传送的逻辑电路，印制线可细些，但不能小于0.3mm。而地线应尽量粗一些，使其能通过3倍的印制电路板的允许电流，一般应大于3mm线宽。若接地线很细，接地电位将随电流的变化而变化，会导致电子设备的定时信号电平不稳，抗噪声性能变坏。为提高抗噪声能力，接地线应尽量构成闭环路。

采用平行布线虽能减少导线电感，但会增加线间互感及分布电容，若电路的布局允许，最好采用井字形网状走线结构，它适于双面电路印制板，即印制电路板的一面走横线，另一面则走纵线，然后在交叉孔处用金属化孔相连。

在设置高频信号走线时，为防止走线产生的辐射，应尽量减少印制导线的不连续性，导线拐角应大于90°，禁止环状走线。

时钟信号引线易产生电磁辐射干扰，应避免长距离地与信号线平行走线。

数据总线的走线应在每两个信号线之间夹一根信号地线。当遇到走线非交叉不可时，可采用导线（间距大）或裸线（邻近）跳线予以跨接，亦可用电阻、电容跨接。

● 信号线、电源线和地线的布局应合理

布线时应首先考虑信号线，信号线应尽量短，以减少干扰。电源线和地线的长度可以不受限制。易受干扰的元件应加屏蔽。在一块印制板上，如同时存在模拟电路和数字电路时，应考虑将数字地线和模拟地线分开而自成回路，最后引到公共地线上去。

为抑制印制板导线间的串扰，在走线时要尽量缩短平行走线，且平行走线间距应尽量大，信号线与地线和电源线尽可能不交叉。一些对干扰明显敏感的信号线之间可设置一条接地印制线，以便有效地抑制串扰。

接地公共线要尽量位于边框，当元器件布置在印制电路板中间有公共接地端时，可分别接在一条公共地线上，然后与边框形成一子边框，将单元电路围在其中，既有利于元器件的安装，又可起屏蔽作用。

●印制电路图和印制电路板的比例

印制电路图和印制电路板一般取三种比例，即1：1、2：1和3：1，通常取2：1。取2：1时，印制电路图的尺寸、元器件位置的大小及相互间的间距、焊盘和元器件引脚插孔的直径都应增大1倍。

设计印制电路板应注意哪几点？

答：设计印制电路板除了必须遵循以上基本原则外，还应注意以下几点：

（1）外壳不绝缘的元器件之间应有适当距离，不可靠得太近，以免相碰造成短路。

（2）电路板上各元器件应均匀、整齐地排列，同时考虑到安装、焊接、更换的方便。

（3）电位器、可变电容器、开关、插孔插座等与机外有联系的元器件的布局，应与机壳上的相应位置一致。

（4）机内可调元件的布局，应考虑调节的方便。从侧面调节的元件（如微调电阻）应设计在电路板的边缘；微调电容器等可从上面进行调节。

（5）设计时，应同时考虑印制电路板的安装固定问题。

在印制电路板的排版设计中如何布设元器件？

答：●元器件布设原则

在排版设计印制电路板中，元器件的布设至关重要，它决定电路板板面的整齐美观程度以及印制导线的长短与数量，对整机的可靠性也有一定的影响。布设元器件应遵循以下几条原则：

（1）布设均匀，疏密一致。元器件在整个板面上应布设均匀，疏密一致。

（2）不占满板，留有空间。元器件不要占满板面，板的四周要留有一定空间，空间大小应根据印刷电路板的大小及固定的方式决定。一般印制电路板四边应留5~10mm空间。

（3）布设一面，独占焊盘。一般元器件应布设在印制电路板的一面，并且每个元器件引出脚要单独占用一个焊盘。

（4）不能交叉，保持间距。元器件的布设不能上下交叉，如图4.2所示。相邻的两个元器件之间，要保持一定间距，间距不得过小，避免相互碰接。相邻元器件如电位差较高，则应当保留有安全间距，一般环境中的间隙安全电压为200V/mm。

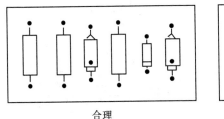
合理

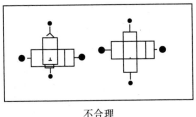
不合理

图4.2　元器件布设

（5）高度宜低，安全稳定。元器件安装高度应尽量低，过高容易倒伏或与相邻元器件碰接，致使印制电路板的安全性和稳定性变差。

（6）轴线方向，宜处竖立。根据印制电路板在整机中的安装位置及状态，来确定元器件的轴线方向。规则排列的元器件，应使元器件轴线方向在整机内处于竖立状态，从而提高元器件在板上的稳定性，如图4.3所示。

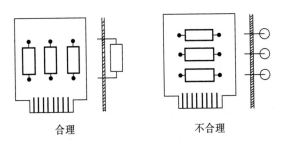
合理　　　　　　　　　　不合理

图4.3　较大元器件布设方向

（7）跨距合适，不要弯折。元器件两端跨距应稍大于元器件的轴向尺寸，如图4.4所示。弯管脚时不要齐根弯折，应留出一定距离（至少2mm），以免损坏元器件。

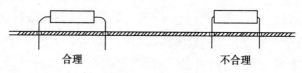

合理　　　　　　　　不合理

图4.4　元器件安装

●元器件排列格式

元器件应当均匀、整齐、紧凑地排列在印制电路板上,它们在印制电路板上的排列格式一般分为三种,即不规则排列、坐标排列及坐标格排列。三种排列方式如图4.5所示。

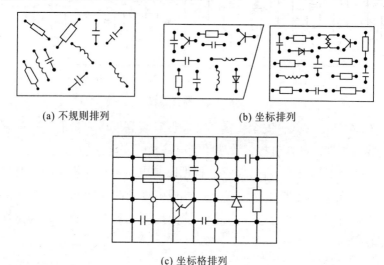

(a) 不规则排列　　　　　　　　　　(b) 坐标排列

(c) 坐标格排列

图4.5　元器在印制电路板上的排列

不规则排列是指元器件的轴线方向彼此不一致。采用这种格式主要从电性能方面考虑,其优点是减少印制导线和元器件的接线长度,从而减少电路的分布参数,缺点是外观不整齐,不便于机械化装配,该排列方式适用于30MHz以上的高频电路中。

坐标排列是指元器件与印制电路板的一条边平行或垂直,其优点是排列整齐,缺点是引线可能较长,适用于1MHz以下的低频电路中。

坐标格排列要求元器件不仅与印制电路板的一条边平行或垂直,还要求元器件的榫接孔位于坐标格的交点上。这种方式使元器件排列整齐,便于机械化打孔及装配。

● 元器件的安装方式

元器件在印制板上的安装方式主要有立式、卧式两种，如图4.6所示。卧式安装是指元器件的轴线方向与印制板平行；立式则与印制板面垂直。两种方式各有特点，立式安装的元器件占用面积小，适用于安装密度较高的场合，但对重量大且引线细的元器件不宜采用这种形式；卧式安装具有机械稳定性好、板面排列整齐等优点，元器件引脚之间的跨距较大，容易从两个焊点之间走线，对布设印制导线十分有利。

电容器立式安装

二极管水平安装

电阻器水平安装

三极管立式安装

图4.6　元器件在印制板上的安装方式

在印制电路板的排版设计中如何布设印制导线？

答：印制导线用于连接各个焊点，是印制电路板最重要的部分，印制电路板设计都是围绕如何布置导线来进行的。因为印制导线具有一定的电阻，当电流通过时，要产生热量和一定的压降，因此，掌握印制导线的布线技巧是很重要的。

印制导线布线是印制电路板设计中的重要工作，在同一面板上布线的原则是：

● 布线要短，间距宜大

尤其是晶体管的基极、高频引线、高低电位差比较大而又相邻近的引线，要尽可能地短，间距要尽量大，以免发生信号反馈或相互干扰。

● 公共地线，布置边缘

公共地线应尽可能布置在印制电路板的最边缘，便于印制电路板安装以及与地相连。同时导线与印制板边缘应留有一定距离，以便进行机械加工和提高绝缘性能，如图4.7所示。

● 各级地线，自成回路

各级电路的地线一般应自成封闭回路，以减小级间的地线耦合和引线电感，并便于接地。若电路工作于强磁场内时，其公共地线应避免设计成封闭状，以免产生电磁感应，如图4.8所示。

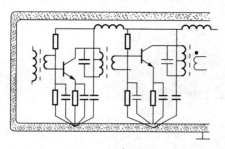

图4.7　公共地线

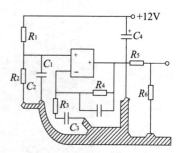

图4.8　各级地线自形回路

导线拐弯处的外拐角应呈圆形或圆弧形，以免在高频电路和布线的高密度区的绝缘电阻和耐压等下降，弯处圆弧半径R应大于2mm。

● 线不交叉，避免平行

单面印制电路板上的导线不能交叉，因此迫使导线绕道或平行布局，平行线长度增加，不仅会使引线电感增大，而且导线之间、电路之间的寄生耦合也会增大。在这种情况下，必须要保证高频线、晶体管各电极的引线、输入和输出线短而直，对于双面印制电路板，也应避免基板两面的印制相互平行，以减少导线间的寄生耦合，如图4.9所示。例如，少数布线不能绕道或与其他线平行布局，可采用跨接线连接的方式。一般跨线两点的距离不大于30cm，跨接线可用ϕ0.5~1mm的镀锡铜线，并套上绝缘套管，如图4.10所示。

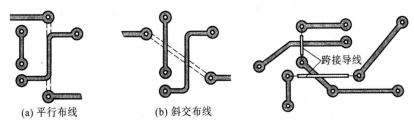

(a) 平行布线   (b) 斜交布线   跨接导线

图4.9 双面印制电路板的布线   图4.10 印制导线上跨接导线

● 减小耦合，入、出地隔

对外连接用接插形式的印制电路板，为便于安装，往往将输入、输出、馈电线和地线等均匀平行排列为插头。为了减小导线间的寄生耦合，布线时应使输入线与输出线远离，并且输入电路的其他引线应与输出电路的其他引线分别布于两边，输入与输出之间用地线隔开。此外，输入线与电源线间的距离要远一些，间距不应小于1mm，如图4.11所示。

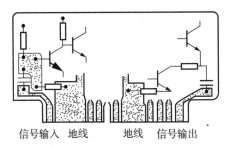

信号输入 地线   地线 信号输出

图4.11 信号的输入线和输出线应远离

怎样确定印制导线的宽度？

答：电路板上连接焊盘的印制导线的宽度，主要由铜箔与绝缘基板之间黏附强度和流过导线的电流强度决定。同一块印制电路板上的印制导线宽度应尽可能保持均匀一致（地线除外），一般情况下，印制导线的宽度可选为0.4~2mm。因为当铜箔厚度为0.05mm，导线宽度为1~1.5mm，通过2A电流时，其温度升高小于3℃。如果导线的宽度大于3mm，应在导线中间切槽，以消除温度变化或焊接时引起的铜箔鼓起或剥落。

一般情况下，建议优先采用0.5mm、1.0mm、1.5mm和2.0mm的导线宽度，它们允许通过的电流及导线的电阻如表4.2所示，其中0.5mm的导线主要应用于微小型化设备。

表4.2 印制导线与允许通过的电流和电阻的关系

导线宽度/mm	0.5	1.0	1.5	2.0
允许电流/A	0.8	1.0	1.5	1.9
导线电阻/(Ω/m)	0.7	0.41	0.31	0.25

怎样确定印制导线的间距？

答：导线间距的确定，应考虑最坏的工作条件下导线间的绝缘电阻和击穿电压。导线越短，间距越大，则绝缘电阻按比例增加。实验证明，导线间的距离为1.5mm时允许电压为300V；间距为1mm时允许电压为200V。一般情况下印制导线的最小间距应不小于0.5mm，否则印制导线间易出现跳火、击穿现象，导致基板表面炭化或破裂。印制导线间的最大允许工作电压如表4.3所示。

表4.3 印制导线间的最大允许工作电压

导线间距/mm	0.5	1	1.5	2	3
工作电压/V	100	200	300	500	700

在高频电路中，导线间距大小会影响分布电容、分布电感的大小，从而影响信号损耗、电路稳定性等。因此，导线的间距应根据允许的分布电容和电感来确定。

印制导线的间距还与焊接工艺有关，采用浸焊或波峰焊时，间距设计应大些，手工焊接间距可小一些。

怎样确定印制导线的走向和形状？

答：印制电路板布线在满足"走通"的前提下，还要讲究技巧，做到"走好"。一般应注意以下几点：

（1）作为电路的输入和输出两端用的印制导线应尽量避免相互平行，以免发生反馈，在这些导线之间最好加接地线。

（2）在布线密度比较低时，可加粗导线，信号线的间距也可适当地加大。

（3）印制导线拐弯一般应呈圆形，直角和尖角在高频电路和布线密度高的情况下会影响电气性能。避免连接成锐角和大面积铜箔。图4.12是常见的走线类型。

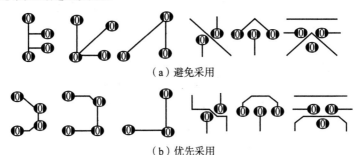

（a）避免采用

（b）优先采用

图4.12　常见的走线类型

（4）高频电子线路，高速电子计算机使用的印制电路板，若需要对印制导线的分布参数（电感、电容、特性阻抗等）加以控制时，应根据印制电路板的结构参数（层数、绝缘层厚度、屏蔽情况、基板厚度等）的具体情况，试验和计算结果进行设计。

（5）印制导线在不影响电气性能的基础上，应尽量避免采用大面积铜箔。如果必须用大面积铜箔时，应局部开窗口，因为大面积铜箔的印制电路板在浸焊或长时间受热时，铜箔与基板间的黏合剂产生的挥发性气体无法排除，热量不易散发，容易产生铜箔膨胀和脱落现象。

 常见焊盘的形状有哪些？

答：焊盘是装焊元器件的地方，焊盘中心为元器件的引脚插孔，其孔径应比所焊接的元器件引脚的直径略大一些，以便于插装元器件。设计印制电路板时应根据不同的要求选择不同形状的焊盘，焊盘的尺寸取决于引线孔的尺寸，一般焊盘内径比引线孔直径大0.1～

0.4mm，引线孔直径比元器件引线直径大0.2～0.3mm。若穿孔太大则会产生焊接不良，机械强度不够等弊病。焊盘的圆环宽度通常为0.5～1.5mm。

常见焊盘的形状如图4.13所示。

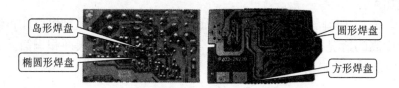

图4.13　常见焊盘的形状

（1）岛形焊盘。焊盘与焊盘之间的连线合为一体，像水上的小岛，故称为岛形焊盘。这种焊盘多用于不规则的排列中，在家电产品中应用较多，如电视机、收音机、视盘机等。岛形焊盘能使元器件的固定更加密集，因此减少了印制导线的长度和条数。另外，由于这种焊盘具有较大的铜箔面积，这样增强了焊盘的抗剥离强度。

（2）圆形焊盘。焊盘与引线孔是同心圆。多用于双面印制板电路以及排列较为规则的电路中，如集成电路的引脚焊盘等。

（3）方形焊盘。焊盘与引线孔是正方形或长方形。这种焊盘多用于一些简单的电路，如一些小制作或手工制作的印制板等。

（4）椭圆形焊盘。焊盘与引线孔是椭圆形。该种焊盘多用于插座类元件和双列直插式器件。这种焊盘比圆形焊盘的铜箔面积大，因而有较强的抗剥离能力。

以上几种常用的焊盘外，还有其他不同形状的焊盘，如图4.14所示。供设计者参考选用。

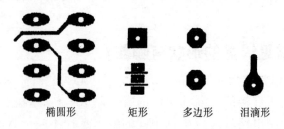

椭圆形　　　　矩形　　　多边形　　泪滴形

图4.14　不同形状的焊盘

怎样确定焊盘引线孔径？

答：在设计印制板电路时应根据实际情况和元器件引线的粗细，选择合适的焊盘引线孔直径。

焊盘引线孔有金属化和非金属化之分。引线孔有电气连接和机械固定双重作用。引线孔过小，元器件引脚安装困难，焊锡不能润湿金属孔；引线孔过大，容易形成气泡等焊接缺陷。若元器件引线直径为 d_1，引线孔直径为 d，则有

$$d_1+0.2<d\leq d_1+0.4 \quad (\text{mm})$$

焊盘的外径一般应比引线孔直径大1.3mm以上，如果外径太小，焊盘容易在焊接时粘断或剥落；但也不能太大，否则不容易焊接并且影响印制电路板的布线密度。

怎样确定过孔、安装孔和定位孔的位置和孔径？

答：印制电路板上的孔除有引线孔外，还有过孔、安装孔和定位孔。

（1）过孔。过孔也称为连接孔。过孔均为金属化孔，主要用于不同层间的电气连接。一般电路过孔直径可取0.6~0.8mm，高密度板可减少到0.4mm，甚至用盲孔方式，即过孔完全用金属填充。孔的最小极限受制板技术和设备条件的制约。

（2）安装孔。安装孔用于大型元器件和印制板的固定，安装孔的位置应便于装配。

（3）定位孔。定位孔主要用于印制板的加工和测试定位，可用安装孔代替，也常用于印制电路板的安装定位，一般采用三孔定位方式，孔径根据装配工艺确定。

印制电路板对外连接有几种形式？

答：印制电路板仅是电子产品的一个重要组成部分，因此存在印

制电路板的对外连接问题，即印制电路板间的互连或印制电路板与其他部件的互连。连接方式可采用插头座、转接器或跨接导线等多种形式，一般采用插头座互连和用导线互连方法。

（1）插头座互连。印制板电路的互连，可采用簧片式插头、插座［如图4.15（a）所示］和针孔式插头、插座连接方式［如图4.15（b）所示］进行。

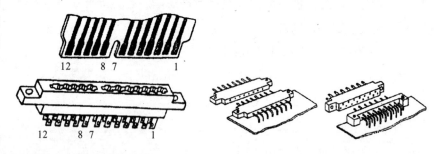

(a) 簧片式插头、插座　　　　　　　　　(b) 针孔式插头、插座

图4.15　印制板电路互连方式

（2）跨接导线互连。采用跨接导线互连是最简单、廉价而且可靠的连接方式，不需要任何接插件。为加强互连导线在印制板上连接的可靠性，印制板上一般设有专用的穿线孔，导线从被焊点的背面穿入穿线孔，如图4.16（a）、（c）所示。

采用屏蔽线作为互连导线时，其穿线方法与一般互连导线相同，但屏蔽导线不能与其他导线一起走线，避免互相干扰，屏蔽导线与印制板的互连如图4.16（b）所示。

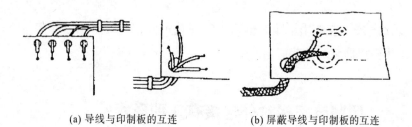

(a) 导线与印制板的互连　　　　　　　　(b) 屏蔽导线与印制板的互连

导线与印制板互连

(c) 导线与印制板互连实物图

图4.16　导线、屏蔽导线与印制板的互连

 印制电路板防干扰的措施有哪些？

答：在设计印制电路板的时候，要考虑抗干扰的问题，如果电路原理图设计正确，印制电路板设计不当，也会对电子设备的可靠性产生不利影响，在设计中，采用抗干扰的措施很多，其中常用的措施有以下三条。

●地线、电源线设计

在电子设备中，接地是控制干扰的重要方法。若能将接地和屏蔽正确结合起来使用，可解决大部分干扰问题。电子电路的接地方式通常分为单点接地、多点接地两种。单点接地也称一点接地，电路中只有一个接地点，可使共地阻抗降到最低，其抗共地干扰性能也最佳，通常适用于直流和低频电路；多点接地可使电路中各条地线长度减到最短，故能有效地防止因地线电感及电容引起的干扰。由于各级电路采用多点接地，当地线阻抗较大时，会产生较严重的共地干扰现象。通常适用于高频电路，在直流和低频电路中也应用较多。

选择接地线类型时，应根据信号频率的高低及电路的类型采用不同的接地方式。当印制电路板上信号频率小于1MHz，由于布线和元器件之间的电磁感应影响很小，而接地电路形成的环流对干扰的影响较大，所以要采用一点接地，使其不形成回路；当信号频率高于10MHz时，由于布线的电感效应明显，地线阻抗变得很大，此时接地电路形成的环流就不再是主要问题了，所以应采用多点接地，尽量降低地线阻抗；当印制电路板上工作频率为1~10MHz时，如果采用一点接地，其地线长度不应超过波长的1/20，否则应采用多点接地法。对于印制电路板上既有数字电路，又有模拟电路，应使它们尽量分开，而且两者的地线不要相混，分别与电源端地线相连，而且尽量加大模拟电路引出端的接地面积。如果地线很细的话，则地线电阻将会较大，造成接地电位随电流的变化而变化，致使信号电平不稳，导致电路的抗干扰能力下降。因此应将接地线尽量加粗，在布线空间允许的情况下，要保证主要地线的宽度至少为2mm，元件引脚上的接地线应该在1.5mm左右。

设计只由数字电路组成的印制电路板的地线系统时，将接地线做成闭环路可以明显地提高抗噪声能力。其原因在于：印制电路板上有很多集成电路元件，尤其遇有耗电多的元件时，因受接地线粗细的限制，会在接地结上产生较大的电位差，引起抗噪声能力下降，若将接地结构成环路，则会缩小电位差值，提高电子设备的抗干扰能力。

任何电子产品的电源大多数是由220V交流电通过降压、整流、稳压后供出。供电电源的质量会直接影响整机的技术指标。除了原理设计的问题以外，电源线的布设工艺问题或印制板设计不合理，也都会引起电源的质量不好，特别是引起交流电源对直流电源的干扰。例如，在图4.17左方所示的稳压电路中整流管接地过远、右方所示电路交流滤波电容与直流电源的取样电阻共用一段接地导线，这样都会由于布线不合理，造成交、直流回路彼此相连，导致交流信号对直流电路产生干扰，使电源的质量下降。

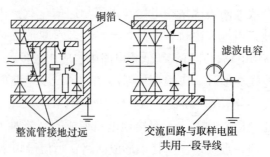

图4.17　电源布线不当产生干扰

在布线工作的最后，用地线将电路板的底层没有走线的地方铺满，采用大面积覆盖接地。对于单片机闲置的输入/输出端口，不要悬空，应根据其性能要求接地或接电源。其他数字集成电路的闲置端在不改变系统逻辑的情况下接地或接电源。

● 电磁兼容性设计

电磁兼容性设计的目的是使电子设备既能抑制各种外来的干扰，使电子设备在特定的电磁环境中能够正常工作，同时又能减少电子设备本身对其他电子设备的电磁干扰。

由于瞬变电流在印制线条上所产生的冲击干扰主要是由印制导线的电感成分造成的，因此应尽量减小印制导线的电感量。印制导线的电感量与其长度成正比，与其宽度成反比，因而短而宽的导线对抑制干扰是有利的。时钟引线、行驱动器或总线驱动器的信号线常常载有大的瞬变电流，印制导线要尽可能地短。对于分立元件电路，印制导线宽度在1.5mm左右时，即可完全满足要求；对于集成电路，印制导线宽度可在0.2~1.0mm选择。

采用正确的布线策略。采用平行走线可以减少导线电感，但导线之间的互感和分布电容增加，如果布局允许，最好采用井字形网状布线结构，具体做法是印制板的一面横向布线，另一面纵向布线，然后在交叉孔处用金属化孔相连。为了抑制印制板导线之间的串扰，在设计布线时应尽量避免长距离的平行走线，尽可能拉开线与线之间的距离，信号线与地线及电源线尽可能不交叉。在一些对干扰十分敏感的信号线之间设置一根接地的印制线，可以有效地抑制串扰。由于电路板的一个过孔会带来大约10pF的电容效应，此时对高频电路将会引入太多的干扰，所以在布线时应尽可能地减少过孔数。过孔多还会造成电路板的机械强度降低。

为了避免高频信号通过印制导线时产生的电磁辐射，在印制电路板布线时，还应注意以下几点：

（1）尽量减少印制导线的不连续性，如导线宽度不要突变，导线的拐角应大于90°，禁止环状走线等。

（2）时钟信号引线最容易产生电磁辐射干扰，走线时应与地线回路相靠近，驱动器应紧挨着连接器。

（3）总线驱动器应紧挨其欲驱动的总线。对于那些离开印制电路板的引线，驱动器应紧紧挨着连接器。

（4）数据总线的布线应每两根信号线之间夹一根信号地线，最好是紧紧挨着最不重要的地址引线放置地回路，因为后者常载有高频电流。

● 去耦电容配置

在直流电源回路中，负载的变化会引起电源噪声。配置去耦电容可以抑制因负载变化而产生的噪声，是印制电路板的可靠性设计的一种常规做法，配置去耦电容的原则如下：

（1）印制电路板的电源输入端跨接一个10~100μF的电解电容器，如果印制电路板的位置允许，采用100μF以上的电解电容器的抗干扰效果会更好。

（2）每个集成电路芯片放置一个0.01μF的瓷片电容。

另外，对于输入/输出的模拟信号，与单片机之间最好通过光耦进行隔离。

4.3　印制电路板手工制作

手工制作印制电路板要准备哪些材料?

答：手工制作印制电路板应准备以下制作材料：

（1）覆铜箔板。这里主要是选择基板的绝缘材质。例如，一般的简单电路，可以选择比较便宜的醛酚纸基覆铜箔板，这种板的绝缘材料多为淡黄色或黑黄色；通常选用1~1.5mm厚的覆铜箔板为宜，若板上安装的元器件的数量多、重量大时，要适当将板加厚。

（2）防酸涂料和胶带。主要用沥青漆、黄厚漆等防酸涂料覆盖所需的印制图形。也可采用贴图法，在覆铜箔板上制作电路图形，即用塑料胶带或涤纶胶带在印制电路板上贴出电路图形。

（3）腐蚀液。制作印制电路板，大多采用三氯化铁腐蚀液，该腐蚀液可反复使用多次。但因其具有腐蚀作用，注意妥善使用和保存。

（4）容器。采用三氯化铁腐蚀液腐蚀印制板必须有一个耐酸蚀容器盛放腐蚀液及印制电路板，常选用塑料、搪瓷、陶瓷等容器。

手工制作印制电路板要准备哪些工具？

答：手工制作印制电路板应准备以下工具：

（1）下料工具。可选用钢锯或自制的简单工具下料。

（2）砂纸或锉刀、小刀。用锉刀或砂纸将印制板四周及腐蚀不彻底等而出现的毛刺打磨光滑。

（3）水砂纸、去污粉。用水砂纸、去污粉将铜箔表面清洗干净并去除其表面油污及可能产生的氧化膜。

（4）复写纸。用蓝、黑、红色复写纸将设计好的印制电路图形复写到覆铜箔板的铜箔面。

（5）描图笔。用来描绘印制板上印制电路图形。手工描图可用小楷笔，绘图可用鸭嘴笔。

（6）钻空设备。安装元器件的引线孔可用手动电钻打孔，也可视具体情况而定。

手工制作印刷电路板的一般步骤如何？

答：●选择覆铜板，清洁板面

根据电路要求，裁好覆铜板的尺寸和形状，然后用细水磨砂纸将覆铜板打磨，加入少量去污粉将铜箔面磨亮，再用布擦干净。

● 复印电路和描板

将设计好的印制电路图用复写纸复印在覆铜板上，用毛笔或直线笔蘸调和漆按复印电路图描板。描板要求线条均匀，焊盘要描好。

注意复印过程中，电路图一定要与覆铜板对齐，并用胶带纸粘牢，等到用铅笔或复写笔描完图形并检查无误后再将其揭开。

● 腐蚀电路板

腐蚀液一般为三氯化铁的水溶液，按一份三氯化铁、两份水的比例配制而成。腐蚀液应放置在玻璃或陶瓷平盘容器中。描好的线路板待漆干后，放入腐蚀液中。通过加温和增加三氯化铁溶液的浓度，可加快腐蚀速度。但温度不可超过50℃，否则会损坏漆膜。还可以用木棍子夹住电路板轻轻摆动，以加快腐蚀速度。腐蚀完成后，用清水冲洗线路板，用布擦干，再用粘有稀丙酮的棉球擦掉保护漆，铜箔电路就可以显露出来。

● 修 板

将腐蚀好的电路板再一次与原图对照，用刀子修整导电条的边缘和焊盘，使导电条边缘平滑无毛刺，焊点圆滑。

● 钻孔和涂助焊剂

按图样所标尺寸钻孔。孔必须钻正，孔一定要钻在焊盘的中心，且垂直板面。一般的元器件孔径为0.7～1mm。钻孔时一定要使钻出的孔光洁、无毛刺。

打好孔后，可用细砂纸将印制电路板上铜箔线条擦亮，并用布擦干净，涂上助焊剂。涂助焊剂的目的是容易焊接、保证导电性能、保护铜箔、防止产生铜锈。

防腐助焊剂一般是由松香、乙醇按1：2的体积比例配制而成的溶液，将电路板烤至烫手时即可喷、刷助焊剂。助焊剂干燥后，就可得到所要求的电路板。

 用刀刻法制作印制电路板的步骤如何？

答：刀刻法适宜比较简单的电路。采用刀刻法制作印刷板时，不需要其他辅助设备，只用一把小刀就可完成制作印刷板的工作。其方法是先把设计好的印制板图用复写纸复写到印制板的铜箔面上，再用小刀刻去不需要的铜箔即可。此法操作简单，但它只适用于条块结构的电路板，如果制作的印制电路图形较复杂时，就必须采取腐蚀法。

刀刻法制作印制电路板的步骤如下：

（1）图形简单时可用整块胶带将铜箔全部贴上，然后用刀刻法去除不需要的部分。此法适用于保留铜箔面积较大的图形。

（2）用刀将铜箔划透，用镊子或钳子撕去不需要的铜箔，也可用微型砂轮直接在铜箔上磨削出所需图形，不用蚀刻直接制成印制电路板。

 ## 用刀刻法制作印制电路板应注意哪几点？

答：用刀刻法制作印制电路板应注意以下几点：

（1）刻制铜箔的痕迹时，所使用的小刀的刀尖要锋利，以防止打滑；为了顺手，刻痕过程中可来回转动覆铜板，使要刻的线条始终保持纵向位置。

（2）在用刀刻法制作印制电路板时，刀刻和撕下铜皮两道工序可交叉进行，一边刻一边撕。

（3）电路板刻制好以后，仔细地将刻制时铜皮上的毛刺小心地修去，再将铜箔走线及焊盘表面上的氯化层除去，涂上一层薄薄的助焊剂就可使用了。

用刀刻法制作的稳压电源印制电路板如图4.18所示。

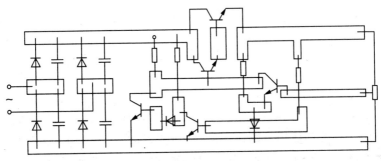

图4.18 用刀刻法制作的稳压电源印制电路板

怎样用即时贴快速制作印制电路板？

答：用即时贴快速制作印制电路板的方法是：

首先将准备好的电路原理图转换为印刷电路图，然后把印刷电路图打印在即时贴上，再把即时贴的背面撕去，将即时粘贴在用细砂纸打磨干净的覆铜板上，在覆铜板上只保留印刷电路图需要的部分即时贴，用刀片和直尺配合把多余的即时贴揭掉，最后还要把暴露出来的覆铜板再次清理干净，以免影响腐蚀效果。用即时贴代替油漆制作印制电路板经过反复实验，成功率可达100%，电路连接线的宽度可精确到0.5mm。这种方法不仅简化了制作工艺，缩短了制作所需要的时间，而且更容易为业余制作者掌握。

腐蚀液的配制方法是：将浓度为31%的工业用过氧化氢（双氧水）与浓度为37%的工业用盐酸和水按1：3：4的比例进行配制。操作时应先把4份水倒入盘中，再倒入3份盐酸，用玻璃棒搅拌均匀后再缓慢地加入1份过氧化氢，继续用玻璃棒搅拌均匀，就可以把印刷好的铜箔板放入腐蚀液，大约5min即可腐蚀完毕。取出腐蚀好的铜箔板立即放入清水中冲洗、擦干后即可使用了。腐蚀过程中可晃动线路板以加快腐蚀速度。

过氧化氢和盐酸的浓度调配方法是：在化工商店所购产品的浓度多数大于所需浓度，并不适合直接配用，需要进行稀释。溶液稀释口诀和计算方法如下：大小分子差除以小分子再去乘溶液量，便得应加水量。例如，现有浓度为85%的盐酸溶液500ml，需要把它稀释为37%需加多少毫升水？方法是：大小分子差即85−37=48；除以小分子即48÷37=1.3；去乘溶液量1.3×500=650ml即需加水650ml。调配好所需的浓度后再按上述比例配制即可。

采用此法与用三氯化铁相比，具有腐蚀速度快、成本低、操作简单等优点。特别适用于制作大面积印制电路板。即使第一次用此法制作的人员只要按操作要求也能制出精美漂亮的线路板来。

采用即时贴快速制作印制电路板应注意哪几点?

答:采用即时贴快速制作印制板时应注意以下事项:

(1)此法在腐蚀反应过程中有少量氯气释放,操作时应在通风的地方进行,操作者最好站在上风口,以免氯气中毒。

(2)此腐蚀液反应速率快,应严格按照比例和操作方法配制,如果比例过于不当会引起沸腾,导致液水溢出盘外,引发意外。

(3)最好用玻璃盘装盛腐蚀液进行腐蚀,以便随时观察腐蚀状况。

 举例说明印制电路板的设计步骤和制作方法。

答:下面以图4.19所示三路循环灯为例,具体介绍印制电路板的设计步骤和制作方法。

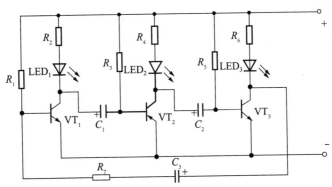

图4.19 三路循环灯电原理图

(1)确定印制电路板的形状和尺寸。主要是根据机壳和主要元器件来确定。形状一般为长方形,也有正方形或多边形的,尺寸不宜过小。

(2)初步确定各元器件的位置。三路循环灯电路分为三级,取从左到右的信号流程方向(也可取其他方向),安排元器件的位置,然后依次将各元器件在电路板上的位置初步画下来,同时确定电路板安装固定孔,如图4.20所示。

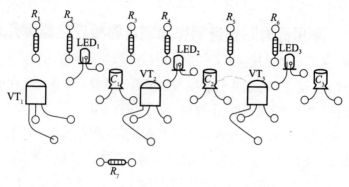

图4.20　绘制印制电路板实例元器件布局

（3）画草图。按照电路图，画出各元器件之间的连接线，如图4.21所示。线与线不能交叉，若遇交叉必须设法绕行，并适当调整有关元器件的相对位置。这一步工作最关键，有些复杂电路往往要反复几次调整元器件位置才能完成。

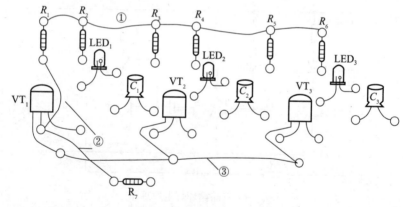

图4.21　三路循环灯连线图

（4）画正式印制电路板图。在草图的基础上，调整引线使其平直，宽窄一致，尽量简洁。有时会遇到引线相交，这时就需要动脑筋想办法绕过去。并将接点处扩大为焊盘，一般焊盘直径应大于2mm，以保证焊接质量和机械强度。然后将各元器件焊盘之间的连线加粗，并适当调整变形，使线条走向和布局整齐、匀称，如图4.22所示。

第4章　印制电路板设计与制作

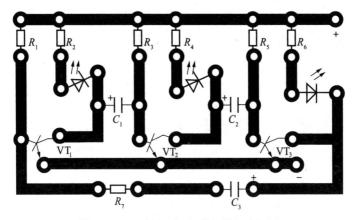

图4.22 三路循环灯电路印制电路板图

（5）用刀刻法制作。如果电路较简单，也可以采用刀刻法制作，即用刀将电路板上不需要的铜箔刻去，留下线条即可。采用刀刻法制作时焊盘与线条均为直线，便于刻制。

（6）最后对电路板进行校核。将各元器件符号绘入印制电路板中的相应位置，对照电路图进行校核无误后，印制电路板设计制作即告完成。

4.4 集成电路实验板(面包板)

 什么是集成电路实验板(面包板)？

答：面包板是专为电子电路的无焊接实验设计制造的。由于各种电子元器件可根据需要随意插入或拔出，免去了焊接，节省了电路的组装时间，而且元器件可以重复使用，所以非常适合电子电路的组装、调试和训练。

面包板（也称万用线路板或集成电路实验板）由于板子上有很多

小插孔，很像面包中的小孔，因此得名。在制作集成电路印制电路板时，有时因电路尚不成熟，可先在面包板上接插试验，待调试成功、电路基本定型后再制成印刷电路板。

面包板的结构如何？

答：面包板由分组相连的很多插孔构成，常用的有两种形式，如图4.23所示。

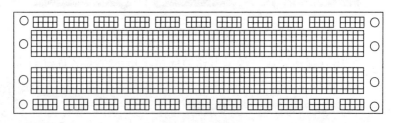

(a) 两侧各两条插孔

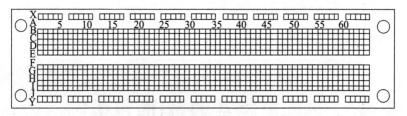

(b) 两侧各一条插孔

图4.23　面包板结构

图4.23所示的面包板上小孔孔心的距离与集成电路引脚的间距相等。板中间槽的两边各有65×5 个插孔，每5个一组，纵向5个孔A、B、C、D、E是相通的，水平方向的相邻孔是绝缘的。板中间有两排65组插孔，双列直插式集成电路的引脚分别插在两边，每个引脚相当于接出4个插孔，它们可以作为与其他元器件连接的引出端，接线方便。

图4.23（a）的面包板和图4.23（b）的不同，差异之处是两边各有两条11×5的插孔，每一条是相通的，用它们作为公共信号、地线和电

源线时不必加短接线，使用起来比较方便。这种面包板的背面贴有一层泡沫塑料，目的是防静电，但插元件时容易把弹簧片插到泡沫塑料中，造成接触不良。因此，在使用时一定要把面包板固定在硬板上。

使用面包板做实验比用焊接方法方便，容易更换线路和器件，而且可以多次使用。在多次使用面包板中，弹簧片会变松，弹性变差，容易造成接触不良，而接触不良和虚焊同样不易查找。因此，多次使用的面包板，应从背面揭开，取出弹性差的弹簧片，进行修复再插入原来的位置，这样可以使弹性增强，增加面包板的可靠性和使用寿命。

另外，要注意面包板的使用场合。体积大、重量大或功率大的元器件无法在面包板上插接，因为面包板插孔很小，这类大元器件的引线较粗，此时，只能将元器件放在板外，用单股硬导线焊在引线上，再插入面包板。面包板不适用于频率很高的电路，因为面包板的引线电感和分布电容都比较大，对高频电路性能影响很大。面包板最适用于集成电路，特别适用于数字集成电路，因为数字集成电路通常工作频率不高而且功率较小，所用阻容元器件也少。分立元器件电路采用面包板就比较困难，特别是频率高、功率大的电路更不能应用面包板。

面包板插接技巧有哪些？

答：●先插集成块，后插阻容元器件

在面包板上布设元器件时，先插集成电路，后插阻容元器件。双列直插式集成电路的引脚分别可插在面包板的两边，如图4.24所示。安装的分立元器件应便于看到其极性和标志。为了防止裸露的引线短路，必须使用套管，一般不采用剪断引脚的方法，因为这样做不便于重复利用。

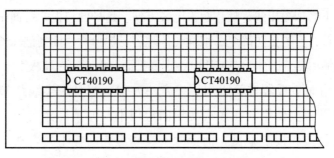

图4.24　双列直插式集成电路插入面包板的方式

●集成电路的引脚要修理整齐

对多次使用过的集成电路的引脚，必须修理整齐，使引脚不能弯曲，所有的引脚应稍向外偏，这样才能使引脚与插孔接触良好。为了走线方便，要根据电路图确定元器件在面包板上的排列位置。为了能够正确布线并便于查线，所有集成电路的插入方向要保持一致，不能为了临时走线方便或缩短导线长度而把集成电路倒插。

●先连接电源线和地线，再连接其他的导线

安装好元器件之后，先连接电源线和地线，再连接其他的导线。面包板最外边的两排插孔一般用做公共的电源线、地线和信号线。通常电源线在上面，地线在下面。注意要用万用表分别检查一下上、下两排插孔的连通情况。导线选用0.6mm的单股导线。为便于查线，导线最好采用不同的颜色，通常正极用红线，负极用蓝线，信号线用黄线，地线用黑线。也可根据条件选用其他颜色的导线。

●拉直导线留裸头

把使用的导线拉直，根据连线的距离以及插入插孔的长度剪断导线，导线两头各留6mm左右的裸露部分，以便折成直角后插入孔内。可用剥线钳或斜口钳剥除塑料层，用斜口钳剥除塑料层时注意不要太用力，以免将内导体剪断或剪伤。

●线贴面板要美观

导线要紧贴面包板，以免碰撞弹出面包板，造成接触不良。导线布设应尽可能横平竖直，这样不仅美观也便于查线并更换器件。导线插入和拔出时要用镊子而不要直接用手拔插，以免污染导线裸露部分。导线不能跨在元器件上，一个元器件也不能跨在另一个元器件上，如电阻不能跨在集成电路上，导线不能交叉、重叠。

- 并联电容去耦合

最好在各电源的输入端和地之间并联一个容量为几十微法的电容，这样可减小瞬变过程电流的影响。为了更有效地抑制电源中的高频分量，应在该电容两端再并联一个高频去耦电容，这样可避免各级电路通过电源引线而寄生耦合。电容量应随工作频率的不同而异，如果为低频频率时，电容量在几微法，如果为高频信号时，一般取容量为$0.01 \sim 0.047\,\mu F$。

- 所有地线连一起

为了使电路能够正常工作，所有的地线必须连在一起，形成一个公共地参考点。

- 引脚序号标图上

在布线过程中，要求把各元器件在面包板上的相应位置以及所用引脚号标在电路图上，以保证调试和查找故障的顺利进行。

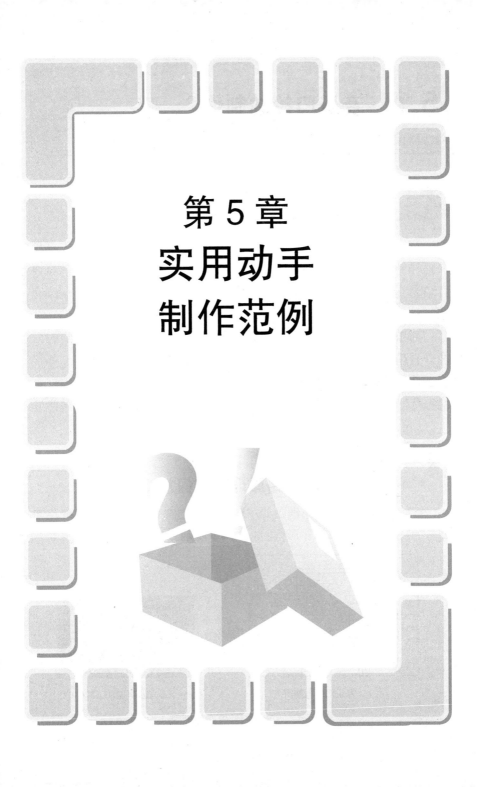

第 5 章
实用动手
制作范例

5.1 音乐门铃的制作

音乐门铃的基本原理是什么？

答：音乐门铃是采用音乐集成电路为核心器件，生产厂预先将乐曲信号储存在芯片中，每按一下触发开关，电路将自动接通，并将声音信号送入晶体三极管基极，放大后推动扬声器发出声音。一曲完毕，自动切断电源。

音乐集成电路是一种乐曲发生器，可以向外发送固定存储的乐曲。音乐集成电路简称音乐IC，又称为音乐片。它具有体积小、外接元器件少、价格低、功能全及使用方便等特点。音乐集成电路内部包括振荡器、节拍控制器、节奏发生器、曲调存储器（ROM）、包络发生器和前置放大器等单元。

音乐门铃的电路原理图如何？

答：音乐门铃电路原理图如图5.1所示，图5.1中的音乐集成电路的型号为HFC376-08，其外形如图5.1（b）所示。

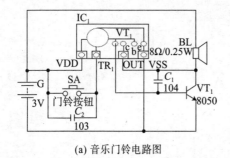

(a) 音乐门铃电路图   (b) 音乐集成电路HFC376-08

图5.1 音乐门铃电路原理图

制作音乐门铃需要选用哪些元器件？

答：制作音乐门铃需要选用音乐集成电路，本例选用的型号为HFC376-08，读者也可根据自己的喜好来选择其他音乐集成电路。

晶体三极管选用NPN型中功率硅管，如8050等，要求电流放大系数β>80即可。

电容器C_1、C_2选用瓷介电容阻，C_1容量为10×10^4pF，C_2容量为10×10^3pF。

扬声器BL选用0.25W/8Ω，按钮开关SA选用电铃按钮开关或小型的复位开关。

音乐门铃制作所用的元器件实物如图5.2所示。

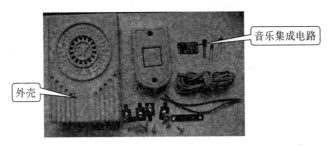

图5.2　音乐门铃制作所用的元器件实物

 ## 怎样制作与调试音乐门铃？

答：制作时，将全部电路安装在塑料小盒内，在门上适当位置安装按钮开关，开关用细导线接到塑料小盒内。这样当门前有客人按下按钮开关，门铃就会奏乐。

安装电路时应注意以下几个问题：电烙铁应接地线或利用余温焊接；晶体三极管可直接焊在音乐片（音乐集成电路）的电路板上，但要防止引脚引线短路；安装晶体三极管时，引脚的e、b、c应和电路板上标出的e、b、c一致；调试时，接通3V电源，不应采用超过5V的电源，否则音乐片容易损坏；为防止误触发，可在音乐片的1、2间并联C_2电容器。

5.2 停电报警器

停电报警器的基本原理是什么？

答：停电报警器由220V交流电检测电路、信号控制和发音电路组成。当220V交流电供电回路发生停电时，由检测电路发出信号给信号控制电路，并使报警器发出报警声。

停电报警器的电路原理图如何？

答：停电报警器的电路原理图如图5.3所示。220V交流电经VD_1整流、R_5限流，使VL发光，作为有电指示；另外经C_1滤波、VD_2稳压后得到3.6V直流电压送入光电耦合器IC_3的1、2脚，使其内部的发光二极管点亮，其内部的光敏管导通，3脚呈低电位，该低电位使IC_2的5脚的电位低于6脚，IC_2的7脚输出低电平近0V，VT_2截止，致使IC_1无电源供给不工作，扬声器无声发出。

当220V交流电突然停电，C_1两端的检测电压消失，VL有电指示灯熄灭，IC_3内部的发光二极管也随之熄灭，光敏管由导通变为截止，IC_3的3脚呈高电位，该高电位使IC_2的5脚的电位高于6脚，IC_2的7脚输出高电平，VT_2导通，致使IC_1工作，扬声器发出响亮的报警声，告知有关人员停电了。

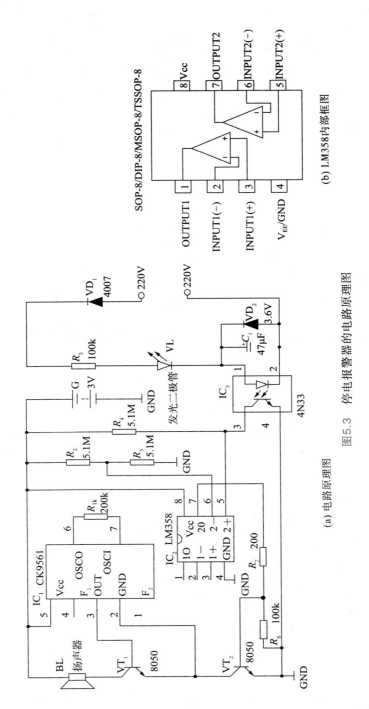

(a) 电路原理图

(b) LM358内部框图

图5.3　停电报警器的电路原理图

制作停电报警器需要选用哪些元器件？

答：制作停电报警器需要选用音乐集成电路CK9561，IC$_2$选用双运算放大集成电路LM358，IC$_3$选用光电耦合器4N33。

VT$_1$、VT$_2$选用8050NPN型三极管，VD$_1$选用1N4007整流二极管，VD$_2$选用3.6V稳压二极管，其他元器件按图5.3所标明的型号及参数进行选用。

停电报警器制作所用的元器件实物如图5.4所示。

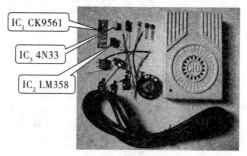

图5.4 停电报警器制作所用的元器件实物

怎样制作与调试停电报警器？

答：光电耦合器4N33，从上面看，有一个小点的地方所对应的脚为1脚，安装时应与线路板上集成电路标号对应安装；电源指示灯的安装高度须与盒子配合起来确定，焊时先焊上一个脚，装上盒盖后试一下，调整到高度正好合适后再把两个脚全部焊上。电源线从报警盒子下方的孔中引出，注意引线从孔中穿出时须平放，否则盒子不容易盖到位。

本例电路由两部分构成，调试时也可独立进行。

（1）报警电路。将报警部分电子元件焊好后，先不焊IC$_3$对报警电路进行调试。IC$_2$的5脚焊一根引线出来，装上电池，当引线与地相接时，应不发声，而当断开时，喇叭发出报警声。若功能正常，说明这部分电路调试完成，若不会发出报警声，可短接VT$_2$的c、e极，若发音了，说明电压比较器部分有问题，应仔细检测IC$_2$电路是否有搭锡和虚焊等现象；若短接了VT$_2$还是不发声，说明报警信号发生部分电路有问题，应检查振荡电阻是否焊好，CK9561引脚是否焊接正确。

（2）220V交流电检测电路。元件焊好后，先不装电池，将电源插头插上，正常时可看到电源指示灯点亮，由于这部分电路是220V交流电直接进入的，因此调试时不要用手去碰元件的任何金属部分，否则容易触电。正常后装上2节5号电池，应听到报警声，插上电源插头后，电源指示灯点亮，报警声停止；然后拔下插头，报警声应响起，反复试验后，系统调试便完成。

5.3 门磁报警器的制作

门磁报警器的基本原理是什么？

答：门磁报警器的基本原理是利用磁铁作为启动信号，当将磁铁和报警器靠近时，报警器不发声，而当磁铁与报警器移开时，报警器便发出响亮的报警声。将报警器主机安装于固定不动的门框上，而将带有磁铁的部件安装于移动的门上，当门关上时，磁铁与报警器主机结合在一起，不报警，而当有人进入时，必定打开门，此时门的转动带动了门上的磁铁部件，使得报警器主机与磁铁分开，报警器发出响亮的报警声。

门磁报警器的电路原理图如何？

答：门磁报警器的电路原理图如图5.5所示。

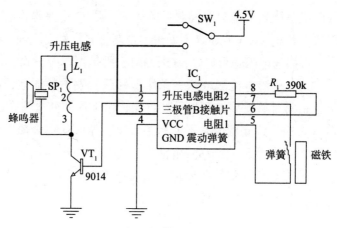

图5.5 门磁报警器的电路原理图

打开电源开关SW₁，报警器得电工作。当磁铁与弹簧靠得较近时，磁铁的磁场将弹簧吸向磁铁方，动、静开关片接通，系统处于预警状态。而当磁铁移开时，弹簧失去磁场，恢复到原始位置，这时动、静触点断开，产生一个报警信号，IC₁收到报警信号后，经R₁振荡电阻，在内部产生音频信号，经信号输出端，送入VT₁，进行功率放大，放大后的音频信号经升压电感耦合，变成一个较高电压的音频信号，驱动蜂鸣器B₁发出响亮的报警信号。

制作门磁报警器需要选用哪些元器件？

答：制作门磁报警器需要选用磁铁、磁铁盒、振动弹簧、升压电感、蜂鸣器、9014型三极管、拨动开关、绑定在电路板上的专用芯片。制作门磁报警器需要的元器件实物如图5.6所示。

绑定在电路板上的专用芯片

图5.6 制作门磁报警器需要的元器件实物

怎样制作与调试门磁报警器？

答：●三极管和电感的安装

三极管的方向不要接装反，本例中用到的是9014型三极管，其中间脚为b极，当方向装反时，正好将e极和c极调换，这样就无法制作成功。同样对于电感的安装也是如此，另外一点需要指出的是，由于电感上没有脚位标示，对一些初学者来说，安装时会有些问题，这里介绍一下对电感三个脚位的判断方法：用万用表测量电感电阻，以确定三个引脚，1、3脚间电阻最大，1、2脚间第二，2、3脚电阻最小，经万用表测电阻找出引脚后，再按图5.7对应的位置进行焊接，具体方向可看一下制作好的实物照片（图5.7）。

图5.7　三极管和电感的安装方向

●弹簧片的安装

弹簧片的安装也是本例制作较为关键的一步，制作中，静片可用剪下的电阻引脚进行制作，当磁铁与报警器分开时，必须保证弹簧与静片保持足够的距离，若不管磁铁移开与否，弹簧与静片始终是相碰的，则芯片就永远无法检测到报警信号，因此也就不会报警了，最为理想的安装距离应为：磁铁靠近时，弹簧与静片接触，而当移开时，两者分开距离为3mm左右，这个距离直接影响到报警器的灵敏度。

●蜂鸣器引线的焊接

在焊接蜂鸣器引线时，初学者常会把蜂鸣器搞坏。具体的操作方法是：电烙铁功率不要太大，30W为最佳，实际焊接时一定要先上锡，上锡包括两个方面，一是蜂鸣器片上的上锡，二是引线的上锡。蜂鸣器片上的上锡最关键的是中间正极引线的上锡，由于上面涂有陶瓷粉，上锡时功率太大的电烙铁会把陶瓷粉烫坏，因此上锡时间一定要短，同时必须用较好的焊锡丝，一般选用60℃以上，这种焊锡丝含锡量大，焊接时流动性好，将电烙铁头与焊锡丝一起靠在蜂鸣器片中间位置，当看到锡流动到蜂鸣器片上时，马上将焊锡丝和电烙铁移开，这样就上好锡了，对于蜂鸣器片边沿引线即负极的上锡，相对来说容易些，因为这上面没有陶瓷粉，时间稍微长点不会损坏器件，方法和前述基本相同，最好在上锡前先用刀片把需要上锡的地方刮一下，这样表面的氧化层就可以去除，更容易上锡。需要特别说明的是，在给蜂鸣器中间极上锡时，一定要等电烙铁的温度足够高，有些人比较性急，电烙铁插上电后没多久就等不及了，开始上锡，结果在蜂鸣器的中间部位上锡时，烙铁头接触了较长时间，也没看到焊锡丝有流动的感觉，而蜂鸣器上中间一大块陶瓷粉已脱落了，这也是初学者常犯的一个错误。蜂鸣器引线焊接好的照片如图5.8所示。

图5.8　蜂鸣器引线焊接好的照片

●电源引线的焊接

电池极性若是装反，不但报警器不会响，还会损坏芯片。纽扣电池的极性与一般的5号电池不一样，它的中间为负极，而外面一圈为正极，这一点在电池上标有一个"+"符号，就表示正极，若无法区分极性，也可用万用表进行测量，以确保不损坏芯片。在与电池簧片引线焊接时，正确的安装方法是：装有弹簧的一片接正极，没有弹簧的簧片接负极，实际制作时一定要注意。

- 蜂鸣器片的安装

实际制作中，有些初学者装好后能报警，但声音偏小。这种现象主要是蜂鸣器片没有可靠地装入助声腔造成的。为了让蜂鸣器片装入助声腔后不至于掉出来，盒子与蜂鸣器片的装配属紧配合，因此在安装时必须先将蜂鸣器片一端装入助声腔，另一端装时用小螺丝刀等将塑料助声腔往外拨一下，同时用手将蜂鸣器片推到位，然后用电烙铁在助声腔边上烫三个点，以固定蜂鸣器片。

- 功能调试

全部元件安装完毕后，便可以进行整机的调试。装上电池，注意极性，正常时可以听到蜂鸣器中发出响亮的报警声，然后将磁铁靠近弹簧，应看到弹簧被吸引，直至吸至弹簧与静触片接触，这时报警停止，若靠近磁铁时弹簧被吸引看上去已接触到静片了，但报警声不停，说明弹簧与静片接触不良，可用刀刮下静片，去除氧化层，再试；若移开磁铁仍不报警，查看弹簧片是否始终与静片相碰，只要仔细检查，一般都可以处理好。调试完成后，将外壳装好，装上电池，靠近磁铁，报警停止；移开磁铁报警响起，将两者用泡沫胶粘于门、窗上，一款门磁报警器便制作完成了，制成的门磁报警器如图5.9所示。

图5.9　制成的门磁报警器

5.4 红外线探测防盗报警器的制作

 红外线探测防盗报警器的基本原理是什么?

答：红外线探测防盗报警器利用人体散发出的红外线信号作为信号源，经双元被动式热释电传感器接收，通过运算放大电路的模拟放大、波形整形等处理后，将微弱的人体信号变成一定幅度的数字电压信号，结合逻辑电路处理，最后驱动蜂鸣器报警。

 红外线探测防盗报警器的电路原理图如何?

答：红外线探测防盗报警器的电路原理图如图5.10所示。

人体散发出的红外线信号被IR$_1$热释电传感器接收到后，在其2脚输出一个微弱的电信号，经R$_2$、C$_3$滤波后，送入IC$_2$的14脚，经内部运算放大后，从16脚输出，R$_9$、C$_7$和W$_1$组成负反馈电路，调节RP$_1$阻值，可以改变反馈深度，从而改变第一级放大电路的增益。IC$_2$第16脚输出的人体感应信号经R$_{11}$、C$_8$耦合，送入13脚，进行进一步的放大。人体信号经二级放大后，具有了足够的电压幅值，在IC$_2$内部设有电压信号比较电路，当人体信号幅度超过设定值时，便启动报警电路。IC$_2$内部集成了输出延时电路、输出封锁电路及光检测比较电路等，其中9脚为禁止触发端，当该脚电压低于设定值时，电路不会输出信号。由于IR$_1$在上电过程中需要预热，在刚开始时不稳定，R$_{13}$和C$_{10}$组成的上电延时电路，能保证上电后一段时间内不输出信号。R$_{15}$、C$_{14}$组成延时定时器，改变其参数，能改变一次触发后，输出端输出信号的时间，R$_{16}$、C$_{13}$则是封锁时间定时器，用于保证输出信号后，延时时间内不再输出信号，可以避免输出设备工作时对信号处理电路的干扰。VT$_1$、VT$_2$、VT$_4$及相关元件组成报

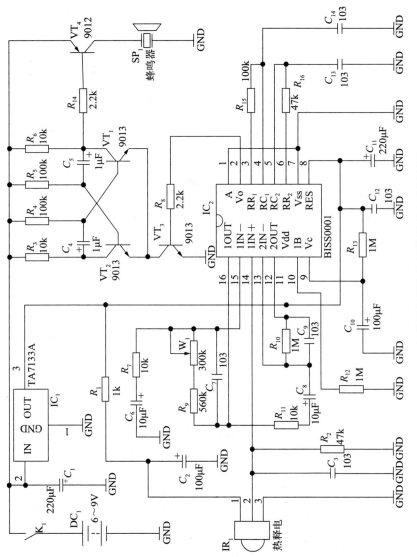

图5.10 红外线探测防盗报警器的电路原理图

警电路。当有效人体信号到来时，IC_2第2脚输出高电平信号，VT_3饱和导通，多谐振荡器工作，产生的低频开关信号量控制VT_4间断式开启，使SP_1间断式工作，产生"嘟、嘟、嘟"的报警声。

制作红外线探测防盗报警器需要选用哪些元器件？

答：制作红外线探测防盗报警器需要选用D203S型热释电传感器1只，HT7133A-1型三端集成稳压集成电路和BISS0001型数字集成电路。

VT_1、VT_2、VT_3选用9013型NPN三极管，要求电流放大系数$\beta \geqslant 80$；VT_4选用9012型NPN三极管，要求电流放大系数$\beta \geqslant 100$。

C_1、C_{11}选用220μF/16V型电解电容器，C_2、C_{10}选用100μF/16V型电解电容器，C_4、C_5选用1μF/16V型电解电容器，C_6、C_8选用10μF/16V型电解电容器，电容器C_3、C_7、C_9、C_{12}~C_{14}选用瓷介电容器，容量为10×10^3pF。

R_1~R_{13}选用1/8W碳膜电阻，其阻值如图5.10所示，RP选用300K碳膜电位器。

BL选用5V有源蜂鸣器，电源采用T型8cm 9V电池扣。

制作红外线探测防盗报警器需要的元器件实物如图5.11所示。

图5.11 制作红外线探测防盗报警器需要的元器件实物

怎样制作与调试红外线探测防盗报警器？

答：●元器件安装

元器件安装时，对照原理图和线路板上的标示，在制作时也可按单元电路分开安装并测试，这种方式有利于初学者分析电路，查找安装过程中存在的问题。

●安装电源电路

9V电源一路向报警电路供电，另一路经IC_1稳压后向信号处理电路供电。安装完后在输入端输入6~9V直流电，测量IC_1第3脚电压值，正常应在3.3V左右，比较稳定，若出现异常，应马上断电，检查IC_1是否装反。安装中由于滤波电容体积较大，装得过高容易顶住外壳，安装时可略微向线路板的中间侧倾斜，安装完成后的报警器线路板如图5.12所示。

图5.12　制作好红外线探测防盗报警器线路板

●报警电路

将VT_1~VT_4及相关元器件安装完成。通电，用镊子将VT_4的c、e极短路，此时应听到蜂鸣器连续发出的"嘟————"声，若不正常，应查看蜂鸣器是否接反，在蜂鸣器正面标有"+"，同时在插座引出线的线路板上也标有"+"，反装将不会发声。若正常后，再将VT_3的c、e脚短接，此时可听到"嘟、嘟、嘟"的间断式报警声。

●红外人体信号检测电路

这部分电路的调试具有一定的技巧，直接关系到系统的稳定性和灵敏性。由于热释电传感器在刚上电时有个充电过程，因此开始的数据可忽略，当系统进入稳定状态后，测量IC_2第13脚电压，会在一个较小范围内波动，当用手在传感器前晃动一下后，可看到电压会在较大范围内变化，最大值会超过内部参考电压值。当人体信号消失后，13脚电压又会回到稳定值内。若测得13脚的电压值一直在较大范围内变化，说明系统灵敏度过高，容易产生误报，此时可调节RP₁阻值，适当降低第一级运放的增益值，反复测量电压，直到系统进入正常工作状态。RP₁的阻值直接影响到灵敏度与稳定性，只能取一中间值，灵敏度高，探测距离就远，但是稳定性相对较低，灵敏度过高容易产生误报，而当灵敏度低时，稳定性好，但是探测距离就近，这点制作者在实际调试时需灵活掌握。

5.5　遮挡式红外线探测防盗报警器

遮挡式红外线探测防盗报警器的基本原理是什么?

答：遮挡式红外线探测防盗报警器的基本原理与红外线探测防盗报警器的基本原理不同，它是利用红外线发射管与红外线接收管作为控制器件，当有人将红外线发射管的信号挡住，报警器便会启动发声。

遮挡式红外线探测防盗报警器的电路原理图如何?

答：遮挡式红外线探测报警器电路原理图如图5.13所示，它由电源、红外线发射、红外线接收、逻辑处理和报警电路组成。

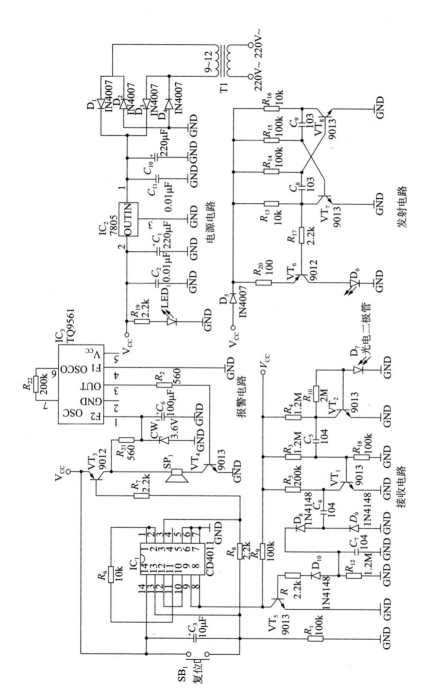

图 5.13 遮挡式红外线探测报警器电路原理图

VT_7、VT_8及相关元件组成多谐振荡器，其振荡频率由R_{14}、R_{15}、C_8、C_9的值决定。振荡信号从VT_7的集电极通过R_{17}输入VT_6的基极，经VT_6放大后驱动红外线发射管VL_1向外界发射信号。

当红外线发射管与接收管之间没有物体时，发射的红外线信号被VL_2接收，经VT_1、VT_2两级放大后，从VT_1集电极经C_4耦合送入倍压整流电路，形成一个直流控制电压，使得VT_5饱和导通，IC_1的8、9脚输入低电平，经"非"逻辑处理后，10脚输出高电平，IC_1的3脚输出高电平。这个高电平一路经R_8将IC_1的13脚电平拉高，从而保持3脚的高电平输出，另一路使VT_3保持截止，报警电路不工作。

当红外线发射管与接收管之间有物体时，发射的红外线信号就被挡住，VL_2收不到信号，此时倍压整流电路输出的信号电压很低，VT_5截止，整个电路状态发生变化，IC_1的12脚变为低电平，此时3脚输出低电平。这个低电平信号经R_8使IC_1的13脚变为低电平。这时就算12脚电平变为高电平，但与非门的关系中只要有一个输入端为低电平，输出便为高电平，因此输出状态被锁定，将维持3脚输出低电平；同时使VT_3饱和导通，报警电路得电工作，喇叭中便发出报警声。本例报警信号发生电路采用了专用音乐集成电路TQ9651（CK9651），上电后便产生报警音频信号，经VT_4功率放大后驱动扬声器发音。

若要解除报警，必须同时具备两个条件：一是正常接收到红外信号，二是IC_1的13脚必须强制输入一个高电平信号。电路中的复位按键就是起到给13脚强行输入高电平信号而设的。

制作遮挡式红外线探测防盗报警器需要选用哪些元器件？

答：制作遮挡式红外线探测防盗报警器需要选用四输入端与非门集成电路CD4011，IC_2选用音乐集成电路TQ9561或CK9561，IC_3选用三端稳压集成电路LM7805。

VL$_1$、VL$_2$选用红外线发射与接收配对的二极管，VD$_1$~VD$_5$选用1N4007整流二极管，VD$_6$选用3.6V稳压二极管，VD$_7$~VD$_9$选用1N4148整流二极管。VT$_1$、VT$_2$、VT$_4$、VT$_5$、VT$_7$、VT$_8$选用9013NPN型三极管，VT$_3$、VT$_6$选用9012PNP型三极管，其他元器件按图5.13所标明的型号及参数进行选用。

遮挡式红外线探测报警器制作所用的元器件实物如图5.14所示。

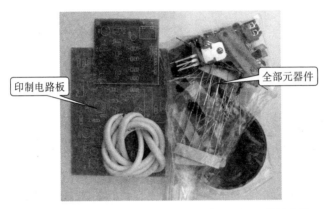

图5.14　遮挡式红外线探测报警器制作所用的元器件实物

 怎样制作与调试遮挡式红外线探测防盗报警器？

答：●制作注意事项

本例在制作与安装过程中应注意以下几点：

（1）元器件安装时严格按线路板上的标示安装，对于极性元件，注意不要装反。

（2）报警声音乐集成电路IC$_3$安装时，其振荡电阻R_{22}直接装于IC$_3$上；然后用剪下的电阻引脚从IC$_3$上焊出引脚后再与线路板相接。

（3）红外线发射管与接收管安装时，引脚要留有足够的长度，焊好后折弯，使两只管子与线路板水平放置，如图5.15所示。

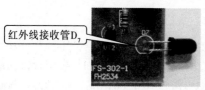

红外线接收管D₇

红外线发射管D₆

图5.15　红外线发射管与接收管水平安装

（4）本例的电源可采用功率不小于2W，电压为9~12V的变压器。在一些有直流稳压电源的场所，可直接用9~12V的直流电源进行供电。

● 调　试

（1）所有元件安装好后接上电源，电源指示灯点亮，用万用表测量C_1两端电压，正常应在5V左右。若不正常，应仔细查看IC_2是否装反，4个整流二极管是否装反。

（2）报警电路调试。用一导线将IC_1的8、9脚与地短接，接通电源，此时报警电路应不工作。若将VT_3的c、e极短接，此时可听到喇叭中发出的报警声，若没有声音，应仔细检查音乐电路是否装错，喇叭接线是否正确等。

（3）发射器的调试。所有元器件安装好后，用直流5V供电进行调试，用万用表测量VT_7或VT_8的基极对地电压，若出现负压，表示电路已启振，发射电路工作正常。

（4）红外接收电路调试。IC_1的8、9脚对地的短接线先不要取掉，接上发射器电源，将红外线对管对齐，距离可以近些，接通电源测量C_7两端电压，正常在红外线没有被挡住时，电压大于0.6V；当将红外线挡住时，电压小于0.5V。若符合这个规律，表示红外接收部分电路工作正常，否则就要仔细查看这部分电路元件是否有装反，焊接时是否有虚焊或搭锡等情况。

（5）将所有电路恢复，然后接通电源，若报警，按下复位键，报警停，逐渐拉开红外对射管的距离，注意一定要对齐。为了调试方便，连接线为50cm，然后将红外线挡住，此时报警，将物体移开，报警依旧，按下复位键后报警解除。若功能正常，整个调试工作结束。

无线电一路遥控开关的基本原理是什么？

答：无线电一路遥控开关采用专用无线电发射器和专用无线电接收头，结合数字编码、解码专用集成电路来实现无线电遥控电器开关的功能。通过操作手上的遥控器，使接收端的继电器关断，达到对用电设备进行遥控控制。

无线电一路遥控开关的电路原理图如何？

答：无线电一路遥控开关的接收部分电路原理图如图5.16所示。

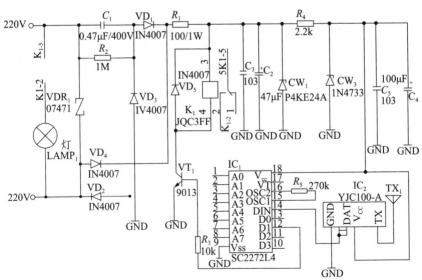

图 5.16 无线电一路遥控开关的接收部分电路原理图

接收部分电路主要由供电、无线接收、数据解码和开关控制电路组成。220V交流电接在进线端子上，经C_1、R_1、$VD_{1\sim4}$组成的降压整流电路后，在CW_1上形成24V左右的直流电压，为电路提供工作电源。24V直流电压经R_4降压后，在其CW_3端输出稳定的5V工作电压，作为无线接收模块和解码电路的工作电源。

平时，IC_1的12脚输出低电平，VT_1截止，当接收模块IC_2收到遥控器发射的无线电编码信号后，就会在其输出端输出一串控制数据码，这个编码信息经专用解码集成电路IC_1解码后，在数据输出端输出相应的控制数据，本例介绍的数据信息为有效时D_1输出为高电平，这个高电平经R_3输入到VT_1基极，使其导通，继电器吸合，从而点亮电灯；当无线接收部分收到的数据信息为D_1数据为0时，VT_1截止，继电器关断，从而达到遥控控制电灯的目的。

无线电一路遥控开关的发射部分是专用无线电发射器的成品，其内部结构如图5.17所示。

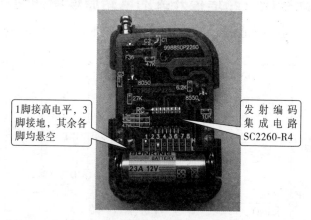

图5.17　专用无线电发射器的内部结构

制作无线电一路遥控开关需要选用哪些元器件？

答：制作无线电遥控开关需要选用发射编码/接收解码专用集成电路，本例选用配对的SC2260-R4/SC2272-L4，无线接收头选用

YJC100-A型，VT$_1$选用9013或3DG12、3DK4型硅NPN中功率三极管，VD$_1$～VD$_5$选用1N4007型等硅整流二极管；VD$_6$选用P4KE24A型24V、1W稳压二极管；VD$_7$选用1N4733型5.1V、1W稳压二极管。

其他元器件均无特殊要求，按图5.16所标型号及参数进行选用。

制作无线电一路遥控开关的元器件实物如图5.18所示。

接收部分外壳

专用发射器

图5.18 制作无线电一路遥控开关的元器件实物

怎样制作与调试无线电一路遥控开关？

答：这款无线电一路遥控开关制作比较简单，所有元器件参数都测试完成，读者只要按提供的元件参数安装便可完成。在制作中，先将阻容元件等焊上，然后焊上集成电路插座，最后焊上无线接收模块IC$_2$，为了方便调试，R_4可以先不焊。

有条件的读者可用外接5V直流电源对无线接收部分进行调试，插上IC$_1$，将负极接于电路中的地，5V接于CW$_3$的正端，万用表直流电压挡测量IC$_1$第14脚电压，当按动遥控器时，每按一次，14脚电压应有明显的变化，否则就说明无线接收模块没有正常工作，查看接收模块有无插反等，若正常，再测IC$_1$第17脚对地电压，按住遥控器时，这个脚的电压应为高电平输出，否则检查IC$_1$有无插反，R_5是否焊接可靠等，另外一点需要说明的是，有些制作者在焊集成电路插座时，由于焊接技术不熟练，将1到8脚的地址端与地或高电平相碰，无意中对解码芯片进行了编码，造成发射端与接收端地址密码不统一而无法解码，关于如何进行地址编码，我们在下面的文章中进行介绍；最后测12脚电压，当按一下"关"按钮时，这个脚的电压应为0，按一下"开"按钮时应为高电平。

220V交流电供电部分的调试：将电源线接在接线端子上，万用表负端接地，正表笔接CW_1的正极，查看电压是否为24V左右，否则请检查元器件有无焊反等。由于电路采用市电直接供电，制作时须特别注意安全，所有线路板上的导电部分都不要用手去碰，否则容易发生触电事故。有条件的话最好通过1:1的隔离变压器进行调试。

经过以上两步工作后，若各项指标都正常，就将R_4焊上。全部元器件安装好后，将整块线路板装于外壳中，然后装上固定螺丝，一款遥控开关就制作完成了。接下来试机，220V市电接于标有"220V"字样的接线端子上，将灯泡两根引线接于标有"LAMP"字样的接线端子上，接通电源，按一下开按钮，灯马上点亮，按一下关按钮，灯马上又灭了。制作好的电路板及实物见图5.19。

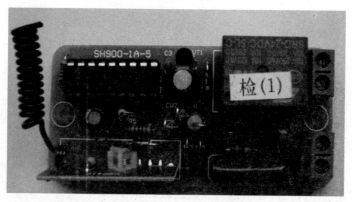

图5.19　接收部分电路板

为了防止在同一区域内安装几套遥控开关时出现相互间的干扰，本例专门设计了密码，关于理论上设置密码的原理，这里不作详细介绍，下面介绍如果进行遥控器与接收器间密码的具体设置方法：在发射与接收器上都设计了密码设置焊接点，只需将两者相对应就可以配对使用。在图5.16中，将发射器密码设置成：1脚接高电平，3脚接地，其余各脚均悬空。与此相对应的接收器的密码设置见图5.20。

1脚接高电平，3脚接地，其余各脚均悬空

图5.20　接收器的密码设置

由图5.20可以看到，接收器的密码设置也为1脚接高电平，3脚接地，其余各脚均悬空。这样，我们就将发射器与接收器相对应了，只有密码设置一样的遥控器才能对灯进行遥控，其他密码的遥控器将无法操作，这样可以有效地解决多套系统相互干扰的问题。

本例无线电一路遥控开关采用了继电器作为输出控制元件，因此对任何性质的负载都适用，对于输出功率的控制，理论上取决于继电器触头的容量，实际使用中电流最好控制在3A以内，同时在线路板设计时，为了增加导电能力，可以在继电器输出触头的PCB板上加上焊锡，若用此开关控制一些功率较大的感性负载，如电动机等，若开启的过程中出现抖动现象，在开关端并联一只0.1μF/400V的电容器便可以消除。本例所配的遥控器发射距离为200m，实际使用中由于受环境等因素的影响（特别是控制感性负载），距离会变近许多，但一般家用的话距离是完全可以满足要求的。

5.7 声光控节能开关的制作

声光控节能开关的基本原理是什么？

答：声光控节能开关是利用声音与光线作为控制信号，当光线较暗时，只要有声音发出，便可以开启照明灯，人走后延时一定时间自动关断，而光线较亮时，就算有声音也不会亮灯，真正实现自动、节能之目的。

声光控节能开关的电路原理图如何？

答：声光控节能开关的电路原理图如图5.21所示。220V交流电经整流桥VD_1~VD_4，为后续电路提供直流电压。接通电源时VT_1截止，VS导通，电灯EL被点亮，电源通过R_2对C_2充电。随着初始充电的结束，系统进行稳定状态，VS截止，电灯熄灭。

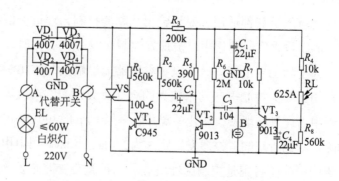

图5.21　分立元件声光控开关的电路原理图

在白天，当光线射到光敏电阻RL（625A）上时，RL阻值变得

≤20kΩ，使VT₃饱和导通，集电极为低电位，驻体话筒B被短路，声音信号不能有效地得到放大，因此也就不能开启电灯，从而实现光控之目的。同时由于VT₃饱和导通后，VT₂截止，VT₁饱和导通，无触发电压加在晶闸管VS的门极G上，晶闸管不导通，使得VD₁~VD₄所成的桥路不通，作为负载的灯泡中无电流流过，电灯不亮。

到了夜晚，光敏电阻RL的阻值≥100MΩ，使VT₃截止，当驻极晶体话筒B接收到声音后，经VT₂放大后，由电容C_2耦合到VT₁基极，声音信号的负半周使VT₁截止，其集电极电压升高，当升到一定程度VS门极G被触发导通，VS导通后VD₁~VD₄所成的桥路接通，灯泡中流过较大电流而被点亮。随着对C_2的充电，VT₁的基极电压不断升高，当达到其饱和导通电压时，VT₁导通，VS关断，电灯熄灭，这个过程的长短取决于R_2、C_2的值。

制作声光控节能开关需要选用哪些元器件？

答：制作声光控节能开关中的VT₁选用C945型NPN晶体管；VT₂、VT₃选用9013型NPN晶体管。VS选用1A耐压600V的单向晶闸管，使用时注意所接的灯泡功率不可太大，以免损坏。

VD₁~VD₄选用1N4007二极管。

RL选用625A型光敏电阻，其他元器件均无特殊要求，按图5.21所标型号及参数进行选用。

制作分立元件声光控开关的元器件实物如图5.22所示。

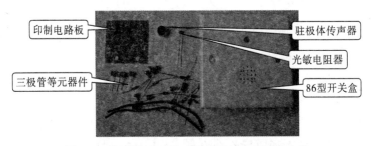

印制电路板　　　　　　　　　　驻极体传声器
　　　　　　　　　　　　　　　光敏电阻器
三极管等元器件　　　　　　　　86型开关盒

图5.22　制作分立元件声光控开关的元器件实物

怎样制作与调试声光控节能开关？

答：●安装注意事项

（1）4只整流二极管安装时，一定要注意极性不要装反。

（2）安装驻体话筒时注意极性，两个电极中，与外壳相连的是负极，这个元器件安装与其他元器件方向不同，装于线路板的焊接面，装时尽量降低高度，否则整个线路板装入盒子时容易顶牢，但也要防止安装太低时金属外壳将线路板上的铜皮短路。

（3）光敏电阻安装时引脚先不要剪，先焊一个脚，然后将光敏电阻折向焊接面，将线路板装于盒子上以确定其高度，合适后再将两个脚全部焊牢定位。

（4）由于本制作采用的是220V交流电直接接入，通电时不要用手去碰开关的任何金属部分，否则容易触电，学生实习时，一定要有指导老师在场方能进行调试。

全部元器件安装好后如图5.23所示。

(a) 元器件面

光敏电阻器

驻体话筒

(b) 焊接面

图5.23　全部元器件安装好后的声光控节能开关

●调　试

（1）焊接工作完成后，应仔细核对元器件是否装错，检查焊接面有无搭锡或虚焊等情况，无误后先将光敏电阻拆下。

（2）将被控灯泡与开关串接后接入220V交流电，将万用表黑表笔接于公共接地端，通电后灯会点亮，延时一段时间后熄灭，此时测量

C_1两端电压，正常应为6~7V，若电压不正常，应断电仔细查看整流电路中的二极管是否反装。

（3）在以上电压正常的情况下，测量VT_1基极电压，正常时为0.6V左右，当有声音发出时，对地电压变为负电压，此时灯被点亮，随着时间的延长，VT_1的基极电压不断升高，当电压达到VT_1的饱和电压时，灯熄灭，正常后装上光敏电阻，同时验证光控功能。

（4）电阻R_2和电容C_2的值决定了开关的延时时间，有条件的，可以改变电容C_2的值，以达到不同的延时。

（5）在完成以上几步电压检测时，一定要注意安全，手不要去碰任何导电部位。

5.8 触摸延时开关的制作

触摸延时开关的基本原理是什么？

答：触摸延时开关采用分立元件，利用人体触摸金属片时产生的感应信号作为控制信号，当人手一摸开关的金属感应部分，电灯便开启，人走后延时一定时间后自动关断。

触摸延时开关的电路原理图如何？

答：触摸延时开关电路原理图如图5.24所示。二极管$VD_1 \sim VD_4$、晶闸管VS组成开关的主回路，三极管VT_1、VT_2、VT_3等组成开关的控制回路。平时VT_1、VT_2、VT_3均处于截止状态，VS阻断，电灯EL不亮。此时220V交流电经$VD_1 \sim VD_4$整流、R_1和VD_6使发光二极管VD_5点亮，用作夜间指示开关位置。这时流过EL的电流仅2mA左右，不足以使电灯发光。需要开灯时，只要用手指摸一下触摸电极片M，因人体的泄漏电流经R_2、R_3注入VT_1的基极，使VT_1迅速导通，VT_1导通后，发射极电流在R_5上形成电压，此时VT_3、VT_2随之导通，因此有触发电流经VT_2注入VS的门极使晶闸管开通，电灯EL就通电发光。在VT_1导通瞬间，电容器C_1通过VT_1的c-e极间被并联在稳压管$VD_6$1N4733的两端，因此被迅速充上约13V的直流电荷。电灯点亮后，人手离开电极M，三极管VT_1恢复截止，但由于C_1所储存的电荷通过R_5放电，使VT_3、VT_2继续保持导通状态，所以电灯仍能发光。当C_1电荷放完后，VT_3、VT_2由导通态变为截止态，VS失去触发电流，当交流电过零时即关断，电灯熄灭。

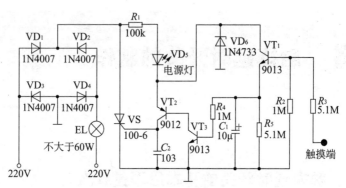

图5.24　触摸延时开关电路原理图

制作触摸延时开关需要选用哪些元器件？

答：制作触摸延时开关电路图中的VT_1、VT_3选用9013或3DG12、3DK4型硅NPN中功率三极管，VT_2采用9012或3CG12型硅PNP中功率三极管，要求电流放大系数β值均大于100；VS选用普通小型塑封单向晶闸管，如MCR100-6、2N6565、BT169型等。

$VD_1 \sim VD_4$选用1N4004或1N4007型等硅整流二极管；VD_6选用13V、0.5W型稳压二极管，如2CW60-13、1N4733型等；VD_5选用

ϕ 5mm圆形红色发光二极管。

$R_1 \sim R_5$ 均可用RTX-1/8W型碳膜电阻器；C_1选用CD11-25V型电解电容器。

制作触摸延时开关的元器件实物如图5.25所示。

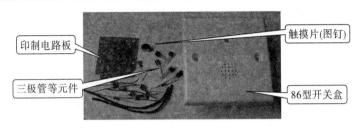

印制电路板

三极管等元件

触摸片(图钉)

86型开关盒

图5.25 制作触摸延时开关的元器件实物

 怎样制作与调试触摸延时开关？

答：●安装注意事项

（1）二极管、三极管在安装时，一定要注意极性不要插反，严格按线路板上的标示安装。

（2）发光二极管安装时所留管脚的长度应与安装盒子配合确定，发光管伸出盒子的长度应保持不超出面板为宜。

（3）安装触摸金属片时，先将图钉插入面板中间孔位，然后在背面将图钉折弯，使图钉固定，用电烙铁在折弯的引脚处上锡，电路板全部焊接完成后，将线路板上触摸输入端引线与图钉连接即可。

（4）由于本制作采用的是220V市电直接接入，通电时用手碰线路板容易触电，因此调试时需特别小心，有条件的话最好配上隔离变压器后再进行调试。

●调 试

本例电路较为简单，只要元件安装正确，无需调试就可以正常工作。对于延时时间的选择，主要取决于电路中的C_1与R_5的参数，具体延时值可通过$T=R \times C$来进行初步计算得出，由于电路中各元器件参数都有一定的误差，因此实际的延时时间和计算值略有不同。

5.9 光控路灯控制器的制作

光控路灯控制器由哪几部分电路组成？

答：光控路灯控制器由电源部分和控制电路部分组成。电源部分实为一开关电源，220V交流电接入后，经VD_1半波整流后在C_2两端形成300多伏高压直流电，VT_1为开关三极管，当电源接通后，经R_2向VT_1提供基极电流，经正反馈后，使其迅速导通，变压器反馈绕组感应出的电动势向C_4充电，当C_4两端电压达到CW_1的击穿电压值时，VT_2导通，将VT_1基极电位拉低，强迫VT_1截止，从而使流过开关变压器的电流消失，当C_4两端电压被释放后，VT_2又截止，VT_1又将重复前述工作过程，在变压器次级感应的电压经VD_4整流，C_5滤波后为工作电路提供稳定的直流工作电源。

控制电路部分主要由时基集成电路555组成的双稳态电路，当光线较亮时，光敏电路呈现较小的阻值，IC_1的2脚电压低于$1/3V_{CC}$，电路3脚输出高电平，继电器不吸合，当光线较暗时，光敏电阻呈较高阻值，在其两端的电压也较高，当IC_1的6电压高于$2/3V_{CC}$时，电路翻转，3脚输出低电平，此时VT_3、VT_4均导通，继电器吸合，负载端输出220V电压。

光控路灯控制器的电路原理图如何？

答：光控路灯控制器的电路原理图如图5.26所示。

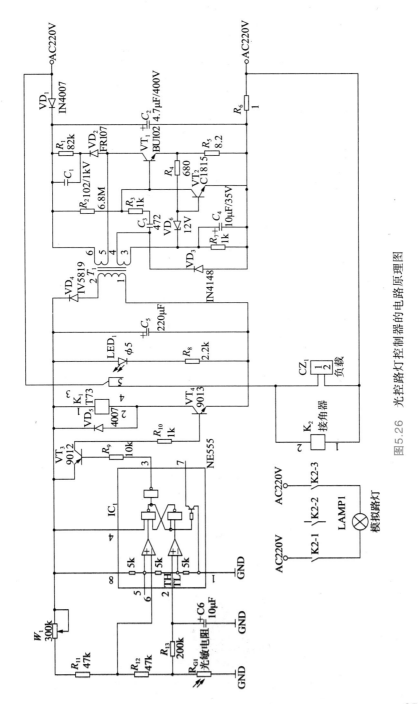

图5.26 光控路灯控制器的电路原理图

5.9 光控路灯控制器的制作

电路中，R_1、C_1、VD_2是为保护开关三极管而设，在开关三极管关断的瞬间，变压器产生的自感电动势很高，直接加在开关管上容易损坏开关管，接入以上元器件后，变压器中的能量可通过以上元器件进行释放，从而减少对开关管的冲击。在控制部分电路中，R_{13}和C_6元件的设计，可对开关的动作过程进行延时，可有效避免灯光照射等临时干扰源对开关的干扰。

在实际的应用中，所控制的负载功率较大，在输出端需要增加带负载能力的放大电路。在本例选用了一只接触器，控制器所控制的是接触器的线包，负载则接在接触器控制回路中，在一些大型控制路灯电路中，可能所接的是三相负载，在接触器的触点中只需接上三相电源就可以，在本例中，只接了单相负载，即只用到了接触器触点的两对触头，当接触器吸合时，负载指示灯点亮。

制作光控路灯控制器需要选用哪些元器件？

答：制作光控路灯控制器选用5528型光敏电阻器、CJX2-1801型220V交流接触器、T73/12V型继电器，NE555型时基集成电路。

VT_1选用BU102型NPN晶体管，VT_2选用C1815型NPN晶体管，VT_3选用9012型PNP晶体管，VT_4选用9013型NPN晶体管。

VD_1、VD_5选用1N4007二极管，VD_2选用FR107型快恢复管，VD_3选用1N4148型二极管，VD_4选用1N5819型二极管，VD_6选用1N4742型二极管。

其他元器件均无特殊要求，按图5.26所标型号及参数进行选用。

制作光控路灯控制器需要元器件的实物如图5.27所示。

图5.27　制作光控路灯控制器需要元器件的实物

怎样制作与调试光控路灯控制器？

答：（1）按电路板上的标示，对照电路原理图就可以准确完成全部元器件的安装，安装中要特别注意二极管和电解电容的极性，反装将无法正常工作，全部元器件安装完成后的电路板如图5.28所示。

图5.28 全部元器件安装完成后光控路灯控制器电路板

安装时要将线路板装于盒子中时，将电源指示灯伸出外壳，以便演示时更好地将光照射于光敏电阻端。

（2）功能调试。全部元器件安装完成后，即可进行功能调试。

由于本制作电路由两部分组成，因此在调试时也可分开进行。首先对控制部分电路进行调试，在调试前可用12V直流稳压电源进行供电，负端接地，+12V电源端与C_5正极相连，可看到电源灯点亮，经延时后可听到继电器吸合的声音，此时说明在光线较暗时，光控开关开启。将光敏电阻接在光控端接线柱上，若光线足够强，延时后可听到继电器断开的声音，用物体挡住光敏电阻，使其工作在较暗的环境下，延时后便可听到开关动作的声音。调节W_1的阻值，可改变电路在不同光照强度下开关的起控点。

开关电源电路调试。接入220V电源，测量C_5两端电压值，正常应为12~14V，当继电器吸合后，电源电压不应低于11V，电源工作正常后，电路的工作状况可参考前面的方法进行试验。当开关处于开启状态时，在开关的负载端有220V交流电压输出，可接上相应的负载进行演示。

（3）光敏电阻器的安装。将光敏电阻器按图5.29所示装于安装底板上，然后用电烙铁熔化塑胶将其固定，注意方向与控制器中的电源指示灯对齐，然后将引线与其引脚焊接，注意不要将两个引脚短路，与控制器相应的端子相接。

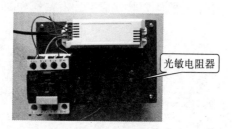

光敏电阻器

图5.29　光敏电阻器的安装

安装调光轮时，先在轮子上开一个槽，如图5.30所示，然后将轮中心插入安装板的定位孔，当小孔与光敏电阻及指示灯在一条线上时，光敏电阻上得到的光线最强，这样通过旋转，就可以模拟调节光照强度了。

在轮子上开一个槽

用胶固定光敏电阻器

图5.30　安装调光轮

（4）在确定光敏电阻的高度时，一定要配合调节轮一起确定，太高，会碰到轮子里面的筋，使轮子无法转动，太低会影响对光线的接收，这一点需初学者特别注意，调光轮安装好后如图5.31所示。

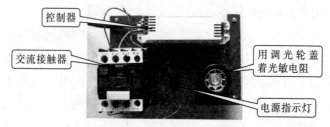

控制器

交流接触器

用调光轮盖着光敏电阻

电源指示灯

图5.31　安装好调光轮后的电路板

本例的接线图如图5.32所示。

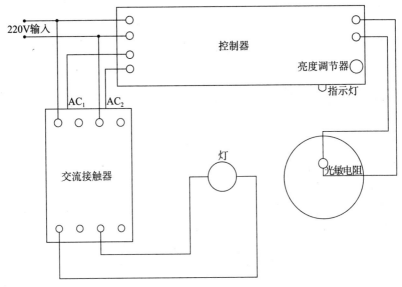

图5.32　光控路灯控制器的接线图

5.10　分立元件OCL功放的制作

什么是OCL功率放大电路？它有何优缺点？

答：OCL功率放大电路就是没有输出电容器的互补对称电路。它与单电源供电的OTL电路的区别是省去了输出电容器。这样，就使得OCL电路在性能上优于OTL电路，在高保真扩音系统中被广泛采用。

在OCL电路中，省去了输出耦合电容器，负载（扬声器）直接接在两复合输出管的集电极与发射极之间，构成了全电路的直接耦合，但是，零点漂移的问题较为突出。

OCL电路的"零点"，指的是图5.33中的A点。A点的直流电位必须始终保持为零。一旦A点的电位偏离了直流零电位，则A点通过负载对"地"就有了直流电压；内阻很小的负载中就会有很大的直流电流通过；轻则破坏电路的平衡，重则损坏扬声器。为此，OCL电路在输入级采用差动放大电路和直流负反馈可以有效地克服零点漂移，克服零点漂移的过程。

分立元件OCL功放的电路原理图如何？

答：分立元件OCL功放的电路原理图如图5.33所示。

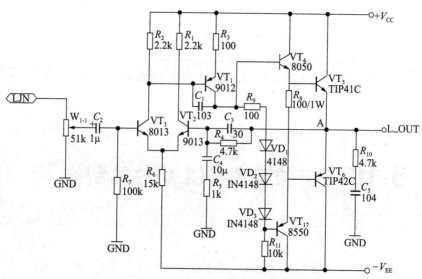

图5.33　分立元件OCL功放的电路原理图

在图5.33所示电路中，VT_2、VT_3组成差动输入放大，输入的音频信号经放大后，从VT_3的集电极输出，R_9、VD_1~VD_3上的压降为VT_4和VT_7提供直流偏置电压，用于克服两管的截止失真，音频信号经VT_4、VT_7预推动放大后，具有足够的电流强度，然后送入VT_5、VT_6完成功率放大，信号正半周时，电流从电源正极经VT_5流向负载后到地，负半周时电流从地经负载、VT_6流向电源负极，整个过程中，VT_5、VT_6始终处于微导通状态，因此这种功率放大器也称为甲乙类互补对称功放电路。VT_1为激励级，由C_4，R_4、R_5组成分压式交流负反馈电路，用以改善线性，R_5越大负反馈越深。C_1是高频自激消除电容。

　　OCL功率放大电路采用双电源供电，本例中的电源电路原理图如图5.34所示。

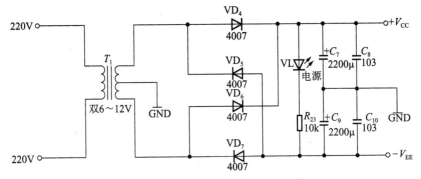

图5.34　OCL功率放大电路电源电路原理图

 制作分立元件OCL功放需要选用哪些元器件？

　　答：制作分立元件OCL功放电路中的VT_5、VT_6、VT_{11}、VT_{13}选用TIP41C与TIP42C配对管，VT_1、VT_{10}选用9012PNP型三极管，VT_2、VT_3、VT_8、VT_{12}选用9013NPN型三极管，VT_4、VT_9选用中功率8050型NPN三极管，VT_7、VT_{14}选用中功率8550型PNP三极管，其他元器件无特殊要求，按图5.33所标型号及参数进行选择。

　　制作分立元件功率放大器所用的元器件实物如图5.35所示。

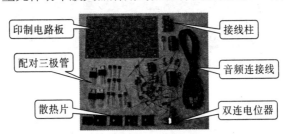

图5.35　制作分立元件功率放大器所用的元器件实物

怎样制作与调试分立元件OCL功放？

答：本例功率放大电路的左、右声道电路是完全对称的两个电路，另加一个电源电路。元件安装时只要认真按线路板上的符号安装，都能成功完成制作。元件安装时有两根跳线需要特别注意，位于VT_5、VT_6边上，标有"J1、J2"处，若漏焊，功率放大器将无法正常工作。

本例所用的电源变压器需自行配备，需采用中心抽头双电源变压器，一次绕组为220V交流电，二次绕组为双组6~12V，功率为10~30W（根据自己需要的功率决定），接线时中心抽头接于接线柱的中间，另两根线接于上、下两个位置上，音箱接线柱中间地线是共用的，另两根分别接在"L-OUT"和"R-OUT"的接线柱上。需要注意的是，两输出端千万不能短路；否则会立即烧坏功放管，通电后在C_7和C_9的两端产生正负直流电压，扬声器两端的电压为0，若这些参数正确，其他元件安装正确的话，就能制作成功。

制成后的分立元件OCL功放电路板如图5.36所示。

图5.36 制成后的分立元件OCL功放电路板

5.11　手机万能充电器的制作

手机万能充电器的电路原理图如何?

答：手机万能充电器的电路原理图如图5.37所示。电路主要由开关稳压电路和恒流充电电路两部分组成，由VT_1、VT_2、变压器T_1及相关元器件组成高频振荡电路，在二次绕组，经VD_4半波整流，C_5滤波后形成直流电压，当充电端开路或电池电量充足时，并联稳压器控制VT_8的导通深度，使充电端电压恒定在4.2V左右，同时VLb点亮，充电器发出蓝光；当充电端接上手机电板后，VT_8发射极电压被拉低，此时IC_1采样端电压也下降，迫使VT_8集电极电流加大，VT_5基极电流增大，充电指示灯VLa亮，充电器发出红光，但此时VT_8的深导通一方面向电池充入电能，另一方面经IC_1采样后又将促使VT_8电流减小，如此反复，直到电池电量充足为止。因此在充电过程中，充电指示灯始终呈闪亮状态。

VT_3、VT_4、VT_6、VT_7相似于桥式整流的4个二极管，均由发射结导通，$R_{14}{\sim}R_{17}$为限流电阻。

制作手机万能充电器需要选用哪些元器件?

答：制作手机万能充电器电路中的VD_1选用1N4007型硅整流二极管，VD_2选用1N4148型开关二极管，VD_3选用6.2V稳压二极管（如1N5995B），VD_4选用1N5819型低压高频整流二极管，VL选用ϕ5mm红、蓝双色发光二极管。

VT_1选用BU102型开关三极管，VT_1选用2SC1815型高频三极管，VT_3、VT_4、VT_8选用8050型NPN中功率三极管，VT_5、VT_6、VT_7选用8550型PNP中功率三极管。

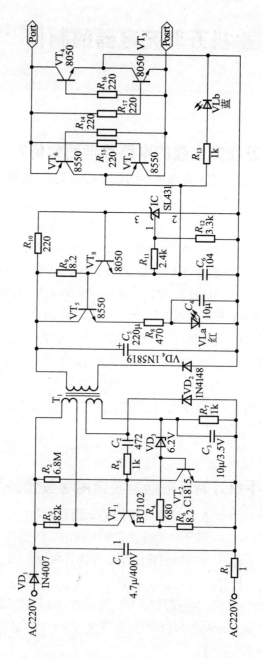

图5.37 手机万能充电器的电路原理图

$R_1 \sim R_{17}$选用1/8W碳膜电阻，其阻值如图8.4所示。

C_1选用4.7μF/400V电解电容器，C_3、C_4选用10μF/35V电解电容器，C_5选用220μF/10V电解电容器，C_2、C_6选用CT_1型瓷介电容器，其数值如图5.37所示。

IC适合选用SL431精密可调基准电源集成电路。

制作直流可调稳压电源所用的元器件实物如图5.38所示。

图 5.38　制作直流可调稳压电源所用的元器件实物

怎样制作与调试手机万能充电器？

答：●安装注意事项

（1）由于线路板设计尺寸比较小巧，因此大部分元器件采用卧式安装，制作者在安装元件时一定要注意，只要对照说明书上的原理图，结合线路板上的元件标示对号入座即可。

（2）二极管、三极管及电解电容安装时一定要注意极性，否则反装将使电路无法正常工作。

（3）充电电极与引线焊接时，一定要先用刀片刮除电极上的氧化层，这样方便焊接，同时焊时锡不要太多，注意焊好后用手按动下正面夹子弹簧，看能否运动灵活。

（4）焊接双色发光二极管时，若无法确定安装方向，可先用5V直流电源串一只2kΩ左右的电阻查看哪个脚是蓝光，哪个脚是红光，然后将蓝光引脚与R_{13}相连处，这样便可以准确确定双色发光二极管的安装方向。

（5）由于220V交流电引入脚与线路板的连接是通过插头极片完成的，如果安装接触不良的话，将使充电器无法正常工作，在线路板焊接时必须在安装电极处上锡，放入外壳前，先将引脚固定螺丝松开，然后将线路板平整地放入外壳中，再拧紧固定螺丝，这步完成后，用万用表电阻挡测量引脚与线路板是否接触可靠，若电阻无穷大，应仔细调整，焊好后充电器如图5.39所示。

图5.39　焊好后的充电器

● 调　试

（1）全部元件安装完成后，应仔细检查，确认元件安装无误后便可以通电检测。

（2）由于本例制作采用的是220V供电，因此从安全的角度考虑，可以先用直流电源进行充电电路的调试，方法是将VD_4一个引脚与线路板上断开，然后将直流稳压电源调整到输出5.6V，接于C_5两端，此时可以看到蓝色指示灯亮，取一手机锂电池板，将充电电极引脚间距调整到正好与电板上的正、负极距离相当，松开充电夹子，将电板放入其中，若电板电量不足，此时可看到充电红色指示灯闪亮，如果符合这些规律，说明充电电路基本正常。

（3）所有元器件全部装好，接入220V交流电进行测试。注意此时手不要去碰开关电源部分元件，否则容易发生触电事故。用万用表测量C_5两端电压，正常应在5.6～6V（由于元器件参数不同，实际电压值也略有差别），测量充电电极间电压，应为4.3V左右，极性是随机的，当接上电池板后，C_5两端电压为5.2～5.5V，而充电电极间的电压则为电板两端电压值，同时双色发光二极管应符合前述规律，这时可判断充电器工作正常。

5.12 直流可调稳压电源的制作

什么是三端集成稳压器？它分几种？

答：三端集成稳压器是把功率调整管、误差放大器、取样电路等元器件均做在一个硅片中的集成芯片，它只引出电压输入端、稳定电压输出端和公共接地端三个电极。因为这种集成稳压器一共只有三个端子，所以称其为三端集成稳压器。

三端集成稳压器常用有三端固定正电压输出稳压器、三端固定负电压输出稳压器、三端可调正电压输出稳压器、三端可调负电压输出稳压器。

三端固定集成稳压器的典型产品有W78××系列与W79××系列，W78××为正电压输出稳压器，W79××为负电压输出稳压器。其中"××"代表输出电压值，它们分别有5V、6V、9V、12V、15V、18V、24V7个档次固定输出电压；例如，W7806输出电压为+6V，W7912输出电压为-12V。输出电流有0.1A、0.5A与1.5A三种，W78L××系列（W79L××）输出电流为0.1A；W78M××系列（W79M××）输出电流为0.5A；W78××系列（W79××）输出电流为1.5A。三端固定集成稳压器的外形像一只大功率三极管，如图5.40所示。

图5.40　三端固定集成稳压器

　　三端可调集成稳压电路，既保持了3个端的简单结构，又能实现输出电压的连续可调。××317（正稳压器）的3个端，即1为调整端，2为输出端，3为输入端；××337（负稳压器）的3个端，即1为调整端，2为输入端，3为输出端。该稳压电路内部也装有过流保护、短路保护、过热保护等电路，使用更加安全可靠。××317（××337）的最大输入、输出电压差可达40V；输出电压可在1.2~37V（−1.2~−37V）之间连续可调；输出电流为0.5~1.5A，最小负载电流为5mA，基准电压为1.2V。"××"是生产厂家的代号，国产集成稳压器用"CW"或"W"表示，进口集成稳压器有LM、TA、AN、MC、KA等，只要型号中三位数字相同的三端可调电压稳压器均可互换。其外形如图5.41所示。因此它特别适合作为试验室电源或多种方式的供电系统使用。

图5.41　三端可调集成稳压器

 常用三端可调输出集成稳压器有哪些主要参数？

　　答：几种常用三端可调电压集成稳压器的主要参数见表5.1。

表5.1　几种三端可调电压集成稳压器的主要参数

型　号	最大输入输出电压差 (V)	输出电压调整范围 (V)	电压调整率 (mV)	电流调整率 (mA)	调整端电流 (mA)	最小负载电流(mA)
LM117/217	40	1.25~37	0.1	0.3	100	3.5
LM317	40	1.25~37	0.1	0.3	100	3.5
LM137/237	40	−1.25~−37	0.1	0.3	65	2.5
LM337	40	−1.25~−37	0.1	0.3	65	2.5

注：××117为军用品型，××217为工业用品型，××317为民用品型。

直流可调稳压电源的电路原理图如何？

答：直流可调稳压电源电路原理图如图5.42所示，主要由整流、滤波电路和稳压电路两部分组成，稳压电路部分采用三端可调稳压集成电路LM317，使得电路非常简单。本例可调稳压电源，输出电压范围为3~12V，最大输出电流为500mA。

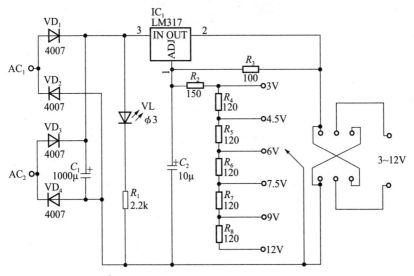

图5.42　直流可调稳压电源电路原理图

在图5.42所示电路中，220V交流电经VD_1~VD_4整流，C_1滤波后送到LM317的第3脚，电阻R_2~R_8经挡位选择开关接到稳压集成电路的输出端2脚与调整端1脚之间，实现不同输出电压的选择。R_1是发光二极管VL的限流电阻。

制作直流可调稳压电源需要选用哪些元器件？

答：制作直流可调稳压电源需要选用LM317三端可调稳压集成电路。

$VD_1 \sim VD_4$选用1N4007型硅整流二极管，VL选用ϕ5mm红色或绿色发光二极管。

$R_1 \sim R_8$选用1/8W碳膜电阻，其阻值如图5.42所示。

制作直流可调稳压电源所用的元器件实物如图5.43所示。

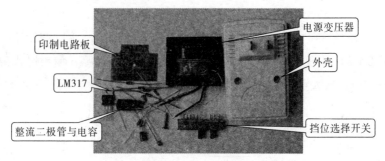

图5.43　制作直流可调稳压电源所用的元器件实物

怎样制作与调试直流可调稳压电源？

答：先将所有元器件采用立式安装焊接在印制板上，注意焊接顺序及焊接的时间，防止损坏元器件，只要焊接无误一般都能正常工作。特别是三端稳压集成电路LM317的焊接，不能将方向焊反，同时由于该产品的外壳为塑料材料制成，在焊接变压器电源端引线时必须掌握技巧，先将插头铜片用刀刮开净，然后用松香等助焊剂将刮好的铜片上锡，操作过程时间要短，否则极易使塑料熔化，待上好锡的铜片冷却后，再进行变压器引线的焊接。由于盒子空间比较小，在安装大体积元器件时，一定要注意，三端稳压集成电路安装时，应斜放，让其最高处伸出变压器下面的凸出空间内，1000μF滤波电容体积较大，实际安装时，应焊于线路板焊接面，即与其他元器件背向而装，焊好后横放，否则盒子将无法盖上。发光二极管安装时，其引脚长度应根据外壳高度来确定，使发光二极管正好处在外壳上的孔位。

5.13 小型开关电源的制作

开关电源有何优点？

答：开关电源与传统变压器降压的稳压电源相比，具有体积小、重量轻和效率高等特点，因此在生活中应用非常广泛。

开关电源的效率高，一般都能达到80%以上，近年来推出的开关稳压集成电路的效率多在90%以上，而一般线性稳压电路的效率只能达到30%~60%；开关电源一般不需要电源变压器，直接将220V交流电整流、滤波后得到300V的直流电压，然后经开关稳压集成电路与开关变压器变换成多组稳定的低压直流，省去电源变压器后，使得电源的体积大大缩小。

开关电源由哪几部分电路组成？

答：开关电源主要由输入滤波电路、开关振荡电路、脉宽调制电路、保护电路和整流滤波输出电路等部分组成，电路方框图如图5.44所示。

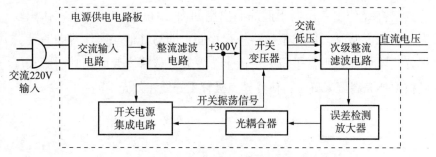

图5.44 开关电源组成框图

 小型开关电源的电路原理图如何？

答：小型开关电源的电路原理图如图5.45所示。

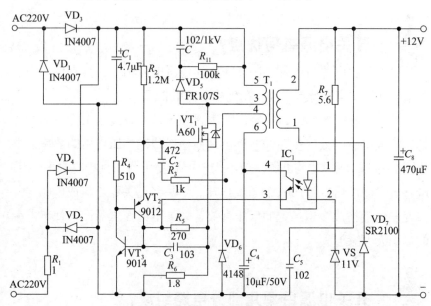

图5.45 小型开关电源的电路原理图

220V交流电经全波整流后，在C_1两端形成300多伏的直流电压，一路经R_2向VT_1控制极提供启动电流，另一路经开关变压器从VT_1的漏极流入，此电流经开关变压器耦合，经R_3、C_2向VT_1栅极形成正反馈，使VT_1快速导通，而当电流增加量减小时，又促使VT_1加速关断，从而形成自激振荡，产生高频开关信号，高频开关信号经变压器耦合后，在次级输出同频脉冲电压，经VD_7整流，C_8滤波输出直流电压。当输出电压增高时，由于VS两端电压恒定在其稳压值上，输出电压的增高，超过VS的稳压值时，其电流大增，由于流过IC_1初级的电流与VS相同，使得IC_1导通深度增大，经光电耦合器耦合后，使IC_1的3、4脚导通，C_4两端电压使VT_3饱和导通，VT_1被强制关断，从而限制输出电压的增高，这里VS选用了11V的稳压管，加上IC_1、R_7上的压降，使输出电压稳定在12V左右。而当负载加大，输出电压降低时，VS上的电压低于其稳压值，电流减小，IC_1关断，VT_2、VT_3失去对VT_1的控制，其导通时间加长，使输出电压增高，从而达到稳压的目的。

 ## 制作小型开关电源需要选用哪些元器件?

答：制作小型开关电源电路中的VT_1选用D1NA6型开关管，VT_2选用9012PNP型三极管，VT_3选用9014NPN型三极管。

VD_1~VD_4选用1N4007型硅整流二极管，VD_5选用FR107S型快恢复二极管，VD_6选用1N4148型开关二极管，VD_7选用SR2100型肖特基二极管，VS选用11V稳压二极管。

其他元器件无特殊要求，按图5.45所标型号及参数进行选择。

制作小型开关电源所用的元器件实物如图5.46所示。

图5.46　制作小型开关电源所用的元器件实物

怎样制作与调试小型开关电源？

答：在元器件安装时，要严格按线路板上的标示进行安装。对于极性元器件一定要注意方向，对于色环电阻，若无法正确读取其阻值，可借助万用表进行测量，然后对照原理图进行安装。由于本例制作采用最基础的开关电源，对原线路板上的一些器件进行了去除，在实际安装元器件时，对照原理图仔细分析，IC_1安装时注意方向，面上有一小圆点，请与线路板上的相应标示对齐，反装无法正常工作，元件安装完后，可参照以下制作好的实物照片，如图5.47所示。

图5.47　小型开关电源制成后实物

电源输出线安装时，先在线路板上找到相应位置，只要和C_8相连的地方都可以作为输出引线的焊接口，一般引线的极性都为插头的中间为正极，外围为负极，而引线中红色的与插头的中间相连，实际安装时也可用万用表测量电阻进行确认，然后再与线路板进行连接；电源输入线安装时，线路板上有相应标示，引线先上锡，然后再与线路板相连，在电源插头金属片上焊引线前，先将其氧化层刮除，然后再上锡，同时焊接时间不能过长，否则容易熔化塑料，造成外壳损坏。

元器件全部安装完成后，可通电试机。由于开关电源是220V交流电直接接入，测试时不要用手去接触初级元件中的任何金属部位，否则容易触电，特别是开关变压器的外壳是直接与正电源相连的，有条件的最好经隔离变压器隔离后再进行测试。测量VT₁漏极电压，正常在100多伏，若为正电源电压，说明电路没有起振，应仔细检测变压器、VT₁及相关元件等是否有虚焊；测量CW₁和输出端与负极电压，正常CW₁在11V左右，输出端在12V左右。

5.14　感应式电子迎宾器的制作

感应式电子迎宾器的基本原理是什么？

答：感应式电子迎宾器的基本原理是利用人走过迎宾器时会产生一个阴影的特点，通过光敏电阻对光线变化信号的接收，作为传感器。当有人经过感光器件时，由于人的身体会挡住光线，若原来有一定的光线照射在光敏电阻上，则光敏电阻表现出一个电阻值，当人体挡住一部分照射于光敏电阻的光线时，光敏电阻接收到的光线强度发生变化，这个变化经三极管等组成的高增益放大后，输入专用集成电路的输入端，这个信号放大处理后，形成一个控制信号，驱动集成电路内部的音频发生电路工作，产生"您好，欢迎光临！"的音频信号，经扬声器完成电声转换，使人耳能听到这句问候语。

感应式电子迎宾器的电路原理图如何？

答：感应式电子迎宾器的电路原理图如图5.48所示。

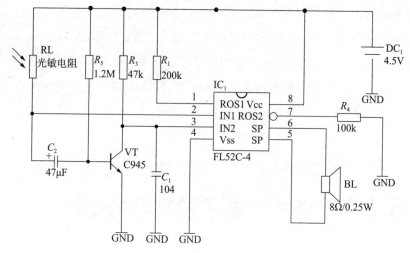

图5.48　感应式电子迎宾器的电路原理图

图5.48中RL是光敏电阻，IC₁是一块集信号放大、语音信号发生及功率放大于一体的CMOS集成电路，它固化在电路板上，如图5.49所示。

标有+、−号

IC₁固化在
电路板上

标红五角星

标有三角形

图5.49　感应式电子迎宾器的印制电路板

制作感应式电子迎宾器需要选用哪些元器件？

答：制作感应式电子迎宾器选用5528型光敏电阻器、FL52C-4型语音集成电路器和C945型三极管。

其他元器件均无特殊要求，按图5.48所标型号及参数进行选用。

制作感应式电子迎宾器需要元器件的实物如图5.50所示。

图5.50　感应式电子迎宾器的元器件实物

 怎样制作与调试感应式电子迎宾器？

答：这个制作外围元器件较少，因此制作也较为简单，但是由于采用了集成封装技术，芯片与电路板直接集成在一起，因此焊接时间不能太长，否则容易损坏集成电路。图5.51制作好的实物照片，供制作者参考。

图5.51　制作好的感应式电子迎宾器实物照片

本例制作电路较为简单，但是安装时，有一定的技巧，否则盒子就很难盖上了。

（1）光敏电阻的安装。本例制作中，为了感应的效果较好，我们对光敏电阻采取了吸光处理，即用了一只黑色的圆筒将光敏电阻安装在里面，这样可以更好地接收到感应信号。为了让光敏电阻能可靠地安装于盒子里，其制作过程读者可参照图5.52进行。

(a) 正 面 　　　　　(b) 背 面

图5.52　光敏电阻的安装

光敏电阻两个引脚从安装座的两个孔穿过后，折弯绕在安装座的两个小耳朵上，然后将感光筒套在安装座上，而光敏电阻的两个引线则从反面折弯的地方焊出。

（2）电容的安装。由于这个感应式迎宾器比较小巧，因此元器件的安装应较为紧凑，特别是电容C_2和三极管，由于尺寸相对较大，焊接时应考虑平放后安装。

（3）引线的安装。本例中，扬声器、光敏电阻及电池与线路板的连接都是通过引线完成的，由于扬声器和光敏电阻在安装时，没有极性之分，因此两根线无所谓方向，但是与电池的连接，必须注意极性，否则长时间反装的话，容易损坏集成电路。

电池的安装方法如图5.52所示。AG13纽扣电池中间突起的为"负"极，平面的为"正"极，这个在电池上也有标明，正极标有一个"+"符号的。按图5.53所示的安装方法，带弹簧的舌片应接正极，在引线与线路板上相连时要注意。

图5.53　电池的安装方法

所有引线在线路板上的焊接位置见图5.49，其中电源线标有
"＋"，"－"符号，喇叭线接于标有"▲"的位置，光敏电阻接于标
有"★"处。

　　操作说明：

　　制作好的感应式电子迎宾器如图5.54所示。

图5.54　制作好的感应式电子迎宾器

　　将迎宾器的感光孔朝有光线照射进来的方向，当有人走过时，若
能在迎宾器处产生一个人影，这样有最好的效果。另外在我们指导学
生的安装过程中还发现，按安装说明组装好后，不会发出声音，只有
用手蒙住感光孔后，才能发声，遇到这种情况的主要原理是周围环境
光线变化不明显，致使光敏电阻感应到的光变化量不大造成的，从前
面的原理分析中可以看到，只有照射到光敏电阻光线变化时，才有可
能有感应信号输入，要是遇到阴雨天气或室内靠电灯照明时，又正好
将迎宾器感光孔朝向灯照的背光面，自然灵敏度就不佳了，具体请制
作者根据电路原理，好好体会，同时在本例的基础上，读者可根据这
一原理，自行开发出其他实用电子产品。

5.15 水箱水位自动控制器的制作

水箱水位自动控制器由哪几部分组成？

答：水箱水位自动控制器主要由模拟水箱、水泵、水管、水位探测器、自动控制器、电源等部分组成。

水箱水位自动控制器的电路原理图如何？

答：水箱水位自动控制器的电路原理图如图5.55所示。

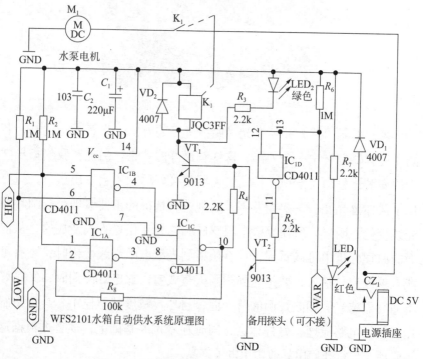

图5.55 水箱水位自动控制器的电路原理图

控制器的核心为四与非门集成电路，通过水的导电性来判断水箱水位。水箱中放入水位探头，其中最下面一根接地，比最低点稍高的为低水位信号端，最高的为高水位信号端。当水箱中水位较低时，三根信号线全部为高电平输入，启动水泵工作，向水箱中抽水。随着水箱中水的不断增多，水位探测线被水浸没，最下面的信号线最先被水浸没，这时控制电路中的地端便浸入水中，当水位继续升高时，低水位端很快也被浸没，由于IC$_1$的1、2脚都为高电平，因此8脚为低电平，输出门被封锁，继电器吸合，此时水泵继续工作，当高水位端与水接触时，IC$_1$的3脚和4脚都输出高电平，因此IC$_1$的10脚输出低电平，继电器断开，水泵停止工作。当水位下降时，高端的探测器先与水断开，即IC$_1$的1脚和5脚输入高电平，此时电路状态不会改变，因此水泵不工作，直到水位下降到低水位信号端与水断开时，电路工作状态改变，水泵启动抽水，如此循环工作，始终让水箱中的水位保持在低水位和高水位之间。

制作水箱水位自动控制器需要选用哪些元器件？

答：制作水箱水位自动控制器需要选用CD4011型4-2输入端与非门数字集成电路，也可用同类产品CC4011或MC14011直接代换，VD$_1$、VD$_2$均用1N4007型硅整流二极管，VL$_1$、VL$_2$可选用ϕ5mm红、绿色发光二极管。

VT$_1$、VT$_2$选用9013型硅NPN型三极管，要求电流放大系数$\beta > 100$。

C_1选用CT$_1$型瓷介电容，C_2选用220μF/16V电解电容器。

$R_1 \sim R_8$均用RTX-1/8W型碳膜电阻，KA用JQC3FF/12V中功率电磁继电器，其触点负荷220V×3A。

水位探头可以用截面为6mm²的铜芯塑料电线制作，也可以用不锈钢丝外套热缩管制作。

制作水箱水位自动控制器所用的元器件实物如图5.56所示。

图5.56 制作水箱水位自动控制器所用的元器件实物

怎样制作与调试水箱水位自动控制器？

答：（1）控制器的安装。将电子元器件按线路板上的标示及原理图中的标示安装好，注意二只发光二极管是要穿过线路板从焊接面上引出。

（2）水泵开关线的安装。由于水泵采用的是直流5V电源供电，这里需要从电源插口处引出开关线，具体是：正电源从插头的正电源端引一根线到负载端的接线端上，然后从另一个端口引出开关线到水泵电机，水泵另一根线也从负载孔中穿过，再直接与电源端口的负极相连，当继电器吸合后，正电源经开关到电机一端，经电机后从另一端返回到电源负极形成回路，当开关断开时，水泵便停止工作，反之水泵便得电工作，具体的接线可参见图5.57。

图5.57 水泵开关线的安装

（3）水位探测线的制作与安装。水位探测线采用一根三芯护套线，一端接控制器的水位输入端，另一端需要制作时处理，具体方法：低水位线与地线可从相距较短的地方剪断，地线最下面，低水位线其次，高水位线最上面，线剪好后，剥去一小段皮，露出的导线进行上锡，具体做好后的信号线如图5.58所示。

(a) 接线路板端   (b) 低水位线和地线   (c) 高水位线

图5.58 水位探测线的制作与安装

具体几根信号线间的距离制作者可自由掌握。

（4）水箱的制作与安装。本例的水箱需自己动手制作。取一只矿泉水瓶作为模拟水箱。将瓶倒置，在底部挖出两个孔，一个用于插入水位信号线用，另一个用于插入进水管。

整套安装好的系统如图5.59所示。

图5.59 整套安装好的系统

5.16 视力保护仪的制作

视力保护仪的基本原理是什么？

答：视力保护仪也是利用光敏电阻作为感光传感器，当光线低于设定报警值时，启动蜂鸣器发出报警声，提醒注意，光照强度不够，从而采取相应措施，达到保护眼睛之目的。

视力保护仪的电路原理图如何？

答：视力保护仪电路原理图如图5.60所示。

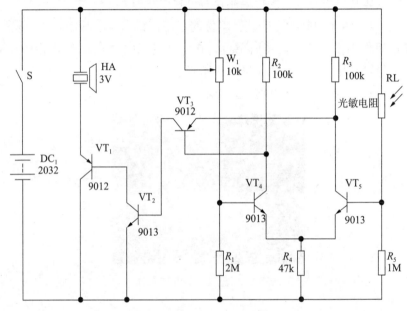

图5.60 视力保护仪电路原理图

电路原理图中VT_4、VT_5组成差分放大电路，用于检测周围环境光照强度，具有极高的抗干扰性能。通过调节W_1，可以改变VT_4基极电位，从而改变差分放大电路的静态工作点，将光线起控点设定在一定值上。光线强时W_1阻值较小，VT_5基极得到较高电位，此时VT_5的集电极低于VT_4集电极电压，VT_3发射结反偏而截止，蜂鸣器失电，不会发声。当环境光照强度较弱时，RG_1阻值增加，光照值低于设定值时，VT_5的集电极高于VT_4集电极电压，VT_3正偏，光线变化信号得到放大，VT_1饱和导通，蜂鸣器得电，发出报警声，提醒学生，此时光线太弱，不宜长时间书写、看书，达到保护视力之目的。

制作视力保护仪需要选用哪些元器件？

答：制作视力保护仪需要选用5288型光敏电阻器，电路图中的
VT_1、VT_3选用9012型硅PNP型三极管，VT_2、VT_4、VT_5选用9013型硅
NPN型三极管。其他元器件均无特殊要求，按图5.59所标型号及参数
进行选用。

制作视力保护仪需要元器件的实物如图5.61所示。

图5.61　制作视力保护仪需要元器件的实物

怎样制作与调试视力保护仪？

答：本制作由于元器件较少，制作较为简单，在制作中，最容易
出错的就是看错色环电阻阻值，如果无法正确读取阻值，可借助万用
表进行测量，然后对照电路原理图进行安装，安装完成后的线路板如
图5.62所示。

图5.62　安装完成后的线路板

光敏电阻安装时，先将外壳盖倒放于桌上，光敏电阻装于外壳安装孔处，然后用电烙铁熔化塑料胶粒，将光敏电阻进行固定，注意塑料胶没有冷却前不要移动光敏电阻，同时要将光敏电阻平面按到底，否则塑料胶粘到感光面上，影响感光灵敏度，等胶冷却后，光敏电阻便安装完毕，此时可根据实际情况，将其引脚剪掉，然后焊上引线至线路板上相应位置，如图5.63所示；将线路板安于底座上，在底座上查看电源开关拨动是否灵活，无误后便可以进行调试；在光照强度合适时，调节电位器，使之正好不报警，然后用手遮一个阴影，这时就发出报警声，反复调节电位器，以达到理想的设定值。

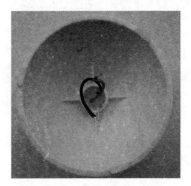

图5.63　光敏电阻的安装图

　　安装电源开关时，必须保证外壳装好后能灵活拨动开关，具体安装完成后的视力保护仪如图5.64所示。

图5.64　安装完成后的视力保护仪

5.17　电子节能灯的制作

电子节能灯的基本原理是什么？

答：电子节能灯是采用发光二极管（LED）照明，其寿命长达5万~10万h。发光二极管（LED）发出的光与自然光不同，其频谱不是连续的，缺少红外线部分，所以与白炽灯不同，产生的热量不是靠辐射散发，而是必须通过传导方式散发，这也是LED被称为冷光源的原因。LED灯具有高效节能、超长寿命、绿色环保、保护视力、光效率高、发热小等优点。

电子节能灯的电路原理图如何？

答：本例电子节能灯是采用阻容降压的方式直接从220V交流电降压后，经桥式整流向发光二极管供电，电路原理简单，其原理图如图5.65所示。

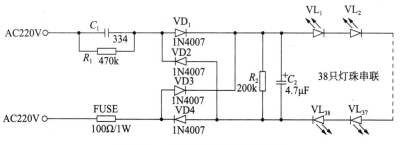

图 5.65　电子节能灯电路原理图

制作电子节能灯需要选用哪些元器件?

答：制作电子节能灯需要选用 ϕ 5mm 高亮度发光二极管。$VD_1 \sim VD_4$ 均用 1N4007 型硅整流二极管。其他元器件无特殊要求，按图5.65所标型号及参数进行选择。

制作电子节能灯所用的元器件实物如图5.66所示。

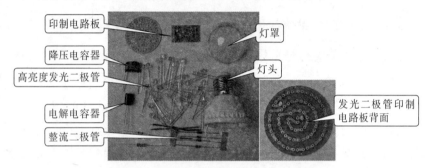

图5.66　制作电子节能灯所用的元器件实物

怎样制作与调试电子节能灯?

答：●安装注意事项

（1）4只整流二极管安装时注意方向，线路板上标示横线处与二极管上的横线对应，若无法准确确定的，应仔细核对原理图，搞清线路板走向后再进行安装。

（2）泄放电阻 R_1 安装于降压电容下面，焊好后再装 C_1，降压电容采用卧式安装，其位置盖于整流二极管上方，焊前先折好引脚，否则一旦引脚剪得过短，将无法折弯。

（3）安装发光管时注意线路板上的符号标志，其中圆弧缺角部分与发光管上的缺角对应，焊接时，先焊中心的管子，焊完后剪脚，再焊外面一圈的管子，否则外圈发光管引脚会挡住里面管子的焊接。

（4）电源板装入灯座时，元器件面朝下，放平后用电烙铁将塑料胶粒熔化于线路板的两个对角处，固定线路板不要移动，直到塑料胶粒冷却定型。

● 调　试

（1）全部元器件安装完成后，应仔细检查，确认元器件安装无误后便可以通电检测。

（2）由于本制作采用的是220V交流电供电，调试时不要用手去碰任何导电部分。测量电源板两根到灯板的引线电压，正常应为直流120V左右，若不正常应仔细检查整流二极管有无装反，发光管方向是否装反，一般只要元器件安装正确，不用调试就可以正常工作。

5.18　鱼缸(花室) 自动加温器的制作

鱼缸(花室) 自动加温器的基本原理是什么？

答：鱼缸（花室）自动加温器的基本原理是利用热敏电阻器作为温度传感器，当鱼缸或者养花室的温度高于一定值时，自动加温器停止加温，当鱼缸或者养花室的温度低于一定值时，加温器开始自动加温，从而将鱼缸或者养花室的温度维持在24℃左右。

鱼缸(花室) 自动加温器的电路原理图如何？

答：鱼缸（花室）自动加温器的电路原理图如图5.67所示。

图5.67中热敏电阻器RT是温度传感器，它与电位器RP组成分压电路，给VT$_1$、VT$_2$两个三极管组成的施密特射极耦合双稳态电路提供工作电压，双稳态电路的负载是中小型继电器K，其动断触点控制加热器EH的工作，VD$_2$~VD$_5$组成桥式整流电路，VS为稳压二极管，为自动加

温器提供9V直流电源。本例自动加温器电路除灵敏度高外，工作时有回差，这样就有效地避免了温度稍有变化时继电器频繁乱跳动的弊病。

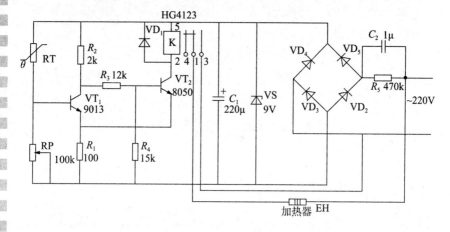

图5.67 鱼缸(花室) 自动加温器的电路原理图

假设鱼缸（花室）内温度能维持在24℃左右最为理想，当水温高于24℃时，RT阻值变小，RP上分压增大，VT_1、VT_2导通，继电器K吸合，触点断开，停止加热；当水温低于24℃，RT阻值变大，RP上分压减小，VT_1、VT_2截止，继电器K释放，触点闭合，继续加热。水温升高，继电器触点断开，水温下降，继电器触点闭合，重复上述过程。

 制作鱼缸(花室) 自动加温器需要选用哪些元器件？

答：制作鱼缸（花室）自动加温器需要负温度系数热敏电阻器1只，电路图中的VT_1选用9013型硅NPN晶体管，VT_2选用8050型硅NPN晶体管，VD_1选用1N4148型开关二极管，$VD_2 \sim VD_5$选用1N4007型硅整流二极管；VS选用9V、1W硅稳压二极管，如2CW107-9V1或1N4739、1N4739A型等。

K可用工作电压9V的JZC-22F小型中功率电磁继电器，其触点容量有5A与7A两种，可根据被控加热丝的功率容量选择。

其他元器件均无特殊要求，按图5.67所标型号及参数进行选用。制作鱼缸（花室）自动加温器所用的元器件实物如图5.68所示。

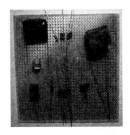

图5.68　制作鱼缸(花室) 自动加温器所用的元器件实物
(图中没有电阻加热器)

 怎样制作与调试鱼缸(花室) 自动加温器？

答：由于鱼缸自动加温器控制的是水温，而养花室自动加温器控制的是室内温度，在制作时应根据实际情况，选用合适电阻加热器。

调整加温器时，选用一盆温度低于24℃的水，将加热器和测温探头（热敏电阻器）放入水中，两者保持一段距离，接通电源，调整电路中的微调电阻器RP，使继电器K释放，加热器加热；当水温高于24℃的，继电器K吸合，触点断开，停止加热。

如果养花室空间大，需要加大加热器的功率或数量，可采用触点容量较大的电磁继电器。

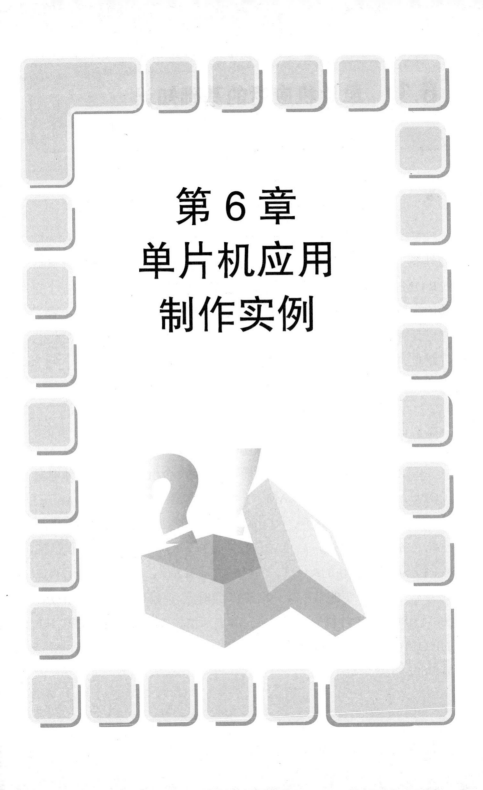

第 6 章
单片机应用
制作实例

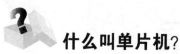

6.1 单片机应用的基础知识

什么叫单片机?

答:单片机是指在一块半导体芯片上集成中央处理单元又称为微处理器(CPU)、随机存取数据存储器(RAM)、只读程序存储器(ROM)、定时器/计数器以及I/O接口电路等主要部件,构成一个完整的微型计算机。虽然单片机只是一个芯片,但从组成和功能上看,它已具有了微型计算机系统的含义,从某种意义上说,一块单片机芯片就是一台微型计算机。单片机具有高性能、高速度、体积小、低电压、低功耗、价格低廉、稳定可靠、应用广泛等特点。

单片机内部由哪几部分组成?

答:单片机的内部结构按功能可划分为8个组成部分:微处理器(CPU)、数据存储器(RAM)、程序存储器(ROM/EPROM)、特殊功能寄存器(SFR)、I/O接口、串行口、定时器/计数器及中断系统,各部分是通过片内单一总线连接起来的。8051型单片机内部由1个8位CPU、4k的ROM、256B的内部RAM、4个8位并行I/O口P0~P3、1个全双工的串行口、2个16位定时器/计数器T0和T1等组成。图6.1为8051型单片机的功能框图,其内部结构如图6.2所示。图中4kb的ROM如果用EPROM替换就成为8751型单片机,图中去掉ROM就成为8031型单片机。

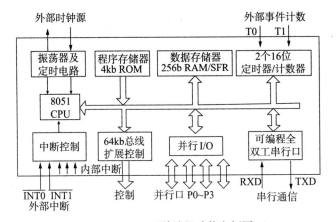

图6.1　8051型单片机功能方框图

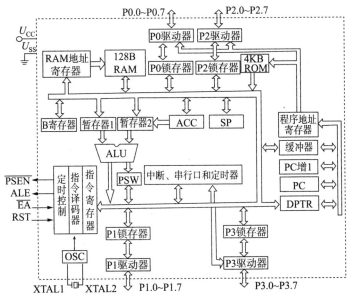

图6.2　8051型单片机内部结构框图

（1）中央处理器（CPU）。中央处理器是单片机内部最核心的部分，是单片机的大脑和心脏，主要完成运算和控制功能。8051型单片机的CPU是一个字长为8位的中央处理单元，即它对数据的处理是按字节为单位进行的。

（2）内部数据存储器（内部RAM）。8051型单片机中共有256个

RAM单元，但其中能作为寄存器供用户使用的仅有前面128个，后128个被专用寄存器占用。

（3）内部程序存储器（内部ROM）。8051型单片机共有4kb掩膜ROM，用于存放程序、原始数据等。

（4）定时器/计数器。8051型单片机共有2个16位的定时器/计数器，可以实现定时和计数功能。

（5）并行I/O口。8051型单片机共有4个8位的I/O口（P0、P1、P2、P3），可以实现数据的并行输入、输出。

（6）串行口。8051型单片机有1个全双工的可编程串行口，以实现单片机和其他设备之间的串行数据传送。

（7）时钟电路。8051型单片机内部有时钟电路，但晶振和微调电容需要外接。时钟电路为单片机产生时钟脉冲序列。

（8）中断系统。8051型单片机的中断系统功能较强，可以满足一般控制应用的需要。它共有5个中断源：2个是外部中断源$\overline{INT0}$和$\overline{INT1}$；3个内部中断源，即2个定时/计数中断，1个串行口中断。

由上所述，8051型单片机虽然仅是一块芯片，但它包括了构成计算机的基本部件，因此可以说它是一台简单的计算机。

单片机与普通计算机有何不同？

答：单片机与普通计算机的不同之处在于其将微处理器、存储器和各种输入输出接口三部分集成于一块芯片上。

单片机的种类有哪些？

答：单片机的种类很多，至少有70多个系列，500多个品种。单片机有多种不同的分类方法。

按指令集划分：可分为集中指令集（CISC）和精简指令集（RISC）两种。

按使用范围分：可分为专用单片机和通用单片机。专用单片机是针对某种特殊需要而专门设计的芯片，如电视机、空调、电话机等家用电器通常使用专用单片机。而通用单片机把开发资源（ROM、I/O等）全部提供给用户使用，其适应性较强，应用非常广泛。另外，还有许多半通用系列产品，如支持USB接口的8XC930/931、C540、C541等。

单片机按字长又可分为4位单片机、8位单片机、16位单片机、32位单片机。

什么是MCS-51系列单片机？

答：MCS-51系列单片机和其兼容单片机是世界上用量最大的几种单片机之一。MCS-51系列单片机是美国Intel公司于1980年推出的8位单片机，具有16位（64kB）的寻址空间，有强大的I/O口控制能力和多种中断源，用户可十分方便地控制和使用其功能，使得它的应用范围很大。此外，MCS-51采用CISC指令集，其指令相当全面，使编程非常灵活和方便。

同时，Philips（飞利浦）、Atmel等公司在MCS-51内核的基础上，面向不同的应用，进行多项技术改进（增加ISP功能、提高时钟频率、加大片内存储器、增强I/O口功能、集成A/D转换器等部件、增加高速接口和多种总线控制器等），生产了大量的MCS-51系列兼容芯片。新一代的MCS-51系列产品集成度更高、功能更强大、性价比更好，所以至今仍是应用的主流产品。

MCS-51系列单片机的基本芯片分别为哪几种？它们的差别是什么？

答：MCS-51系列单片机的基本芯片为 8031、8051、8751。其中8031 内部包括 1 个8 位CPU、128B RAM，21 个特殊功能寄存器

（SFR）、4个8位并行I/O口、1个全双工串行口，2个16位定时器/计数器，但片内无程序存储器，需外扩EPROM芯片；8051是在8031的基础上，片内又集成有4kb ROM，作为程序存储器，是1个程序不超过4kb的小系统；8751是在8031的基础上，增加了4kb的EPROM，它构成了1个程序小于4kb的小系统。用户可以将程序固化在EPROM中，可以反复修改程序。

什么是PIC系列单片机？

答：由美国微芯（Microchip）公司推出的PIC单片机系列产品，首先采用了RISC结构的嵌入式微控制器，仅33条指令，运行速度快。PIC系列单片机采用哈佛双总线结构、低功耗、低电压、OTP等技术，产品以低价位著称，适于用量大、价格敏感的产品。PIC系列的单片机往往也针对特定的应用，加入不同的功能模块，因此PIC系列从低到高有几十个型号，有超过120种产品来满足不同层次的应用要求。PIC系列8位单片机可分为5种：PIC12的8引脚系列、PIC16C5基本系列、PIC16C6中级系列、高速的PIC17高级系列和PIC18F扩展系列。

什么是AVR系列单片机？

答：AVR单片机是Atmel公司1997年研发的增强型内置Flash的RISC精简指令集高速8位单片机，设计时吸取了8051及PIC单片机的优点，具备单时钟周期执行一条指令的能力，因此每兆赫时钟有接近1Mips速度。已形成ATtiny、AT90与ATmega系列产品，分别对应低、中、高档产品。AVR单片机可以广泛应用于计算机外部设备、工业实时控制、仪器仪表、通信设备、家用电器等各个领域。

AVR单片机硬件结构采取8位机与16位机的折中策略，即采用局部寄存器存堆（32个寄存器文件）和单体高速输入/输出的方案（输入捕获寄存器、输出比较匹配寄存器及相应控制逻辑），提高了指令执行速度，克服了瓶颈现象，增强了功能；同时又减少了对外设管理的开销，相对简化了硬件结构，降低了成本。

单片机的选型原则有哪些？

答：合理地选择单片机是单片机开发应用的基础，选择单片机时应遵循以下原则：

（1）从成熟的典型单片机入手。单片机种类很多，总的原则是，选择典型、成熟的主流单片机系列，以其中的典型型号为切入点，学习并掌握单片机的原理和应用方法。

（2）接受单片机的新型号。新型单片机在时钟频率、功能及性能上都有较大的提高和变化，应尽量选片内资源能满足系统要求、无需外扩芯片的单片机，以简化设计、提高可靠性。还应考虑系统的工作环境条件及功耗等要求。

（3）尽量采用成熟的接口扩展技术。单片机可借鉴的技术资料很多，应尽量采用成熟的接口扩展技术。

（4）技术支持和帮助的情况。包括书籍和网上资源是否充足、使用人群是否广泛等。

（5）是否有片内Flash存储器，便于程序的多次修改，最好支持ISP下载功能。

（6）开发工具是否成熟、开发成本是否较低。

MCS-51系列单片机的主要性能如何？

答：MCS-51系列单片机有多种型号，可分为51子系列与52子系列，其主要性能如表6.1所示。

表6.1 MCS-51系单片机主要性能

类别	ROM形式			片内RAM（B）	程序和数据存储器寻址能力	16位定时器计数器	I/O接口数目	串行通信方式	中断源(2个优先级)	其他
	片内掩膜ROM	片内EPROM	片内无ROM需外接ROM							
基本型 8×51族	8051 4kb	8751 4kb	8031	128	2×64k	2	4×8	同步/异步，8/10位可程控	5	8031价格最低，系统扩展灵活
8×C51族	87C51 4kb	87C51 4kb	80C31	128	2×64k	2	4×8	同步/异步，8/10位可程控	5	87C51有两级程序保密系统
强化型 8×52族	8052 8kb	8752 8kb	8032	256	2×64k	3	4×8	同步/异步，8/10位可程控	6	
超级型 8×C252族	80C252 8kb	80C252 8kb	80C232	256	2×64k	3	4×8	同步/异步，8/10位可程控	7	两级程序保密系统；脉冲宽度调制输出；可编程计数器阵列
改进型 8×44族	8744 4kb	8744 4kb	8344	192	2×64k	2	4×8	HDLC/SDLC	5	I/O处理机

MCS-51系列单片机与 80C51系列单片机的异同点是什么？

答：MCS-51系列单片机与 80C51系列单片机的共同点是它们的指令系统相互兼容。不同点在于MCS-51是基本型，而80C51采用CMOS工艺，功耗很低，有两种掉电工作方式，一种是CPU停止工作，其他部分仍继续工作；另一种是，除片内RAM继续保持数据外，其他部分都停止工作。

PIC系列单片机的主要性能如何？

答：PIC系列单片机具有高速度、低工作电压、低功耗、驱动能力强、低价格等优点，存储器采用OTP、Flash和E^2PROM等多种技术。PIC16/17单片机的主要性能如表6.2所示。

表6.2 PIC16/17单片机主要性能

系　列	主要特性	名　称	工艺特点	型　号
PIC17C××× （高级）	·16位指令系统 ·8位数据线 ·多种中断 ·DC～25MHz时钟 ·最快160ns指令周期	17C4×	OTP/EPROM	17C42～17C44
PIC16C×× （中级）	·14位指令系统 ·8位数据总线 ·多种中断 ·DC～20MHz时钟 ·最快200ns指令周期 ·8/10位A/D转换 ·电压比较器 ·复位锁定 ·LCD驱动 ·14位指令系统 ·8位数据总线 ·多种中断 ·DC～20MHz时钟 ·最快200ns指令周期 ·8/10位A/D转换 ·电压比较器 ·复位锁定 ·LCD驱动	12C6××	OTP/EPROM 8脚封装	12C671～12C674
		16C55×	OTP/EPROM	16C554～16C558
		16C6×	OTP/EPROM	16C61～16C65
		16C6××	OTP/EPROM 比较器	16C620～16C622 16C641(642) 16C661(662)
		16C7×	OTP/EPROM 8位A/D	16C70～16C74
		16F8×	E^2PROM 程序/数据	16F83 16F84
		16F87×	E^2PROM 10位A/D比较器等	16F870～16F877
		16C9××	OTP/EPROM LCD驱动	16C923 16C924
		14000	OTP/EPROM A/D、D/A和温度传感器	14000
PIC16C5× PIC12C5×× （初级）	·12位指令系统 ·8位数据总线 ·DC～20MHz时钟 ·最快200ns指令周期	16C5×	OTP/EPROM	16C52～16C58
		12C5××	OTP/EPROM 8脚封装	12C508 12C509 12CE518 12CE519

AVR系列单片机的主要性能如何?

答：AVR系列单片机内部集成了多种器件，包括Flash程序存储器、看门狗、EEPROM、同/异步串行口、TWI、SPI、A/D模数转换器、定时器/计数器等，具有增强可靠性的复位系统、降低功耗抗干扰的休眠模式、多门类的中断系统、替换功能的I/O端口等，博采众长，又具独特技术，不愧为8位机中的佼佼者。

AVR系列单片机的引脚从8脚到64脚，还有各种不同封装供选择。具体型号的技术性能见表6.3。

表6.3　8位RISC指令结构AVR单片机的主要性能

型　号	Flash (kb)	EEPROM (kb)	SRAM (bytes)	频率 (MHz)	I/O	10位 A/D	电压(V)	8位定时器	16位定时器	其　他
AT90S1200	1	0.0625		12	15		2.7~6.0	1		
AT90S2313	2	0.125	128	10	15		2.7~6.0	1	1	
ATtiny11	1			6	6		4.0~5.5	1		
ATtiny12	1	0.0625		8	6		4.0~5.5	1		
ATtiny13	1	0.064	64	24	6	4	1.8~5.5	1		
ATtiny15L	1	0.0625		16	6	4	2.7~5.5	2		
ATtiny2313	2	0.128	128	20	18		1.8~5.5	1	1	
ATtiny26	2	0.125	128	16	16	11	4.5~5.5	2		
ATtiny26L	2	0.125	128	8	16	11	2.7~5.5	2		见
ATtiny28V	2		32	1	11		1.8~5.5	1		表
ATtiny28L	2		32	4	11		2.7~5.5	1		后
ATmega48	4	0.256	512	24	23	8	1.8~5.5	2	1	说
ATmega88	8	0.5	1024	24	23	8	1.8~5.5	2	1	明
ATmega8	8	0.5	1024	16	23	8	4.5~5.5	2	1	
ATmega8L	8	0.5	1024	8	23	8	2.7~5.5	2	1	
ATmega8515	8	0.5	512	16	35		4.5~5.5	1	1	
ATmega8515L	8	0.5	512	8	35		2.7~5.5	1	1	
ATmega8535	8	0.5	512	16	32	8	4.5~5.5	2	1	
ATmega8535L	8	0.5	512	8	32	8	2.7~5.5	2	1	
ATmega162	16	0.5	1024	16	35		4.5~5.5	2	2	
ATmega162V	16	0.5	1024	1	35		1.8~3.6	2	2	

型 号	Flash (kb)	EEPROM (kb)	SRAM (bytes)	频率 (MHz)	I/O	10位 A/D	电压(V)	8位定 时器	16位定 时器	其 他
ATmega162L	16	0.5	1024	8	35		2.7~5.5	2	2	
ATmega16	16	0.5	1024	16	32	8	4.5~5.5	2	1	
ATmega16L	16	0.5	1024	8	32	8	2.7~5.5	2	1	
ATmega168	16	0.5	1024	24	23	16	1.8~5.5	2	1	
ATmega169	16	0.5	1024	16	54	8	4.5~5.5	2	1	见
ATmega169V	16	0.5	1024	1	54	8	1.8~3.6	2	1	表
ATmega169L	16	0.5	1024	8	54	8	2.7~5.5	2	1	后
ATmega32	32	1	2048	16	32	8	4.0~5.5	2	1	说
ATmega32L	32	1	2048	8	32	8	2.7~5.5	2	1	明
ATmega64	64	2	4096	16	53	8	4.5~5.5	2	2	
ATmega64L	64	2	4096	8	53	8	2.7~5.5	2	2	
ATmega128	128	4	4096	16	53	8	4.5~5.5	2	2	
ATmega128L	128	4	4096	8	53	8	2.7~5.5	2	2	

其他说明：AT90S2313有一个UART；ATtiny12有掉电检测；ATtiny13有掉电检测；ATtiny15L有掉电检测；ATtiny2313有掉电检测，一个UART；ATtiny26有掉电检测，一个USI；ATtiny26L有掉电检测，一个USI；ATmega48有掉电检测，2个SPI，UART，TWI；ATmega88有掉电检测，2个SPI，UART，TWI；ATmega8有掉电检测，SPI，UART，TWI；ATmega8L有掉电检测，SPI，UART，TWI；ATmega8515有掉电检测，SPI，UART；ATmega8515L有掉电检测，SPI，UART；ATmega8535右有掉电检测，SPI，UART，TWI；ATmega8535L有掉电检测，SPI，UART，TWI；ATmega162有掉电检测，SPI，2个UART，TWI；ATmega162V有掉电检测，SPI，2个UART，TWI；ATmega162L有掉电检测，SPI，2个UART，TWI；ATmega16有掉电检测，SPI，UART，TWI；ATmega16L有掉电检测，SPI，UART，TWI；ATmega168有掉电检测，2个SPI，UART，TWI；ATmega169有掉电检测，SPI，UART，TWI，LCD；ATmega169V有掉电检测，SPI，UART，TWI，LCD；ATmega169L

有掉电检测，SPI，UART，TWI，LCD；ATmega32有掉电检测，SPI，UART，TWI；ATmega32L有掉电检测，SPI，UART，TWI；ATmega64有掉电检测，SPI，2个UART，TWI；ATmega64L有掉电检测，SPI，2个UART，TWI；ATmega128有掉电检测，SPI，2个UART，TWI；ATmega128L有掉电检测，SPI，2个UART，TWI。

单片机的应用领域有哪些？

答：单片机的应用领域很广，主要有以下几个方面：

● 工业控制

单片机广泛应用于工业自动化控制系统中，无论是数据采集、过程控制、过程测控、生产线上的机器人系统，都是用单片机作为控制器。自动化能使工业系统处于最佳工作状态、提高经济效益、改善产品质量和减轻劳动强度。因此，单片机技术广泛应用于机械、电子、石油、化工、纺织、食品等工业领域中。

● 智能化仪器仪表

在各类仪器仪表中引入单片机，使仪器仪表智能化、数字化、自动化，提高测试精度和准确度，简化结构、减小体积及质量，提高其性能价格比。例如，智能仪器、医疗器械、数字示波器等。

● 智能家电

家电产品智能化程度的进一步提高就需要有单片机的参与，如"微电脑控制"的洗衣机、电冰箱、微波炉、空调机、电视机、音响设备等，这里的"微电脑"实际上就是单片机。

什么是传感器？

答：传感器是单片机获取信息的重要器件，它是能将非电量信号转换成电信号以实现信息检测的器件。其作用与人的五官很相似，但感觉灵敏度和范围却远远超过人的感官。

　　传感器是利用热电效应、光电效应、压电效应、电磁感应、霍尔效应等多种物理或化学现象，将被测物理量转换成便于测量和处理的电信号，再利用单片机或其他电子电路对其进行控制、测量和处理。

 传感器的种类有哪些？

　　答：传感器根据其工作原理、用途、应用领域、输出信号、制造工艺与使用材料可划分为不同的类型。

　　●按传感器工作原理

　　按传感器工作原理可分为物理传感器和化学传感器两大类，但大多数的传感器是以物理原理为基础运作的。

　　物理传感器应用在物理效应方面，如压电效应，磁致伸缩现象，离化、极化、热电、光电、磁电等效应，只要被测信号有量的微小变化都能将其转换成电信号。

　　化学传感器包括那些以化学吸附、电化学反应等现象为因果关系的传感器，也能将被测信号量的微小变化转换成电信号的变化。

　　●按传感器的用途

　　按传感器的用途分类有：温度传感器、湿度传感器、光电传感器、超声波传感器、位置传感器、液面传感器、能耗传感器、速度传感器、热敏传感器、加速度传感器、射线辐射传感器、振动传感器、磁敏传感器、气敏传感器、生物传感器等。

　　●按传感器的应用领域

　　按传感器的应用领域分类有机器传感器、医用传感器、环保传感器等。

　　●按传感器的输出信号

　　按传感器的输出信号不同，可将传感器分为模拟传感器、数字传感器、开关传感器等。模拟传感器是将被测量的非电学量转换成模拟电信号；数字传感器是将被测量的非电学量转换成数字输出信号（包括直接和间接转换）；开关传感器是当一个被测量的信号达到某个特定的阈值时，传感器相应地输出一个设定的低电平或高电平信号。

●按传感器制造工艺

按传感器的制造工艺可分为集成传感器、薄膜传感器、厚膜传感器和陶瓷传感器。

集成传感器是用标准的生产硅基半导体集成电路的工艺技术制造的；薄膜传感器则是通过沉积在介质衬底（基板）上的敏感材料薄膜形成的。使用混合工艺时，可将部分电路制造在此基板上；厚膜传感器是利用相应材料的浆料，涂覆在陶瓷基片上制成的，然后进行热处理，使厚膜成形；陶瓷传感器则是采用标准的陶瓷工艺或某特种工艺（溶胶–凝胶等）生产。厚膜和陶瓷传感器这两种工艺之间有许多共同特性，在某些方面，可以认为厚膜工艺是陶瓷工艺的一种变型。

●按传感器使用的材料

按传感器使用的材料不同可将传感器分为：

（1）按照其所用材料的类别分类有：金属、聚合物、陶瓷、混合传感器。

（2）按材料的物理性质分有：导体、绝缘体、半导体、磁性材料传感器。

（3）按材料的晶体结构分有：单晶、多晶、非晶材料等传感器。

单片机外围接口有哪些？接口电路有何作用？

答：单片机外围接口主要有输出设备接口和输入设备接口，输出设备主要有LED指示灯、数码管（显示数字）、LED点阵（显示文字、图形）、液晶显示器（显示数字、字母、汉字）、打印机（打印文字、表格、曲线）、蜂鸣器和扬声器。

输入设备主要有按键、开关、键盘、拨码开关、触摸屏和各种传感器。

接口电路主要用于衔接外围设备与总线，实现存储空间扩展、I/O口线扩展、类型转换（电平转换、串并转换、A/D转换）、功能模块、通信扩展、总线扩展等。

键盘有哪三种工作方式？它们各自的工作原理及特点是什么？

答：键盘是单片机不可缺少的输入设备，是实现人机对话的纽带。键盘的工作方式有编程扫描方式、定时扫描工作方式和中断工作方式三种工作。

（1）编程扫描方式。当单片机空闲时，才调用键盘扫描子程序，反复的扫描键盘，等待用户从键盘上输入命令或数据，来响应键盘的输入请求。

（2）定时扫描工作方式。单片机对键盘的扫描也可用定时扫描方式，即每隔一定的时间对键盘扫描一次。

（3）中断工作方式。只有在键盘有键按下时，才执行键盘扫描程序并执行该按键功能程序，如果无键按下，单片机将不扫描键盘。

什么是独立式键盘接口电路？

答：独立式键盘是指将每个按键按一对一的方式直接连接到I/O输入线上所构成的键盘，如图6.3所示。

在图6.3中，键盘接口中使用多少根I/O线，键盘中就有几个按键。键盘接口使用了8根I/O口线，该键盘就有8个按键。这种类型的键盘，键盘的按键比较少，且键盘中各个按键的工作互不干扰。因此，用户可以根据实际需要对键盘中的按键灵活地编码。

最简单的编码方式就是根据I/O输入口所直接反映的相应接键按下的状态进行编码，称按键直接状态码。假如图中的K0键被按下，则P1.0口的输入状态是11111110，则K0键的直接状态编码就是FEH。对于这样编码的独立式键盘，CPU可以通过直接读取I/O口的状态来获取按键的直接状态编码值，根据这个值直接进行按键识别。这种形式的键盘结构简单，按键容易识别。

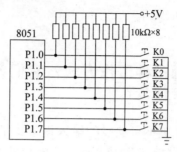

图 6.3　独立式按键接口原理电路图

独立式键盘的缺点是需要占用较多的I/O口线。当单片机应用系统键盘中需要的按键比较少或I/O口线比较富余时，可以采用这种类型键盘。

 ## 什么是行列式按键接口电路？

答：独立式按键只能用于键盘数量要求较少的场合，当键盘数量要求较多时，可以采用行列式（又称为矩阵式）按键结构。行列式键盘是用n条I/O线作为行线，m条I/O线作为列线组成的键盘。在行线和列线的每一个交叉点上，设置一个按键。这样，键盘中按键的个数是$m \times n$个。这种形式的键盘结构，能够有效地提高单片机系统中I/O口的利用率。行列式按键的接口原理图如图6.4所示。

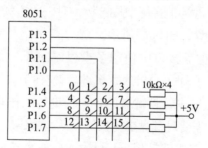

图6.4　行列式按键接口原理电路图

图6.4为4×4矩阵结构，共有16个按键，每一个按键都规定一个键号，分别为0，1，2，…，15。在实际应用中，可将按键分两类：数字

键和功能键，如在图6.4中，定义0~9号按键为数字键，对应数字0~9，而其余6个可以定义为具有各功能的控制键。

CPU通过读取P1.4~P1.7的状态确知有无键按下。当键盘上没有键闭合时，行、列线之间是断开的，所有行线P1.4~P1.7，输入全部为高电平。当键盘上某个键被按下闭合时，则对应的行线和列线短路，行线输入即为列线输出。此时，若将所有列线输出初始化为低电平，则通过行线输入值是否全为"1"即可判断有无键按下。

键盘中究竟哪一个键被按下，是通过列线逐列置低电平后检查行输入状态来确定的。其方法是：先令列线P1.0输出低电平"0"，P1.1~P1.3全部输出高电平"1"，读行线P1.4~P1.7的输入电平。如果读得某行线为"0"电平，则可确认对应于该行线与列线P1.0相交处的键被按下，否则P1.0列上无键按下。如果P1.0列线上无键按下，接着令P1.1输出低电平"0"，其余为高电平"1"，再读行线P1.4~P1.7，判断其是否全为"1"，若是，表示被按键也不在此列，依次类推直至列线P1.3。如果所有列线均判断完，仍未出现行线P1.4~P1.7读入值有"0"的情况，则表示此次并无键按下。这种逐列检查键盘状态的过程称为对键盘进行扫描。

在单片机应用系统中，扫描键盘只是CPU的工作任务之一。在实际应用中，要想做到既能及时响应键操作，又不过多地占用CPU的工作时间，就要根据应用系统中CPU的忙闲情况，选择适当的键盘工作方式。键盘的工作方式一般有编程扫描方式和中断扫描方式两种。

编程扫描方式是利用CPU在完成其他工作的空余，调用键盘扫描子程序来响应键输入要求。在执行键功能程序时，CPU不再响应键输入的要求。

采用编程扫描键盘的工作方式，虽然也能响应键入的命令或数据，但是这种方式不管键盘上有无按键按下，CPU总要定时扫描键盘，而应用系统在工作时，并不经常需要键输入，因此CPU经常处于空扫描状态。为了提高CPU的工作效率，可采用中断扫描工作方式，即只有在键盘有键按下时，才发中断请求，CPU响应中断请求后，转至中断服务程序，进行键盘扫描，识别键码。

什么是模数(A/D)转换器？它的两个最重要指标是什么？

答：模数（A/D）转换器是一种数据采集前向通道器件，在单片机应用系统中，被测物理量经传感器转换成电信号，而模数（A/D）转换器的功能是把输入的模拟电信号转换成数字信号，使计算机能够间接处理模拟信号。

A/D 转换器两个最重要指标是：

（1）转换时间和转换速率，转换时间是指A/D 完成一次转换所需要的时间。转换时间的倒数为转换速率。

（2）分辨率，A/D转换器的分辨率习惯上用输出二进制位数或BCD码位数表示。

例如，ADC0809的分辨率为8位；转换时间为100μs；转换电压为-5～+5V。

什么是数模(D/A)转换器？它的主要性能指标有哪些？

答：数模（D/A）转换就是将数字量转换成相应的模拟量。D/A转换器是单片机应用系统与外部模拟信号转换的一种重要控制接口，单片机输出的数字信号必须经D/A转换器，变成模拟信号后，才能对控制对象进行控制。

D/A转换器是一种线性器件，将输入的数字量转换为与之成正比的模拟量输出。一个二进制数是由各位代码组合起来的，每位代码都有一定的权。为了将数字量转换成模拟量，应将每一位代码按权大小转换成相应的模拟输出分量，然后根据叠加原理将各代码对应的模拟输出分量相加，其总和就是与数字量成正比的模拟量，由此完成D/A转换。

D/A 转换器的主要性能指标：分辨率、建立时间、精度。例如，

第6章 单片机应用制作实例

某D/A 转换器为二进制12位，满量程输出电压为5V，它的分辨率为
5V/2 = 1.220703125 mV 。

在A/D转换器和D/A转换器的主要技术指标中，量化误差、分辨率和精度有何区别？

答：对D/A转换器来说，分辨率反映了输出模拟电压的最小变化
量。而对于A/D转换器来说，分辨率表示输出数字量变化一个相邻数
码所需输入模拟电压的变化量。量化误差是A/D转换器的有限分辨率
而引起的误差，但量化误差只适用于A/D转换器，不适用于D/A转换
器。精度与分辨率基本一致，位数越多精度越高。严格讲精度与分辨
率并不完全一致。只要位数相同，分辨率则相同，但相同位数的不同
转换器精度会有所不同。

I/O 接口和 I/O端口有什么区别？ I/O 接口的功能是什么？

答：I/O 端口简称为I/O口，常指I/O 接口电路中具有端口地址的
寄存器或缓冲器。I/O接口是指单片机与外设间的I/O接口芯片。一个
I/O接口芯片可以有多个I/O端口，传送数据的称为数据口，传送命令
的称为命令口，传送状态的称为状态口。当然，并不是所有的外部设
备都需要三种接口齐全的I/O 接口。

常用的I/O端口编址有哪两种方式？ 它们各有什么特点？

答：常用的I/O端口编址分为独立编址方式和统一编址方式两种。
独立编址方式就是I/O地址空间和存储器地址空间分开编址。独立编址
的优点是I/O地址空间的相互独立，界限分明。但是，需要设置一套

专门的读写I/O的指令和控制信号；统一编址方式是把I/O端口的寄存器与数据存储器单元同等对待，统一进行编址。统一编址方式的优点是不需要专门的I/O指令，直接使用访问数据存储器的指令进行I/O操作，简单、方便且功能强大。MCS-51单片机使用的是I/O和外部数据存储器RAM同一编址的方式。

I/O 数据传送有哪几种方式？ 分别在哪些场合下使用？

答：I/O 数据传送的方式主要有：同步传送、异步传送和中断传送方式。

● 同步传送方式

同步传送方式，又称为条件传送。当外部设备速度可与单片机速度相比拟时，常常采用同步传送方式，最典型的同步传送就是单片机和外部数据存储器之间的数据传送。

● 异步传送方式

异步传送方式又称为查询传送方式或有条件传送方式，单片机通过查询得知外部设备准备好后，再进行数据传送。异步传送方式的优点是通用性好，硬件连线和查询程序十分简单，但是效率不高。为了提高单片机的工作效率，通常采用中断传送方式。

● 中断传送方式

中断传送方式是利用MCS-51本身的中断功能和I/O接口的中断功能来实现I/O 数据的传送。单片机只有在外部设备准备好后，发出数据传送请求，才中断主程序，而进入与外部设备进行数据传送的中断服务程序，进行数据的传送。中断服务完成后又返回主程序继续执行。因此，采用中断方式可以大大提高单片机的工作效率。

在单片机应用实例中，有哪些显示器？

答：在单片机应用实例中，显示器是最常用的输出设备。与单片机接口的显示器主要有LED（发光二极管）数码显示管和LCD（液晶）显示器，其作用是用来显示单片机应用系统的工作状态、运算结果等各种信息，LED数码显示管和LCD（液晶）显示器是单片机与人对话的一种重要输出设备。

LED 的静态显示方式与动态显示方式有何区别？各有什么优缺点？

答：在单片机应用实例中，LED数码显示器的显示方法有两种：静态显示法和动态显示法。

● 静态显示方式

所谓静态显示方式，就是当显示器显示某一个字符时，相应地发光二极管恒定地导通或截止，如七端显示器的a,b,c,d,e,f导通，g截止时显示"0"。这种显示方式的每一个七端显示器需要一个8位输出口控制。

静态显示的优点是：显示稳定，在发光二极管导通电流一定的情况下显示器的亮度大，系统在运行过程中，仅仅在需要更新显示内容时CPU才执行一次显示更新子程序，这样大大节省了CPU的时间，提高CPU的工作效率；其缺点是占用的I/O口线较多，硬件成本也较高。所以静态显示法常用在显示器数目较少的应用实例中。

● 动态显示方式

所谓动态显示，就是一位一位地轮流点亮各位显示器（扫描），对于每一位显示器来说，每隔一段时间点亮一次。显示器的亮度既与导通电流有关，也与点亮时间和间隔时间的比例有关。调整电流和时间参数，可实现亮度较高、较稳定地显示。若显示器的位数不大于8位，则控制显示器公共极电位只需一个8位口（称为字选择口），控制各位显示器所显示的字形也需一个8位口（称为字形选择口）。

什么是液晶显示器？

答：液晶显示器的英文缩写为LCD（liquid crystal display），它是

一种数字显示技术，可以通过液晶和彩色过滤器过滤光源，在平面面板上产生图像。

液晶是一种呈液体状的化学物质，像磁场中的金属一样，当受到外界电场影响时，其分子会产生精确有序的排列。如果对分子的排列进行适当的控制，光线就可以穿越液晶分子。无论是便携式计算机还是台式计算机，采用的LCD显示屏都是由不同部分组成的分层结构。位于最后面的一层是由荧光物质组成的可以发射光线的背光层。背光层发出的光线在穿过第一层偏振过滤层之后进入包含成千上万水晶液滴的液晶层。液晶层中的水晶液滴都被包含在细小的单元格中，一个或多个单元格构成屏幕上的一个像素。当LCD中的电极产生电场时，液晶分子就会产生扭曲，从而将穿越其中的光线进行有规则的折射，然后通过第二层过滤层的过滤在屏幕上显示出来。

液晶显示器按其显示方式不同，主要分为段位式LCD、字符式LCD和点阵式LCD。其中，段位式LCD和字符式LCD只能用于字符和数字的简单显示，不能满足图形曲线和汉字显示的要求，而点阵式LCD不仅可以显示字符、数字，还可以显示各种图形、曲线及汉字，并且可以实现屏幕上下左右滚动、动画、分区开窗口、反转、闪烁等功能，用途十分广泛。

6.2　单片机应用实例的制作

数字温度报警器由哪几部分电路组成？

答：数字温度报警器由电源电路、串口电路、控制电路和数码管显示电路组成。数字温度报警器完成制作后的成品如图6.5所示。

图6.5　数字温度报警器完成制作后的成品

制作数字温度报警器需要选用哪些元器件？

答：制作数字温度报警器需要选用STC89C51型单片机和7805型三端稳压集成电路。

$VT_1 \sim VT_6$选用SC9012型三极管，VT_7选用SC9014型三极管。

VD_1选用1N4007型整流二极管，VD_2、VD_3选用1N4148型二极管，$LED_1 \sim LED_3$选用LED发光二极管。

晶体振荡器选用频率为11.0592MHz晶振，电阻均为1/16W电阻，其他元器件无特殊要求。

制作数字温度报警器所用的元器件实物如图6.6所示。

图6.6　制作数字温度报警器所用的元器件实物

数字温度报警器电源电路原理图如何？

答：数字温度报警器电源电路原理图如图6.7所示。为了使电路更稳定，电源输入9V以后，经过滤波、稳压电路以后，输出5V工作电压。同时，电源指示灯常亮。

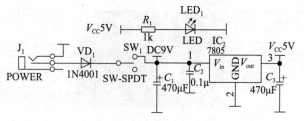

图6.7　电源电路原理图

数字温度报警器串口电路原理图如何？

答：数字温度报警器串口电路原理图如图6.8所示，该电路的功能是将PC机的电平转换成单片机的工作电平，从而实现PC和单片机的串口通信。

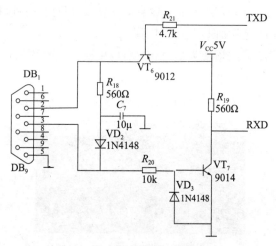

图6.8　串口电路原理图

数字温度报警器控制电路原理图如何？

答：数字温度报警器控制电路原理图如图6.9、图6.10所示，电路主要由单片机、DS18B20、蜂鸣器和按键组成。PZ_1是单片机P0口的上拉电阻。工作的时候由DS18B20采集当前环境的温度，传送给单片

　第6章　单片机应用制作实例

机，单片机再将当前的温度显示在数码管上。按键可设定报警温度的上限值和下限值，如果当前环境温度不在设定的上限和下限温度值之内，蜂鸣器就会报警。

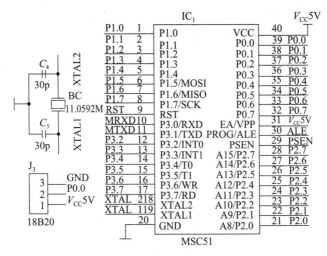

图6.9 控制电路原理图(一)

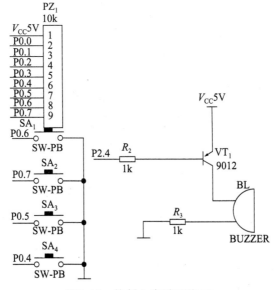

图6.10 控制电路原理图(二)

数字温度报警器数码管显示电路原理图如何？

答：数码管显示电路原理图如图6.11所示，数码管显示电路主要由8位LED数码管和9012三极管组成。三极管9012工作在开关状态。当单片机数码管要使某个数码管显示时，单片机输入低电给三极管，由三极管驱动数码管点亮。

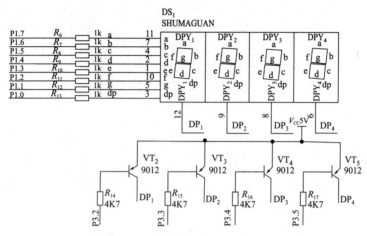

图6.11　数码管显示电路原理图

怎样制作与调试数字温度报警器？

答：在安装三极管和电解电容时，一定要注意极性不要插反，严格按线路板上的标示安装；焊接三端稳压集成电路7805时，务必注意它的极性，不可将它的管脚短路，否则烧坏器件。

全部元件都焊接完成后，先不要插上单片机，检查一下DS18B20芯片是否焊反，以免烧坏DS18B20芯片，然后先通电看电源指示灯是否正常亮，如果正常，便可插上单片机调试。如果电源指示灯不亮，检查电源电路是否有断路或短路现象。

工作的时候由DS18B20采集当前环境的温度，传送给单片机，单片机再将当前的温度显示在数码管上，若用手摸温度传感器，温度值出现上升，显示为34℃，如图6.12所示。按键可设定报警温度的上限值和下限值，如果当前环境温度不在设定的上限和下限温度值之内，蜂鸣器就会报警。本制作电路较为简单，只要元器件安装正确，无需调试就可以正常工作。

图6.12　手摸温度传感器时的数码显示

 时钟计时器学习板由哪几部分电路组成？

答：时钟计时器学习板由电源电路、串口电路、控制电路和数码管显示电路组成。时钟计时器学习板完成制作后的成品如图6.13所示。

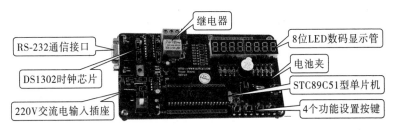

图6.13　时钟计时器完成制作后的成品

 制作时钟计时器学习板需要选用哪些元器件？

答：制作时钟计时器学习板需要选用4块集成电路，其中，IC_1选用7805型三端稳压集成电路，IC_2选用DS1302时钟芯片，IC_3选用STC89C51型单片机，IC_4选用MAX232串口电平转换芯片。

$VT_1 \sim VT_{10}$选用SC9012型三极管。

$VD_1 \sim VD_4$选用1N4007型整流二极管，VD_5选用LED发光二极管。

晶体振荡器BC_1选用频率为12MHz晶振，电阻均为1/16W电阻，其他元器件无特殊要求。

制作时钟计时器学习板所用的元器件实物如图6.14所示。

图6.14 制作时钟计时器学习板所用的元器件实物

时钟计时器学习板电源电路原理图如何?

答: 时钟计时器学习板电源电路原理图如图6.15所示。由桥式整流、滤波电路、三端集成稳压电路7805、电源工作指示灯等组成。为了使电路更稳定，电源输入9V以后，经过桥式整流电路后，再经过滤波电路。因为单片机的工作电压是5V，所以经过7805稳压电路以后，整个板子工作在5V电压下。通点后，电源指示灯常亮。

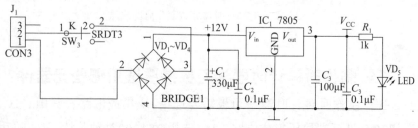

图6.15 电源电路原理图

时钟计时器学习板串口电路原理图如何？

答：时钟计时器串口电路原理图如图6.16所示。PC和单片机的串口通信主要是通过芯片MAX232ACPE实现的。MAX232ACPE芯片的功能是将PC机的电平转换成单片机的工作电平，从而实现PC和单片机的串口通信。

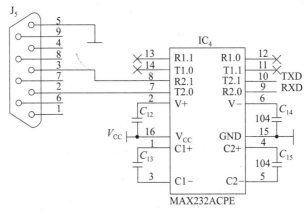

图6.16　串口电路原理图

时钟计时器学习板控制电路原理图如何？

答：时钟计时器学习板控制电路原理图如图6.17～图6.19所示。电路主要由单片机、按键和时钟集成电路DS1302组成。DS1302是DALLAS公司推出的涓流充电时钟集成电路，内含一个实时时钟/日历和31字节静态RAM，可以通过串行接口与单片机进行通信。实时时钟/日历电路提供秒、分、时、日、星期、月、年的信息，每个月的天数和闰年的天数可自动调整，时钟操作可通过AM/PM标志位决定采用24或12小时时间格式。DS1302与单片机之间能简单地采用同步串行的方式进行通信，仅需三根I/O线：复位（RST）、I/O数据线、串行时钟（SCLK）。时钟/RAM的读/写数据以1字节或多达31字节的字符组方式通信。DS1302工作时功耗很低，保持数据和时钟信息时，功耗小于1mW。DS1302将秒、分、时、日、月、年等信息通过I/O线传送给单片机，再由单片机控制数码管显示时间信息。学习板采用STC89C51单片机，最小化应用设计，采用共阳七段LED显示器，P0口输出段码数据，P20～P27做列扫描输出，P34、P35、P36、P37接四个按键开关，可供用户编程从而实现时时及日期的调整。

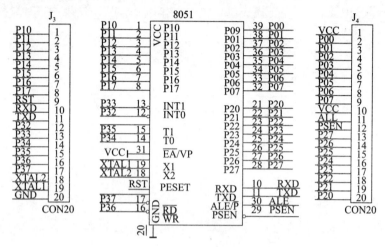

图6.17　单片机控制电路原理图(一)

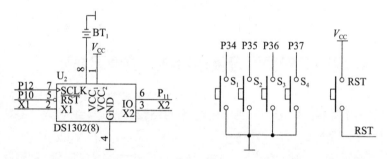

图6.18　单片机控制电路原理图(二)　　图6.19　单片机控制电路原理图(三)

 ## 时钟计时器学习板数码管显示电路原理图如何？

答：时钟计时器学习板的数码管显示电路原理图如图6.20所示。显示电路主要由8位LED数码管和9012三极管组成。为了提高共阳数码管的驱动电压，用9012作为电源驱动输出。三极管9012工作在开关状

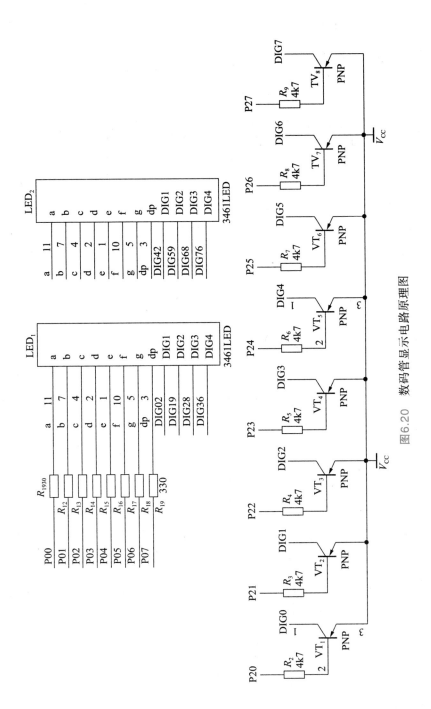

图6.20　数码管显示电路原理图

态。当单片机数码管要使某个数码管显示时，单片机输入低电给三极管，由三极管驱动数码管点亮。采用12MHz频率的晶振，有利于提高秒计时的精度。

怎样制作与调试时钟计时器学习板？

答：在安装三极管和电解电容时，一定要注意极性不要插反，严格按线路板上的标示安装；焊接三端稳压集成电路7805的时候务必注意它的极性，不可将它的管脚短路，否则会烧坏器件。全部元器件都焊接完成后，先不要插上单片机，先通电看电源指示灯是否正常亮，如果正常，可插上单片机调试；如果电源指示灯不亮，检查电路是否有短路现象。本制作电路较为简单，只要元器件安装正确，无需调试就可以正常工作。

数字式调频立体声收音机由哪几部分电路组成？

答：数字式调频立体声收音机采用飞利浦专用数字收音集成电路，利用单片机控制，用4位LED数码管显示接收信号的频率，通过手动按键来减小或增大接收信号的频率值，精度为0.1MHz，这种收音机与普通调频立体声收音机相比内置噪声消除、软静音、低音增强电路设计，FM及MPX立体声采用DSP处理器，具有灵敏度高、噪声小、抗干扰能力强、外接元器件少、使用简单等优点。数字收音集成电路与单片机采用I²C串行数据总线接口通信，用先进的SEEK硬件搜台方式，全频段搜索只需4～5s，大大提高了搜台速度。内部电路框图如图6.21所示。

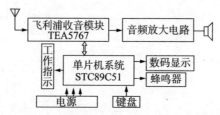

图6.21 数字式调频立体声收音机内部电路框图

数字式调频立体声收音机电路原理图如何？

答：数字式调频立体声收音机电路原理图如图6.22所示。由图6.22可知数字式调频立体声收音机电路主要由飞利浦TEA5767（或其兼容产品）收音模块、TDA2822音频放大电路和单片机控制电路构成。首先调频信号经由天线接收送到TEA5767第10脚，第7脚和第8脚为左右声道输出，送往音频放大电路进行功率放大以推动扬声器。单片机接受按键的控制信息并通过I²C总线对TEA5767实现控制，完成选台的功能，然后将频率实时显示在数码管上。

制作数字式调频立体声收音机需要选用哪些元器件？

答：制作数字式调频立体声收音机需要选用4块集成电路，其中IC_1选用STC89C51型单片机，IC_2选用飞利浦TEA5767型收音集成电路，IC_3选用TDA2822型音频功率放大集成电路，IC_4选用7805型三端稳压集成电路。

VT_1~VT_5、VT_7选用SC9012型三极管，VT_6选用SC9014型三极管。

VD_1、VD_7、VD_8选用IN4148型二极管，VD_2~VD_5选用1N4007型整流二极管，VD_6、VD_9~VD_{13}选用LED发光二极管。

晶体振荡器选用频率为11.0592MHz晶振，其他元器件无特殊要求，按图6.22所示型号选用。

制作数字式调频立体声收音机所用的元器件实物如图6.23所示。

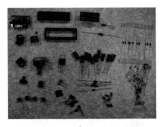

图6.23　制作数字式调频立体声收音机所用的元器件实物

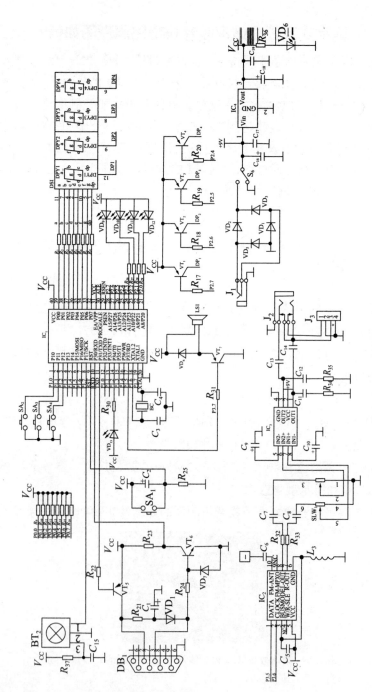

图6.22 数字式调频立体声收音机电路原理图

怎样制作与调试数字式调频立体声收音机?

答：在安装元器件时，极性一定不要插反，元器件在印制电路板的位置如图6.24所示。

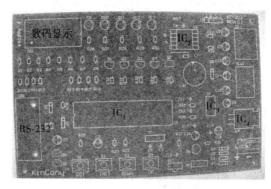

图6.24　元器件在印制电路板的位置

电路板右侧的"J1"是外接电源输入口，输入电压9~12V直流或交电电源；右上侧的"J2"为外置耳机插孔，插上耳机后，左右声道音频输出自动切换到耳机上，拔掉耳机后，左右声道输出自动切换到J3输出端；右上侧的"J3"是音频输出口：R+（右声道输出线+）、R-（右声道输出线-）、L+（左声道输出线+）、L-（左声道输出线-）。

电路板上侧的ANT是外接天线接口，焊一根稍粗一些的软导线，长度有30cm以上即可；左下角的"DB1"是RS-232串行通信接口，用于升级收音机软件，更新程序使用；左上角的"DS1"是4位红色数码管显示接口，实时显示收音机接收的频率值。下方的"RST"按键是收音机功能复位键，"INIT"按键是初始化收音机参数按键，刚上电时，请按一下初始键，"DOWN"按键是收音机频率下调按键，减幅为0.1MHz，"UP"按键是收音机频率上调按键，增幅为0.1MHz。

由于TEA5767收音集成电路安装在印制电路板的反面，最好最后焊接，以免焊接时的磕磕碰碰对模块有影响，如图6.25所示。

图6.25 安装在印制电路板反面的TEA5767收音集成电路

安装完成后的数字式调频立体声收音机电路板如图6.26所示。

数码显示管 — 耳机插孔 — 音量电位器 — RS-232 — 4个功能按键 — 外接电源插座 — 电源开关

图6.26 安装完成后的数字式调频立体声收音机电路板

在焊接完毕后，接通外接电源，印制电路板的供电范围为7~16V均可，并且没有极性要求，正反都可以。如果在焊接过程中没有出现意外的话，就可以听到扬声器沙沙的声音。按INIT健对单片机和收音集成电路初始化，然后向上或向下调节频率，就可听到各个不同的电台信号了。

多功能数码闪字棒由哪几部分电路组成?

答：多功能数码闪字棒是以STC11F6型单片机为核心控制系统，使用32只LED灯作为显示屏，它们分为4组，由Q_1~Q_4来选通其中的一组。4组LED共用8个数据位，直接由单片机的通用I/O口来控制，在I/O口和LED之间采用UN2803作为驱动，解决了单片机I/O口输出电流不够的问题，整体电路框图如图6.27所示。

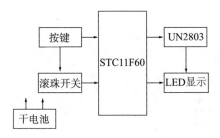

图6.27 多功能数码闪字棒整体电路框图

 制作多功能数码闪字棒需要选用哪些元器件？

答：制作多功能数码闪字棒需要选用STC11F02型单片机和ULN2803驱动集成电路。

$VT_1 \sim VT_5$选用SC9012型三极管。

VD_{33}选用IN4148型二极管，VD_{30}和VD_{31}选用高亮度红色LED发光二极管。

S_2为惯性开关装置，其外形如图6.28所示，它由真空玻璃管、水银柱以及导电极组成。通过使用单片机的P3.3引脚连接滚珠开关检测周期，使摇动时间自适应，图像始终保持在中间。使用这种方法就可以让数据单程传输，解决了双程均传输时产生的重影，使得画面更加清晰明了。

图6.28 水银开关

晶体振荡器选用频率为11.0592MHz晶振，其他元器件无特殊要求。

制作多功能数码闪字棒所用的元器件实物如图6.29所示。

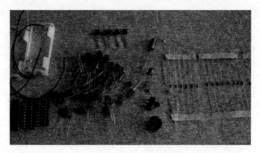

图6.29　制作多功能数码闪字棒所用的元器件实物

多功能数码闪字棒控制驱动电路原理图如何？

答：多功能数码闪字棒控制驱动电路原理图如图6.30所示。

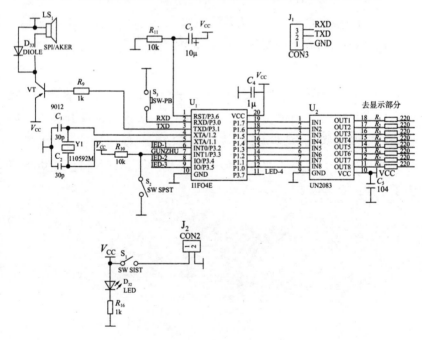

图6.30　多功能数码闪字棒控制驱动电路原理图

多功能数码闪字棒显示部分电路原理图如何？

答：LED点阵屏的显示原理：点阵屏的显示分为行扫描与列扫描两种，列扫描是将字模数组通过点阵屏的行驱动进行输入，然后通过列对每一行进行扫描，当列为低（高）电平、行为高（低）电平时则表示该点为图案的一部分，将其读出、显示。它的顺序可以总结为：行不断地送数据，每送完设置的信息后列进行读取，然后行再次送数据，列再次读取……依次循环，一幅完整的图案就显示出来了。

而本次设计的LED显示棒数据传输原理与LED点阵屏相似。可以把LED显示棒看成LED点阵屏中的一列。为了使显示的图案清晰，将32个LED管排成一列，整个屏在静止时相当于32行×1列。数据传输时同样使用行送数据、列扫描。在摆动过程中，应用视觉暂留原理，点亮的列不会很快地消失，而是随着摆动的方向继续向前移动，只要移动的速度高于视觉暂留的最短时间，显示内容就不会熄灭。显示部分电路原理图如图6.31所示。

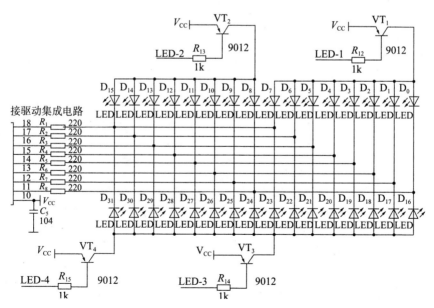

图6.31 显示部分电路原理图

怎样制作与调试多功能数码闪字棒？

答：在安装前应该先熟悉要使用到的各个元器件的功能和特性。本实例中一共使用到两块集成电路，一块为STC的STC11F系列的单片机，另一块为LED的驱动芯片ULN2803，如图6.32所示。其他的元器件主要是要注意电阻电容值大小的读取。

STC11F02E　　　　　ULN2803AG

图6.32 两块集成电路

在刚刚焊接完成时，先不要在集成电路插座上插上IC芯片，用万用表测试两块集成电路的供电脚电压，以确保电路不会烧坏集成电路。在电源电压正常后，正确安装两块集成电路（注意缺口方向）和电池，打开拨动开关。如果安装正确，此时应该显示32路花样流水灯，如图6.33所示。

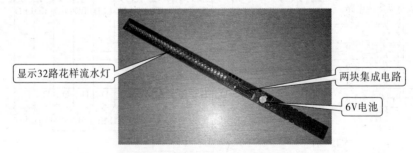

显示32路花样流水灯　　　两块集成电路

6V电池

图6.33 显示32路花样流水灯

按动按钮开关可以切换显示的内容，当出现比较杂乱的闪灯时，用手紧握闪字棒底部，以一定的频率左右摇晃电路，即可看见显示的文字内容，如图6.34所示。

图6.34 数码闪字棒显示的文字

本例电路预留软件升级接口，可通过软件更新来实现想显示的内容。完成制作后，若长期不使用需卸下电池。

附　录
安全用电
基本常识

广大青少年和电子爱好者从事电子制作，经常要和220V交流电打交道，安全用电是每个读者都要重视的。只有了解安全用电知识、掌握安全用电方法，然后才能做到安全用电。希望广大青少年制作爱好者，建立安全用电意识，培养安全用电习惯。

1.安全电压与安全电流

（1）安全电压。所谓安全电压是指人体较长时间接触而不致发生触电危险的电压。国家标准规定42V、36V、24V、12V、6V为安全电压。

采用安全电压的电气设备、用电电器应根据使用环境、使用方式和人员等因素，选用国家标准规定的不同等级的安全电压额定值。例如，在有触电危险的场所使用的手持电动工具等可采用42V；如手提式照明灯、安全灯、危险环境的携带式电动工具，在特殊安全结构和安全措施情况下，应采用36V安全电压；在金属容器内、隧道内、矿井内等工作地点，以及较狭窄、有金属导体管板或金属壳体、粉尘多和潮湿的环境，应采用24V或12V安全电压。所以，实用中常将12V称为绝对安全电压。

在各种不同的情况下，人体的电阻值也是不相同的。一般约为800Ω考虑，经实验分析证明，人体允许通过的工频极限电流约为50mA，即0.05A。在此前提下再根据欧姆定律计算，得知人体允许承受的最大极限工频电压约40V。故一般取36V为安全电压。

（2）安全电流。根据科学实验和事故分析得出人体的安全电流值是：交流电10mA，直流电50mA，显然交流电对人体的危害比直流电大。频率为50Hz的交流电对人体触电所造成的危害最为严重，而高频率的交流电，由于趋肤效应，电流只有很小部分通过人体的心脏部位，因此它只对人体造成灼伤而不会有生命危险。

50Hz交流电通过人体时人体的生理反应，如附表1所示。

附表1　50Hz交流电通过人体时人体的生理反应

电流范围/mA	通电时间	人体的生理反应
0~0.9	连续	没有感觉
0.9~3.5	连续	开始有感觉，手指手腕等处有痛感，没有痉挛，可以摆脱带电体
3.5~4.5	数分钟以内	有些不适的麻木，轻微痉挛，反射性的手指肌肉收缩
5.0~7.0		手感到有痛楚，且表面有痉挛
8.0~10		全手病态痉挛、收缩，且麻痹
11~12	30s以内	肌肉收缩，痉挛传至肩部，强烈疼痛
13~14	30s以内	手全部自己抓紧，须用力才能放开带电体
15		手全部自己抓紧，不能放开带电体
30~50	数秒到数分	心脏跳动不规则，昏迷、血压升高、强烈痉挛，时间过长即引起心室颤动
50~数百	低于心脏搏动周期	受到强烈冲击，但未发生心室颤动
	超过心脏搏动周期	昏迷，心室颤动，接触部位留有电流通过痕迹
超过数百	低于心脏搏动周期	在心脏搏动周期特定的相位触电时，发生心室颤动、昏迷，接触部位留有电流通过痕迹
	超过心脏搏动周期	心脏停止跳动，昏迷，可能致命电伤

　　当接触电压不超过某一值和相应的接触时间，人遭受触电后的危险性极小。对这个限值，世界各国都有自己的规定。1973年9月国际电工委员会IEC-TC64WG9中对一定值接触电压的最大允许接触时间如附表2所示，仅供参考。

附表2　一定值接触电压的最大允许接触时间

接触电压/V	最大允许接触时间/s	接触电压/V	最大允许接触时间/s
<40	∞	110	0.2
50	5	150	0.1
75	1	220	0.05
90	0.5	280	0.03

　　大多数国家规定：对应人身安全电流30mA，取50V作为一般情况下的允许接触电压。对于湿度很大和人体大面积接触金属导体的场所，允许接触电压还要低。

2.安全用电标志

安全用电标志是由安全色、几何图形和符号构成，用以表达特定的安全信息。

（1）禁止标志。主要用来表示不准或制止人们的某些行为，如禁放易燃物、禁止吸烟、禁止通行、禁止攀登、禁止烟火、禁止跨越、禁止启动、禁止用水灭火等。禁止标志的几何图形是带斜杠的圆环，斜杠与圆环相连用红色，图形符号用黑色，背景用白色。

（2）警告标志。用来警告人们可能发生的危险，如注意安全、当心火灾、当心触电、当心爆炸、当心坠落、当心弧光、当心电缆、当心静电、当心高温表面、当心落物、当心吊物、当心车辆等。警告标志的几何图形是黑色的正三角形、黑色符号、黄色背景。

（3）命令标志。用来表示必须遵守的命令，如必须戴安全帽、必须系安全带、必须穿防护鞋、必须戴防护眼镜、必须戴防护手套、必须穿工作服等。命令标志的几何图形是圆形，蓝色背景，白色图形符号。

（4）提示命令。用来示意目标的方向，标志的几何图形是方形，绿、红色背景，白色图形符号及文字。绿色背景的有安全通道、太平门、紧急出口、避险处、安全楼梯等。红色背景的有火警电话、地下消火栓、地上消火栓、灭火器、消防水泵结合器、消防警铃等。

（5）补充标志。是对前4种标志的补充说明，有横写和竖写两种，横写的为长方形，写在标志的下方，可以和标志连在一起，也可以分开；竖写的写在标志杆上部。补充标志的颜色，竖写的均为白底黑字，横写的，用于禁止标志的用红底白字，用于警告标志的用白底黑字，用于指令标志的用蓝底白字。

3.安全用电常识

（1）严禁用铜、铝、铁线代替熔丝（保险丝）。安装熔丝时，先要拉闸，切断电源，然后再装上合乎要求的熔丝。如果熔丝经常熔断，应由电工查明原因，排除故障。更换保险丝时，不可随意加大规格。

（2）不要用湿手去摸带电灯头、开关、插座以及其他家用电器金属外壳，也不要用湿布去擦拭，换灯泡时要先拉断开关，然后站在干木凳上进行换灯泡。

（3）有损坏、老化漏电的电源插座要赶快找电工及时更换，家用电器设备的金属外壳要妥善接地。

（4）电烙铁、电暖器、电熨斗等家用电器用完后，应关断电源，长期不用时，应拔下电源插头。

（5）用电人员在安装配电设备中，必须把电源引入线装配在该配电设备的总闸刀、总开关或总电源的上桩头，不得倒装。这样在拉下单元配电设备总开关时，即可断开所有保险设备及用电设备的电源。

（6）在电子制作中，电路使用220V电源时，或安装照明灯时，保证相线必须进开关，并加装熔断器。

（7）合理选择导线截面，必须满足最大负载电流的要求。

（8）发现人、畜触电时，切勿用手直接去拉触电的人、畜，而应迅速切断电源后再去救。如果不能立即切断电源，可用木板塞在他身下，或用干燥衣服垫上数层后拉触电人，使其脱离电源。

4.触电的形式

● 直接触电

直接触电是指人体的任何部位触及运行中的带电导体。此时人体触及的电压为电气系统相对于大地之间的电压或相间电压（线电压），危险性最高，后果最严重。常见的是单相触电和两相触电。

（1）单相触电。在中性点接地的电网中，当人体的某一部位触及一相带电导体时，就有触电电流通过人体，称之为单相触电。触电的情形如附图1所示。这时作用于人体的电压为220V，电流经过人体、大地和中性点的接地装置，形成闭合回路，会给触电者造成致命危险。

在中性点不接地的电网中，这时作用于人体的电压虽然是380V，但由于线路对地的绝缘水平比较高，绝缘电阻非常大，通过人体的触电电流一般不大于30mA，对人的危险性较小。但如果线路的绝缘不良，这种触电对人的危险仍然很大。

在触电事故中，单相触电占触电事故的95%左右。

附图1　单相触电示意图　　附图2　两相触电示意图

（2）两相触电。当人的两手或身体某一部位同时触及两相带电导线时，不论电网的中性点是否接地都会有触电电流通过人体，称之为两相触电。两相触电的情形如附图2所示。这时作用于人体的电压是380V，由于电压较高，危险性很大。

● 间接触电

间接触电是指电气设备在故障情况下，人体的任何部位接触设备带电的外露部分及可导电部分的触电电压或跨步电压形成触电，其后果严重程度取决于触电电压和跨步电压时大小。

（1）金属外壳带电触电。电气设备因老化绝缘损坏或绝缘被过电压击穿等，致使其设备的金属外壳带电；或当电气设备的接地保护装置布置不合理时，电动机绕组碰壳接地后，地面电位分布就会不同，如果人碰到电动机外壳就会有触电电流通过人体，这种触电称为金属外壳带电触电。只要对每台电气设备安装合格的保护接地装置，就会防止金属外壳带电触电事故的发生。

金属外壳带电触电，如附图3所示。人体接触电压等于电气设备对地电压减去人体站立点的地面电压，所以，人体站立点离接触点越近，接触电压越小；反之，接触电压就越大。

（2）跨步电压触电。当高压电线断落在地面、电气设备发生接地故障或雷击避雷针在接地极附近时，便有接地电流或雷击电流流入地下，则电流在地中呈半球面向外扩散。此时若人体在接地点周围行走，两脚之间会存在一定的电压，称为跨步电压，如附图4所示。

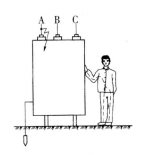

附图3　金属外壳带电触电示意图　　　附图4　跨步电压触电示意图

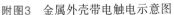

　　人在跨步电压的作用下，电流从一只脚经腿、胯部流到另一只脚而使人遭到电击。两脚之间的距离越大、离接地点越近，跨步电压越高，触电后果越严重。离接地点越远、两脚间距离越小，遭跨步电压电击的危险越小。通常距接地点20m以外，其跨步电压为零。

　　跨步电压触电在城市与工厂中发生较少，多发生在空旷的农村。农村触电死亡事故中，因跨步电压造成的占30%。

5.触电抢救的基本原则

　　发现有人触电后，首先要尽快使其脱离电源；然后根据具体情况，迅速对症救护。现场常用的主要救护方法是心肺复苏法，它包括口对口人工呼吸法和胸外心脏按压法。

　　触电抢救的基本原则是：必须做到"迅速、就地、准确、坚持"。

　　（1）"迅速"就是要争分夺秒、千方百计地使触电者脱离电源，然后将受害者放到安全的地方。这是现场抢救的关键。

　　（2）"就地"就是为了争取抢救时间，应在现场（安全地方）就地抢救触电者。

　　（3）"准确"就是抢救的方法和施行的动作姿势要合适、得当。

　　（4）"坚持"就是抢救必须坚持到底，直至医务人员判定触电者确实已经死亡、已无法救活时才能停止抢救。绝不能只根据没有呼吸或脉搏擅自判定伤员死亡而放弃抢救。

6.触电紧急救护方法

触电紧急救护方法主要有：解脱电源的方法、心肺复苏法、各种外伤（止血与包扎）的处理法，以及搬运转移伤员的方法等。

（1）解脱电源。帮助触电者脱离电源，应根据不同的场合，分别采取相应的措施。具体做法如下所述。

如果电源开关或插座在触电地点附近，应立即拉开开关或拔出插头，如附图5所示。需要注意的是，拉线开关或手动开关只能控制一根导线，有时可能因接线有误切断零线而没有真正断开电源。

 　　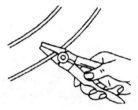

附图5　拉闸断电　　　　　　　　附图6　断线断电

如果触电地点远离电源开关，可使用绝缘电工钳或有干燥木柄的利器（斧子）等工具切断导线，如附图6所示。切记，不可以同时切断两根导线。

如果导线搭落在触电者身上或者触电人的身体压住导线，可用干燥的木棍、竹竿把触电者身上的导线挑开，如附图7所示。或者用干燥的衣服、手套、绳索、木板等绝缘物作为工具，拉开触电者或移开导线。

附图7　挑线断电

如果触电者的衣服是干燥的，又没有紧缠在身上，则可拉他的衣服后襟拖离带电部分；不得直接拉触电者的脚和躯体以及接触其周围的金属物品。

如果救护人员手中握有绝缘良好的长柄工具，可用其拉着触电者的双脚将其拖离带电部分，或挑开电线。

如果触电者躺在地上，可用绝缘木板等绝缘物插入触电者身子下面，使人体与大地隔离。

触电者脱离电源以后，救护人员应因地制宜立即对症救治。先观察瞳孔是否正常，查看有无呼吸，摸一摸颈部的颈动脉有无搏动，判断心脏是否跳动，如附图8所示。然后迅速设法送往医院或通知医务人员前来抢救。

附图8 查一查有无呼吸、心跳

对症救治有两种情况：

触电者的情况不太严重，神志清醒，但是感到心慌、四肢发麻、全身无力，一度昏迷，但很快恢复知觉。这种情况下，不需要做人工呼吸和心脏按摩，使触电人就地安静舒适地躺下休息1~2h即可，不要乱动，让其慢慢恢复。同时，应注意观察，若发现呼吸或心脏跳动不规则，甚至有停止的危险，应针对情况赶快抢救。

触电者情况很严重，呼吸和心跳都已停止时，应迅速进行人工呼吸和心脏按摩。

如果触电人短时间内尚有心跳而无呼吸，则只做人工呼吸即可。

触电急救应尽量就地进行，中间不能间断。如果伤势严重非送医院不可时，运送途中也不能停止抢救。人触电后经常发生假死现象，所以应立即施行人工呼吸，不可中断。直到医生确定已经死亡，无须再抢救时为止。

（2）心肺复苏。采用心肺复苏方法首先将妨碍触电者呼吸的衣服（包括领子、衣扣、裤带等）全部解开，使其胸部和腹部都能自由扩张。

然后迅速使触电者仰卧，颈部伸直，检查触电者的口腔，若发现触电者口内有异物，可将其身体及头部同时侧转，并迅速用一个手指或用两手指交叉从口角处插入，取出异物。操作中要注意防止将异物推到咽喉深部，如附图9所示。

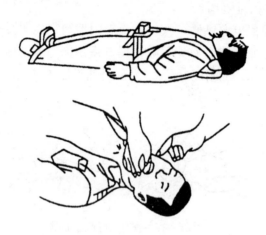

附图9　清除触电者口腔污物

接着采用仰头抬颏法，用一只手放在触电者前额，另一只手的手指将其下颌骨向上抬起，两手协同将头部推向后仰，舌根随之抬起，气道即可通畅。严禁用枕头或其他物品垫在触电者头下。头部抬高前倾，会加重气道的阻塞，且使胸外按压时心脏流向脑部的血流减少，甚至消失。

在各种心肺复苏法中，以口对口（鼻）人工呼吸法的效果最好，而且简单易学，容易掌握，其操作步骤如下：

头部后仰。触电者脱离电源后，很快清理掉嘴里的东西，使头尽量后仰，让鼻孔朝天，如附图10所示，这样，舌头根部就不会阻塞气道。

捏鼻掰嘴。救护人员在触电者的头部左边或右边，用一只手捏紧他的鼻孔，另一只手的拇指和食指掰开嘴巴，如附图11所示；如果掰不开嘴巴，可用口对鼻人工呼吸法，捏紧嘴巴，紧贴鼻孔吹气。

附图10　头部后仰

附图11　捏鼻掰嘴

　　紧贴吹气。救护人深吸一口气后，紧贴掰开的嘴巴（或鼻）向内吹气约2s，使触电者胸部扩张，如附图12所示。

附图12　紧贴吹气

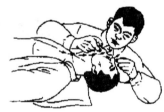
附图13　放松换气

　　救护人换气时，放松触电者的口鼻，使其胸部自然地缩回排气约3s，如附图13所示。

　　如此吹气和放松，连续不断地进行。直至触电者出现好转的象征（如眼皮闪动和嘴唇微动）时，应暂停人工呼吸数秒钟，让其自行呼吸。如果还不能完全恢复呼吸，应继续进行人工呼吸，直至能正常呼吸为止。

　　触电者如果是儿童，救护人员只可小口吹气，以免肺泡破裂。如果发现触电者的胃部充气膨胀，可一边用手轻轻加压于触电者的腹部，一边继续吹气和放松。

　　心肺复苏还可采用胸外心脏挤压的方法，其目的是用人工方法有节奏地挤压心脏以代替其自然收缩，维持触电者的血液循环，逐步恢复自然心跳。

　　使触电者仰卧，姿势与人工呼吸法相同。

救护人跨腰跪在触电者的腰部，两手相叠如附图14所示，对触电儿童用一只手，手掌根部放在心口窝稍高一点的地方，掌根放在胸骨下1/3部位。

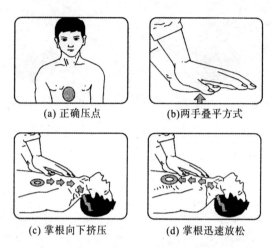

(a) 正确压点　　　　(b)两手叠平方式

(c) 掌根向下挤压　　　　(d) 掌根迅速放松

附图14　心脏挤压示意图

掌根用力向下面挤压，压出心脏里面的血液，成人压陷到3~5cm，每秒钟挤压一次，太快了效果不好。对儿童用力要轻一些，对成人太轻了效果也不好。

挤压后掌根很快全部放松，让触电者胸部自动复原，血又充满心脏。每次放松时掌根不必完全离开胸膛。

（3）外伤处理及急救用药。触电者同时发生外伤时，应分情况酌情处理。对不危及生命的轻度外伤，可放在急救后处理；对于严重外伤，应与人工急救同时处理。若伤口出血应予以止血，为了防止伤口感染应尽可能地用消毒纱布予以包扎。

对于因触电摔跌四肢骨折的触电者，应首先止血、包扎，然后用木板、竹竿、木棍等物品，临时将骨折肢体固定并尽快送医院处理。

对触电者进行急救用药的要求如下：

任何药物都不能代替人工呼吸和胸外挤压。人工呼吸和胸外挤压是现场急救的基本方法。

要慎重使用肾上腺素。只有先经过人工急救，并配合有心电图仪和心脏除颤装置的条件下，由医生来考虑是否使用肾上腺素。对心脏尚在跳动的电击伤患者不能使用肾上腺素。

7.触电抢救时的注意事项

在触电抢救时应注意以下几点：

（1）在抢救过程中的再判定。实行心肺复苏法抢救触电者时，要随时注意发生的变化。按压吹气1min，应用看、听、试方法在5~7s内完成对触电者呼吸和心跳是否恢复的再判定。

若判定颈动脉已有搏动但无呼吸，则暂停胸外按压而连续大口吹气4次（每次1~1.5s），接着可每4~5s吹气一次（12~16次/min）。若脉搏和呼吸均未恢复，则应继续坚持采用心肺复苏法抢救。

在整个抢救过程中，要每隔数分钟就进行一次再判定，判定时间均不得超过5~7s。在医务人员未接替抢救前，不得放弃现场抢救。

（2）移动与转院。心肺复苏应在现场就地坚持进行，不要单纯为一时方便而随意移动触电者。若确有需要移动或送医院时，抢救中断时间不应超过30s。要让触电者平躺在担架上并在其背部垫以平硬阔木板，切莫人工用手托起移动，如附图15所示。在医务人员未接替救治前切不能中止。

附图15　人工用手托起移动触电者示意图

若有可能，用塑料袋装入砸碎冰屑做成帽状包绕在触电者头部，露出眼睛，使脑部温度降低，争取心、肺、脑能尽早复苏。

8.电气火灾的预防

（1）检查、更新供电线路。电气引起的火灾事故，往往因电路漏电、短路或过负载发热而发生。老住宅院内的供电导线陈旧，绝缘破裂或因导线截面小过载而发热，或导线接头处氧化、包扎绝缘物老化，产生火花而引燃。因此，应及时更换陈旧的供电导线是消除电气火灾隐患的有效措施之一。

（2）保持电源插头插座接触良好。空调、电冰箱属感性负载电器，工作电流较大，启动电流更大，通常启动电流是正常工作电流的5~8倍。因此，空调、电冰箱在使用中，电源供电必须安全可靠。绝不允许插头插座出现接触不良打火，使电源时通时断，而且极易烧毁压缩机。如果因停电或其他原因断电后，一般应延时3~6min后，才能开机使用。微波炉、电烤箱、电饭锅、电热水器等一般功率都为800~2000W，工作电流较大（4~10A），由于都是发热电器，其大电流电热器件要求可靠供电。如果插头插座出现接触不良打火，容易烧断电热器件或因打火引起火灾。因此，这类电器使用要有可靠的电流过载保护。

另外，如果家用电器的插头插座接触不良，还会增加耗电量。

（3）正确使用电热器具。使用电熨斗时，不要长时间在衣物上熨烫，暂不使用时应将其竖立搁置在一边，或放在专用金属架上，人离去时应立即拔去插头，以防引起火灾。必须具有接地保护，接通电源采用三脚插头，不要用熨斗敲击其他物品，以防内部损伤。

（4）严格按"说明书"规定操作。使用电热毯、电取暖器应严格按"说明书"要求去做，严禁在沙发床、钢丝床上使用，以防电热丝折断打出火花或产生电弧，引起被褥烧焦；不要在接近电暖炉的地方较长时间地烘焙衣物，也不要将电暖炉贴近睡床、家具、报纸杂志堆放处，以免导致火险。

9.灭火器的使用。

（1）泡沫灭火器。泡沫灭火器在灭火时，能喷射出大量二氧化碳及泡沫，它们能黏附在可燃物上，使可燃物与空气隔绝，达到灭火的目的。泡沫灭火器适用于扑救油脂类、石油类产品及其他易燃液体的火灾，但不能扑救忌水和带电物体的火灾。泡沫灭火器只能立着放置。泡沫灭火器有MP型手提式、MPZ型手提舟车式和MPT型推车式三种类型。手提式泡沫灭火器如附图16所示。

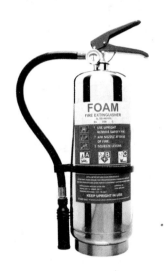

附图16　手提式泡沫灭火器

手提式泡沫灭火器主要由筒身、器盖、瓶胆和喷嘴等组成。筒身内装碱性溶液，瓶胆内装酸性溶液，瓶胆用瓶盖盖上，以防酸性溶液蒸发或因振荡溅出而与碱性溶液混合。使用灭火器时，应一手握提环，一手抓底圈，把灭火器颠倒过来，轻轻抖动几下，喷出泡沫，进行灭火，使用方法如附图17所示。

表面活性剂手提式泡沫灭火器的规格一般分为2L、3L、6L、8L、20L5种，2L的喷射时间为36s，射程3~6m；8L的喷射时间为45s以上，射程4m以上。

泡沫灭火器筒身内悬挂装有硫酸铝水溶液的玻璃瓶或用聚乙烯塑料制成的瓶胆。筒身内装有碳酸氢钠与发泡剂的混合溶液。使用时将筒身颠倒过来，碳酸氢钠与硫酸两溶液混合后发生化学作用，产生二氧化碳气体泡沫由喷嘴喷出，对准被灭火物持续喷射，大量的二氧化碳气体覆盖在物体表面，使其与氧气隔绝，即可将火势控制。使用时，必须注意不要将筒盖、筒底对着人体，以防爆炸伤人。

(a) 普通式结构　　(b) 使用方法

1.喷嘴；2.筒盖；3.螺母；4.瓶胆盖；5.瓶胆；6.筒身

附图17　泡沫灭火器的使用方法

（2）二氧化碳灭火器。二氧化碳灭火器的钢瓶内装有液态的二氧化碳。灭火时，液态二氧化碳从灭火器喷出后迅速蒸发，变成固体雪花状的二氧化碳。固体二氧化碳在燃烧物体上迅速挥发而变成气体。当二氧化碳气体在空气中含量达到30%~35%时，物质燃烧就会停止。适用于扑灭图书、档案、贵重设备、精密仪器、600V以下电气设备及油类的初起火灾。由于二氧化碳导电性差，故电器电压超过600V时必须先停电、后灭火。二氧化碳怕高温，灭火器存放点温度不应超过42℃。

在使用时，应首先将灭火器提到起火地点，放下灭火器，拔出保险销，一只手握住喇叭筒根部的手柄，另一只手紧握启闭阀的压把。对没有喷射软管的二氧化碳灭火器，应把喇叭筒往上扳70°~90°。使用时，不能直接用手抓住喇叭筒外壁或金属连接管，防止手被冻伤。在使用二氧化碳灭火器时，在室外使用的，应选择上风方向喷射；在室内窄小空间使用时，灭火后操作者应迅速离开，以防窒息。

手提式二氧化碳灭火器按充装的二氧化碳重量划分，一般分为2kg、3kg、5kg、7kg4种规格。MT/3型手提式二氧化碳灭火器的有效喷射时间≥8s，有效喷射距离≥1.5m，其外形如附图18所示。鸭嘴式二氧化碳灭火器的使用方法如附图19所示。

附图18　MT/3型二氧化碳灭火器

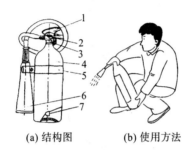

(a) 结构图　　　　(b) 使用方法

1.压把；2.提把；3.启闭阀；4.钢瓶；5.长箍；6.喷筒；7.虹吸管

附图19　鸭嘴式二氧化碳灭火器的使用方法

（3）干粉灭火器。干粉灭火器是利用二氧化碳气体或氮气气体作为动力，将筒内的干粉喷出灭火的。干粉是一种干燥的、易于流动的微细固体粉末，由能灭火的基料和防潮剂、流动促进剂、结块防止剂等添加剂组成。主要用于扑救石油、有机溶剂等易燃液体、可燃气体和电气设备的初起火灾。干粉灭火器按移动方式分为手提式、背负式和推车式三种。

使用外装式手提灭火器时，一只手握住喷嘴，另一只手向上提起提环，干粉即可喷出。

使用推车式灭火器时，将其后部向着火源（在室外应置于上风方向），先取下喷枪，展开出粉管（切记不可有拧折现象），再提起进气压杆，使二氧化碳进入储罐，当表压升至0.7~1MPa时，放下进气压杆停止进气。这时打开开关，喷出干粉，由近至远扑火。若扑救油类火灾时，不要使干粉气流直接冲击油渍，以免溅起油面使火势蔓延。

使用背负式灭火器时，应站在距火焰边缘 5～6m处，右手紧握干粉枪握把（若为氮气动力，则只能握住木制把手，否则可能被低温气体冻伤），左手扳动转换开关到3号位置（喷射顺序为3、2、1），打开保险机，将喷枪对准火源，扣扳机，干粉即可喷出。若喷完一瓶干粉未能将火扑灭，可将转换开关拨到2号或1号的位置，连续喷射，直到喷完为止。

手提式干粉灭火器按灭火剂重量不同一般分为6kg、8kg、9kg和12kg，8kg的喷射时间为14～18s，射程4.5m。其外形如附图20所示，使用方法如附图21所示。

附图20　手提式干粉灭火器

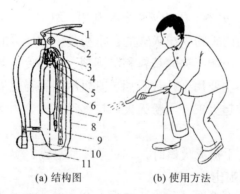

(a) 结构图　　　　　(b) 使用方法

1.压把；2.提把；3.刺针；4.密封膜片；5.进气管；6.二氧化碳钢瓶；

7.出粉管；8.筒体；9.喷粉管固定夹箍；10.喷粉管(带提环)；11.喷嘴

附图21　干粉灭火器的使用方法

（4）1211灭火器。1211灭火器钢瓶内装满二氟一氯一溴甲烷的卤化物，是一种使用较广泛的灭火器。1211灭火剂是一种低沸点的液化气体，具有灭火效率高、毒性低、腐蚀性小、久储不变质、灭火后不留痕迹、不污染被保护物、绝缘性能好等优点。手提式1211灭火器按充装灭火剂量可分为1kg、2kg、3kg、4kg、6kg5种型号规格。1kg的喷射时间为6~8s，射程2~3m。

1211灭火器主要适用于扑救易燃、可燃液体、气体及带电设备的初起火灾；扑救精密仪器、仪表、贵重的物资、珍贵文物、图书档案等初起火灾；扑救飞机、船舶、车辆、油库、宾馆等场所等固体物质的表面初起火灾。其外形如附图22所示，使用方法如附图23所示。

附图22　1211灭火器

(a) 外观图　　(b) 使用方法

1.筒身；2.喷嘴；3.压把；4.安全销

附图23　1211灭火器的使用方法

使用时，首先拔掉安全销，然后握紧压把进行喷射。但应注意，灭火时要保持直立位置，不可水平或颠倒使用，喷嘴应对准火焰根部，由近及远，快速向前推进；要防止回火复燃，零星小火则可采用点射。若遇可燃液体在容器内燃烧时，可使1211灭火剂的射流由上而下向容器的内侧壁喷射。如果扑救固体物质表面火灾，应将喷嘴对准燃烧最猛烈处，左右喷射。

参考文献

［1］流耘，徐玮. 电子制作入门一点通. 北京：电子工业出版社，2011.

［2］柳淳. 电子制作技能与技巧. 北京：中国电力出版社，2008.

［3］刘修文. 图解电子制作技术要诀. 中国电力出版社，2006.

［4］刘修文. 实用电子电路设计制作300例. 北京：中国电力出版社，2005.

［5］张宪，何宇斌. 电子电路制作指导. 北京：化学工业出版社，2006.

［6］刘祖明，张建平. 50个趣味电子小制作. 北京：化学工业出版社，2012.

［7］王俊峰，等. 青少年电子制作入门到成才. 北京：机械工业出版社，2010.

［8］邱勇进，等. 电子制作技巧与实例精选. 北京：化学工业出版社，2012.

科 学 出 版 社
科龙图书读者意见反馈表

书　　名 ＿＿＿＿＿＿＿＿＿＿＿＿＿＿＿＿＿＿＿＿＿＿＿＿

个人资料

姓　　名：＿＿＿＿＿＿　年　　龄：＿＿＿＿＿　联系电话：＿＿＿＿＿＿＿＿

专　　业：＿＿＿＿＿＿　学　　历：＿＿＿＿＿　所从事行业：＿＿＿＿＿＿

通信地址：＿＿＿＿＿＿＿＿＿＿＿＿＿＿＿＿＿＿　邮　　编：＿＿＿＿＿＿

E-mail：＿＿＿＿＿＿＿＿＿＿＿＿＿＿＿＿＿＿＿＿＿＿＿＿＿＿＿

宝贵意见

◆ 您能接受的此类图书的定价

　　20 元以内□　　30 元以内□　　50 元以内□　　100 元以内□　　均可接受□

◆ 您购本书的主要原因有(可多选)

　　学习参考□　　教材□　　业务需要□　　其他＿＿＿＿＿＿＿＿＿＿

◆ 您认为本书需要改进的地方(或者您未来的需要)

＿＿＿＿＿＿＿＿＿＿＿＿＿＿＿＿＿＿＿＿＿＿＿＿＿＿＿＿＿＿＿

＿＿＿＿＿＿＿＿＿＿＿＿＿＿＿＿＿＿＿＿＿＿＿＿＿＿＿＿＿＿＿

◆ 您读过的好书(或者对您有帮助的图书)

＿＿＿＿＿＿＿＿＿＿＿＿＿＿＿＿＿＿＿＿＿＿＿＿＿＿＿＿＿＿＿

＿＿＿＿＿＿＿＿＿＿＿＿＿＿＿＿＿＿＿＿＿＿＿＿＿＿＿＿＿＿＿

◆ 您希望看到哪些方面的新图书

＿＿＿＿＿＿＿＿＿＿＿＿＿＿＿＿＿＿＿＿＿＿＿＿＿＿＿＿＿＿＿

＿＿＿＿＿＿＿＿＿＿＿＿＿＿＿＿＿＿＿＿＿＿＿＿＿＿＿＿＿＿＿

◆ 您对我社的其他建议

＿＿＿＿＿＿＿＿＿＿＿＿＿＿＿＿＿＿＿＿＿＿＿＿＿＿＿＿＿＿＿

＿＿＿＿＿＿＿＿＿＿＿＿＿＿＿＿＿＿＿＿＿＿＿＿＿＿＿＿＿＿＿

＿＿＿＿＿＿＿＿＿＿＿＿＿＿＿＿＿＿＿＿＿＿＿＿＿＿＿＿＿＿＿

　　谢谢您关注本书！您的建议和意见将成为我们进一步提高工作的重要参考。我社承诺对读者信息予以保密,仅用于图书质量改进和向读者快递新书信息工作。对于已经购买我社图书并回执本"科龙图书读者意见反馈表"的读者,我们将为您建立服务档案,并定期给您发送我社的出版资讯或目录;同时将定期抽取幸运读者,赠送我社出版的新书。如果您发现本书的内容有个别错误或纰漏,烦请另附勘误表。

回执地址：北京市朝阳区华严北里 11 号楼 3 层
　　　　　　科学出版社东方科龙图文有限公司电工电子编辑部(收)
　　　　　　邮编：100029